微处理器原理与接口技术

基于树莓派Pico及RP2040芯片

王继业　赵莉芝　苏骄阳◎编著

清華大学出版社
北　京

内容简介

本书是“微处理器原理与接口技术”课程的教材。本书首先通过逻辑的、历史的脉络引入计算机系统和微处理器，然后以 ARM CM0 为对象介绍了微处理器的组成原理和指令集，并介绍了汇编语言编程方法等。在接口技术方面，本书介绍了内部总线 AHB-Lite 和 SoC 的组成方法，并以 RP2040 芯片为例，介绍了接口常用的 GPIO、UART、I^2C、SPI、A/D、D/A、定时计数器等电路原理和编程方法，特别引入了触摸按键、触摸屏、COB 液晶和图形液晶等的原理介绍和接口方法。本书专辟一章介绍了实时操作系统，并以 FreeRTOS 为例介绍了编程方法。

本书内容取舍精当，篇幅适中，适合作为普通高等院校电子信息大类各专业的教材。本书内容选择原则是“鱼渔双授”，所选芯片 RP2040 既具有现代先进 SoC 的特征又不过分复杂，既适合教学又不失工程应用价值。

本书配套实验推荐选用树莓派 Pico 开发板，价廉物美，易于采购，并有配套的开发实验系统供选用。

本书配有思考题和习题，为了节省篇幅，习题答案、课件、附图、多媒体资源、实验资源等以电子资源的形式提供。

图书在版编目(CIP)数据

微处理器原理与接口技术：基于树莓派 Pico 及 RP2040 芯片/王继业，赵莉芝，苏骄阳编著.—北京：清华大学出版社，2024.4
ISBN 978-7-302-65646-3

Ⅰ.①微… Ⅱ.①王… ②赵… ③苏… Ⅲ.①微处理器—接口技术 Ⅳ.①TP332

中国国家版本馆 CIP 数据核字(2024)第 048650 号

责任编辑：杨迪娜
封面设计：杨玉兰
责任校对：徐俊伟
责任印制：宋　林

出版发行：清华大学出版社
　网　址：https://www.tup.com.cn，https://www.wqxuetang.com
　地　址：北京清华大学学研大厦 A 座　　**邮　编**：100084
　社 总 机：010-83470000　　**邮　购**：010-62786544
　投稿与读者服务：010-62776969，c-service@tup.tsinghua.edu.cn
　质量反馈：010-62772015，zhiliang@tup.tsinghua.edu.cn
　课件下载：https://www.tup.com.cn，010-83470236
印 装 者：三河市天利华印刷装订有限公司
经　销：全国新华书店
开　本：170mm×240mm　**印　张**：17.75　**字　数**：348 千字
版　次：2024 年 4 月第 1 版　**印　次**：2024 年 4 月第1次印刷
定　价：79.00 元

产品编号：099986-01

前言

“微处理器原理与接口技术”是本科院校电子信息类专业的必修课，它上启“数字电路”课程，并为“单片机原理”“嵌入式系统原理”等课程打下基础，是本科院校电子信息类专业的学生深入学习计算机系统的重要环节。本书就是为该课程撰写的一本教材，适合本科院校电子信息类专业学生使用。

“微处理器原理与接口技术”课程由“微机原理与接口技术”课程演变而来，不管名字如何变化，基本内容变化不大。多年来，课程内容虽然多有变革，但笔者认为存在一些问题。一是内容过于老化，典型情况是有的学校仍然以 Intel 8086 作为主要内容，且不说这种芯片已经多年没有实际系统采用，其工具链、开发方法缺少代表性，它的体系结构也不能说与现代系统设计理念相容；二是内容过于狭窄，典型情况是选择 Intel 8051 单片机等芯片作为主要内容，虽然 8051 单片机是一款很经典的单片机，当前仍然被应用，但它有很多特殊的设计并不具有普遍性，不适合作为原理性内容去讲授；三是原理性内容欠缺，有的课程芯片选得很典型也很有代表性，教材篇幅也较大，但是没有解决学生心中的疑惑。笔者认为，学生学习本课程之前最大的好奇应该是 CPU 系统如何工作，恰恰在这一点上教学内容有欠缺。

本书作者为了解决上述问题，做出了一些努力，主要体现在以下方面。首先，选择 ARM 体系中的 CM0 作为目标进行讲授，既现代又不过于复杂，适合作为原理性内容讲授。同时，选择 RP2040 芯片，该芯片具有现代微控制器系统的各种先进特征，如双核、具有很完善的 SDK、适合各种工具链要求等，其外设设计典型而不过于复杂，适合教学应用。其次，从数字系统的一般性出发，按照历史发展的脉络详细阐述了 CPU 的工作原理、现代 CPU 的设计思路等，解学生心中之疑惑。再次，本书也详细介绍了 AHB 总线等对现代 SoC 来说比较重要的内容，使学生对现代 SoC 的工作原理和组成方法有一定了解。

电子信息类专业的“微控制器原理与接口技术”课程大致相当于计算机类专业的“计算机组成原理”和“计算机体系结构”两门课程，内容非常多，在当前课时压缩的大背景下，内容取舍尤为重要。本书作者并没有因此压缩计算机原理方面的内容，相比同类教材，还增加了诸如流水线、指令编码、AHB 总线等方面的内容。但是,本书压缩了汇编语言编程尤其是ARM、Thumb各种指令细节,原因是本书作者认为这些细节既对原理的理解没有多大帮助,又对现代工程应用没有多大帮助,现代工程开发一般以高级语言为主,辅之以很少的行内汇编。本书不仅重视内容的取舍,同时重视写作过程中内容的精炼,使得本书篇幅不大,适合作为本科教材。为了内容的完整性,本书在接口技术方面不仅全面介绍了通用输入输出GPIO、通用串行通信UART、串行互连总线I^2C、SPI等,还详细介绍了人机接口技术(如按键、数码管等)的驱动方法,尤其是详细介绍了触摸按键、液晶屏、触摸屏等更具工程性和更复杂的内容。在软件方面,本书增加了实时操作系统的原理,并以FreeRTOS系统为例,详细介绍了其应用方法,这在同类教材中是不常见的。

本书共13章,其中第1~4章是原理部分,逻辑脉络清晰,符合组成原理和体系结构的发展趋势、与数字电路系统内容衔接。第5~13章是接口技术部分,除了注重原理性、通用性,尤其重视工程应用性。本书第1章为绪论,从历史发展脉络和逻辑系统脉络逐渐引入计算机系统和嵌入式系统;第2章是微处理器原理,先从数字编码与计算等基础知识引入,这部分和数字电路相衔接,然后讲述CPU的组成和原理、ARM Cortex-M0系统的组成和指令集等;第3章是汇编语言,本章要求学生达到能看懂程序、能编制简单程序的程度;第4章是异常和中断,结合ARM Cortex-M0系统力求让学生理解异常和中断的概念,并具有一定的程序设计能力。这4章构成微控制器原理的主要内容。第5章介绍RP2040芯片的组成,让学生初步了解构成一个SoC除了CPU还需要什么,并具体介绍了这些外围电路的原理;第6章介绍系统总线,从传统的由三态逻辑组成的总线系统逐渐引出基于数据选择器并适合SoC的AHB总线系统,最后具体介绍RP2040芯片内部总线的结构;第7章介绍DMA的结构、作用和编程方法;第8章介绍定时计数器的作用和设计原理,并结合RP2040芯片详细介绍了各种用途的定时计数器;第9章介绍通用异步串行通信,首先从串行通信的原理开始,逐步介绍UART的结构、RP2040芯片中UART编程方法等;第10章介绍了外设互连常用的串行总线I^2C和SPI;第11章介绍了模数和数模转换,着重介绍了A/D、D/A电路的种类、结构、原理等,为系统设计时芯片的选择提供基本知识;第12章介绍了人机接口技术,除了传统的按键、数码管等,还着重介绍了触摸屏、触摸按键、COB液晶、图形液晶屏等的原理和应用方法;第13章介绍了嵌入式操作系统的基本原理,并以FreeRTOS为例,介绍了实时操作系统的应用编程方法,该章还介绍了文件系统的原理和FAT文件系统。第5~13章为接口技术,除了第5章、第6章比较基础,其他各章可以根据教学需要合理选择。作者强烈呼吁读者要重视第13章的学习,因为随着现代微控制器能力的提高,使用实时操作系统提高系统性能和开发效率成为大势所趋。

本书每章后面都有一定数量的思考题和习题,并提供大量的电子资源。在电子资源中，不仅包括习题答案，还包括本书配套的实验、教学课件、教学视频等丰富内容。配合本书实验可以选用树莓派 Pico 开发板，价廉物美，容易获取。

本书适合普通高等院校电子信息大类的各个专业，如电子信息工程、通信工程、集成电路工程、人工智能等，欢迎老师、同学们选用。

王继业

2024 年于中央民族大学

目录

第1章

绪　论

计算机是人类最伟大的发明之一。本章首先介绍计算机系统的发展历史，并对未来进行展望，然后从数字系统的角度概括性地介绍计算机系统的原理。

1.1　计算机系统发展史

计算机作为一种机器是极其不寻常的，它是人类为突破自身智力的限制而发明的工具。

1.1.1　利用机械装置作为计算的辅助工具

从古代开始，人类便使用各种办法突破人类脑力给计算带来的限制。中国古人至少在春秋时期便发明了"九九乘法表"来帮助人们快速计算乘法，而至少在春秋战国之际便发明了"算筹"作为辅助计算的工具。珠算始于汉代，至宋走向成熟，元明达于兴盛，清代以后在全国范围内普遍流传。

在西方，曾经广泛使用的计算尺发明于1620—1630年，直至第二次世界大战时期仍被广泛使用。真正利用齿轮机械机构进行算术运算的机械"手摇计算机"则发明于1878年，瑞典人奥涅尔从1874年开始花费了15年的时间，发明了齿数可变的齿轮，从而成功设计了一种新型的计算机。20世纪最初的二三十年间，手摇计算机已成为一种主要的计算装置而被广泛使用，直至近代电子计算机发明之后才退出历史舞台。

利用机械装置作为计算的辅助工具，是在生产生活需求和科学技术发展的推动下发明的，在古代天文、历法、测绘等领域发挥了巨大的作用。直到近代，在中国著名的"两弹一星"工程中，手摇计算机、计算尺和算盘仍然发挥过重要的作用。

1.1.2　早期的电子计算机系统

电子信息技术的兴起始于电子管的发明。1904年弗莱明发明了电真空二极管,1906年德雷斯特发明了电真空三极管,从此,世界进入了电子信息时代。1947年,美国贝尔实验室的三位科学家巴丁、布莱顿和肖克利制造出了世界上第一只点接触型锗晶体三极管,晶体管比电子管体积小、重量轻、耗电省,是电子技术领域划时代的发明。1958年,美国德州仪器公司工程师杰克·基尔比在一块6.45mm^2的硅片上集成了12个元件,研制出了一个RC移相振荡器。这是世界上第一块集成电路芯片,它标志着电子技术的一次革命性进展。

电子计算机正是在电子技术的基础上发展起来的。

1946年,世界上第一台电子计算机ENIAC(electronic numerical integrator and calculator)问世。该项目由美国陆军资助,在第二次世界大战期间投入使用,直到1946年才公开。ENIAC规模巨大,占用三间教室,有20个十位数字的寄存器,每个长2英尺,总共有18 000个真空二极管。

1944年,约翰·冯·诺依曼(John von Neumann)加入ENIAC项目,在其撰写的一份备忘录中提出了一种名为EDVAC(electronic discrete variable automatic computer)的存储程序计算机,这份备忘录为"冯·诺依曼计算机"的诞生奠定了基础。冯·诺依曼提出用二进制数作为计算机设计的基础,采用大得多的延迟线作为存储器,并对具体控制逻辑提出了具体的安排,使得新设计的计算机只使用了3600只电子管,即ENIAC的1/5,并且具有高得多的可靠性。

最为重要的,冯·诺依曼提出了程序存储控制的原理,采用内部程序(又称存储程序)控制,即把计算机应执行的一串指令(它们组成程序),像数据一样放在存储器里,然后由计算机自动取一条指令加以分析、遵照执行,再取下一条指令分析、执行,如此继续。如果需要实现什么计算,只需要编写相应的程序就可以了。冯·诺依曼原理是现代通用计算机的基础。

在ENIAC问世的同一时期,霍华德·艾肯(Howard Aiken)在哈佛大学设计了一种被称为Mark-Ⅰ的机电计算机。紧接着,他又设计了继电器式计算机(relay machine)Mark-Ⅱ,以及两种真空电子管计算机Mark-Ⅲ和Mark-Ⅳ。Mark-Ⅲ和Mark-Ⅳ是在第一批存储程序计算机之后制造的,具有独立的指令和数据存储器,被存储程序计算机的倡导者视为"反潮流"的。"哈佛架构"(Harvard architecture)一词就是为了描述此类计算机而创造的。该术语在今天仍然用于表示有单个主存储器但有独立的指令和数据高速缓存的计算机。

1947年12月,埃克特和莫奇利组建了埃克特-莫奇利计算机公司(Eckert-Mauchly Computer Corporation)。他们的第一台计算机——BINAC,是为Northrop公司制造的,于1949年8月展示。经济出现一些困难之后,埃克特-莫奇利计算机公司被Remington-Rand收购,后更名为Sperry-Rand。Sperry-Rand整合了埃克特-莫奇利计算机公司、ERA及其制表业务,形成了专门的计算机部门,称为 UNIVAC。UNIVAC 在 1951 年 6 月发布了第一台计算机 UNIVAC-Ⅰ,售价 250 000 美元,是第一台成功的商用计算机——共生产了 46 套。今天,这种早期的计算机,以及其他许多引人入胜的计算机知识,都可以在美国加州山景城计算机历史博物馆中看到。另外,德意志博物馆、史密森研究院,以及许多在线虚拟博物馆也都展示这些早期计算机系统。

早期主要经营打孔卡和办公自动化业务的 IBM 一直到 1950 年才开始制造计算机。第一台 IBM 计算机——IBM 701,是基于冯·诺依曼的 IAS 机器,于 1952 年出厂,最终销售了 19 套[Hurd in Metropolis,Howlett,and Rota,1980]。20 世纪 50 年代初,许多人对计算机的未来感到悲观,认为这些“高度专业化”的计算机的市场前景相当有限。尽管如此,IBM 迅速成为最成功的计算机公司,其对可靠性的重视及以客户和市场为导向的战略是成功的关键。尽管 IBM 701 和 IBM 702 取得的成绩不算耀眼,但后续机型 IBM 650、IBM 704 和 IBM 705(分别于 1954 年和 1955 年交付)取得了巨大的成功,各自的销售量达到 132～1800 台。

在存储技术方面,最初的延迟线等技术价格昂贵。麻省理工学院(MIT)的 Whirlwind 项目[Redmond and Smith,1980]于 1947 年开始,其最重要的创新是创造了磁芯存储器(magnetic core memory),这是一种可靠且廉价的存储技术,是近 30 年的主要存储技术。磁芯存储技术发展到后期,可以做到在直径类似头发丝的磁环上形成一个单位的存储,几乎达到了当时技术的极限。

20 世纪 60 年代后,随着计算机技术的发展,电子行业开始了将集成电路技术用于计算机存储领域的尝试。当时,半导体存储技术被分为 ROM 和 RAM 两个方向。ROM 是只读存储器,存储的数据不会因为断电而丢失,也称外存。而 RAM 是随机存取存储器,用于存储运算数据,断电后,数据会丢失,也称内存。

1966 年,来自 IBM Thomas J. Watson 研究中心的罗伯特·丹纳德(Robert H. Dennard),率先发明了 DRAM(动态随机存取存储器)。1967 年,Kahng、施敏(S. Sze)发明了非挥发存储器,为微型计算机的发明奠定了坚实的基础。

在外部存储方面,早期使用穿孔纸带作为程序与数据的输入与存储方式,后来发展出磁带存储技术,逐渐取代了穿孔纸带。1951 年,磁带首次被用于在计算机上存储数据,成为 UNIVAC 计算机的主要 I/O 设备。该计算机被称为 UNIVACO,这就是商用计算机史上的第一台磁带机。

1971 年,IBM 发布第一张只读的 8 英寸软盘,容量为 80KB。1972 年,Alan Shugart 帮助 Memorex 公司推出了第一款可读/写的软盘 Memorex 650(175KB)。1976 年,5.25 英寸软盘问世。1980 年,索尼开发了 3.5 英寸软盘(1.44MB),并成为市场标准。从 1971 年直到 20 世纪 90 年代的近 30 年内,软盘一直被用于存储和交换数据,并带动了计算机行业的快速发展,直到被 Flash 存储技术(U 盘)

取代。

1956 年,世界上第一个硬盘驱动器 IBM 350 出现在 IBM 的 RAMAC 305 计算机(第一台提供随机存取数据的计算机,同时使用了磁鼓和磁芯存储器)中。1973 年,IBM 发明了 Winchester(温氏)硬盘 3340,其特点是工作时磁头悬浮在高速转动的盘片上方,而不与盘片直接接触,这便是现代硬盘的原型。1978 年,IBM 第一个提出 RAID(独立磁盘冗余阵列)并申请技术专利。硬盘是当今仍然广泛使用的外部存储技术。

1965 年,美国物理学家罗素(Russell)发明了第一个数字-光学记录和回放系统(compact disk,CD),1966 年提交了专利申请,这是后来风靡一时的 CD/DVD 的前身。光盘存储现在仍在应用。

1980 年,日本人富士雄(Fujio Masuoka)在东芝公司工作时发明了 NAND Flash 闪存技术。Intel 公司于 1988 年推出第一款商用型 NOR Flash 芯片,东芝公司在 1989 年发布了世界上第一个 NAND Flash 产品。2000 年,Trek 公司发布了世界上第一个商用 USB 闪存驱动器,即 U 盘(U 盘专利权较复杂,多家公司声称拥有其专利,中国的朗科在 1999 年获得了 U 盘的基础性专利)。最终 U 盘取代软盘成为移动存储的主要介质。

1.1.3 计算机的充分发展:软件与硬件

最早的计算机系统是通过输入二进制指令编码的方式进行编程的,这种计算机编程语言称为机器语言,编程人员既是计算机用户也是计算机专家。随着计算机应用的增多,人们用容易记忆的缩写或单词代替特定的机器语言指令,并增加一些控制命令,形成了汇编语言。比起机器语言,汇编语言更便于记忆和书写,同时保留了机器语言速度快和效率高的特点。汇编语言和机器语言都是直接面向机器的计算机语言,很难从其代码上理解程序设计意图,设计出来的程序不易被移植,故不容易被广泛应用。

Fortran 是 formula translation(公式翻译)的缩写,Fortran 语言是世界上最早出现的计算机高级程序设计语言,广泛应用于科学和工程计算领域,并以其特有的功能在数值、科学和工程计算领域发挥着重要作用。由于 Fortran 语言格式要求严格,编写程序不易,逐渐简化和变形形成了 Basic 语言,Basic 语言现今仍有应用。

C 语言的前身是 1967 年由马丁 · 理查德(Martin Richards)为开发操作系统和编译器而提出的两种高级程序设计语言 BCPL 和 B。肯 · 汤普森(Ken Thompson)在 BCPL 的基础上,提出了新的功能更强的 B 语言,并在 1970 年用 B 语言开发出 UINX 操作系统的早期版本。BCPL 语言和 B 语言都属于无数据类型的程序设计语言,即所有的数据都是以“字”(word)为单位出现在内存中,由程序员来区分数据的类型。

1972 年,贝尔实验室的丹尼斯・里奇(Dennis Ritchie)在 BCPL 语言和 B 语言的基础上,增加了数据类型及其他一些功能,提出了 C 语言,并在 DEC PDP-11 计算机上实现。以编写 UINX 操作系统而闻名的 C 语言,目前已经成为几乎所有操作系统的开发语言。应当指出的是,C 语言的实现是与计算机无关的,只要精心设计,就可以编写出可移植的 C 语言程序。

20 世纪 70 年代末,C 语言已经基本定型,这个 C 语言版本现在被称为"传统 C 语言"。1978 年,布莱恩・克尼汉(Brian Kernighan)和丹尼斯・里奇编著的《C 程序设计语言》出版后,人们开始关注程序设计语言家族的这个新成员,并最终奠定了 C 语言在程序设计中的地位。《C 程序设计语言》也成为历史上计算机科学领域最成功的专业书籍之一。

高级语言需要编译成机器语言才能在计算机上执行,因此,编译后的执行效率成为一个重要问题。1963 年,Burroughs 公司交付了 B5000。B5000 可能是第一台认真思考过软件开发问题,并使用了软硬件折中方案的计算机。Barton 和其他 Burroughs 的设计师在 B5000 中使用了堆栈架构[Barton,1961]。这种架构旨在支持诸如 ALGOL 之类的高级语言,它使用以高级语言编写的操作系统。

80 年代初期,计算机体系结构开始偏离为编程语言提供高层次硬件支持的方向。Ditzel 和 Patterson 分析了高级语言体系结构遇到的困难,并指出答案在于更简单的体系结构。在另一篇论文中[Patterson and Ditzel,1980],作者第一次讨论了精简指令集计算机(reduced instruction set computers,RISC)的概念,并提出应使用更简单的架构的观点。

诸如 MIPS 之类的简单的载入-存储计算机通常称为 RISC 架构计算机。RISC 架构的起源可以追溯到 6600 之类的计算机,Thornton、Cray 和其他人都意识到,在设计高速计算机方面,简化指令集非常重要。Cray 延续了他在 CRAY-1 中保持计算机尽量简单的传统。商业的 RISC 计算机主要建立在三个研究项目的基础之上:伯克利的 RISC 处理器、IBM 801 和斯坦福 MIPS 处理器。这些体系结构声称其性能是使用相同工艺的其他计算机的 2~5 倍,引起了产业界的巨大兴趣。

RISC 是和传统设计相比较的,传统的设计称为复杂指令集计算机(complex instruction set computer,CISC)。回顾过去,只有一个 CISC 的指令集(80x86)在 RISC 与 CISC 的辩论中幸存下来,并且它与个人计算机(personal computer,PC)软件具有二进制兼容性。在 PC 行业,芯片的使用量巨大,有足够的收入来支付额外的设计成本(以及摩尔定律描述的行业发展带来的足够资源),从而在芯片内部实现从 CISC 到 RISC 的转换。无论效率如何降低(使用更长的流水线和更大的芯片尺寸来支持芯片上的翻译)，都可以通过巨大的芯片尺寸和专用于该产品的芯片生产工艺来克服。

早期的计算机没有真正的操作系统，第一个真正成功的操作系统是 UNIX 操作系统。

20 世纪 60 年代，贝尔实验室的研究员汤普森发明了 B 语言，并使用 B 语言编写了一个游戏 *Space Travel*，他想玩自己编写的游戏，所以背着老板找到了一台空闲的机器 PDP-7，但是这台机器没有操作系统，于是汤普森着手为 PDP-7 开发操作系统，后来这个操作系统被命名为 UNIX。1971 年，汤普森的同事丹尼斯·里奇也很喜欢这款游戏，所以与汤普森合作开发 UNIX，他的主要工作是改进汤普森的 B 语言。最终，在 1972 年开发了这个新语言——C 语言，取 BCPL 的第二个字母，也是 B 的下一个字母。1973 年，C 语言主体完成。汤普森和里奇迫不及待地开始用 C 语言重写 UNIX。此时，编程的乐趣已经使他们完全忘记了那款游戏，他们一门心思地投入了 UNIX 和 C 语言的开发中。自此，C 语言和 UNIX 相辅相成地发展至今，UNIX 也成为历史上最成功的操作系统之一。

多任务操作系统的应用导致内存保护和交换成为重要的技术。内存保护使得不同的进程可以互相隔离，大大提高了整个系统的稳定性和安全性。虚拟内存和内存交换可以支持部分暂时不用的内存交换到海量的外存中，从而使新的任务可以加载到系统，这样系统可以支持更多的任务运行。

到了 20 世纪 80 年代，多处理器、内存保护和虚拟内存，以及流水线技术，使得处理器时钟频率大大提高的高性能大型计算机系统已经具有了非常强大的计算能力。

1.1.4 微处理器与嵌入式系统

微型计算机中的处理器称为微处理器，发展早期其功能非常有限。例如 Intel 公司的 4004 是一种 4 位的处理器，只能用于计算器、打字机及一些小家电。为了提高运算能力，Intel 公司设计了 8 位微处理器 Intel 8008。Intel 8008 是世界上第一种 8 位的微处理器，存储器采用 PMOS 工艺。很快，Intel 公司把 8008 改进为 8080。同时代的微处理器还有摩托罗拉公司的 MC6800、Zilog 公司的 Z80 等。该阶段微处理器的指令系统不完整，存储器容量很小，只有几百字节，没有操作系统，只能用汇编语言编程，主要用于工业仪表、过程控制等。

1978 年 6 月，Intel 公司推出 16 位微处理器 8086 及其改进型 8088，微处理器进入 16 位字长的时代，这也是 Intel 公司开创新时代的 x86 微处理器的起源。x86 或 80x86 是 Intel 公司首先开发、制造的一种微处理器体系结构的泛称。该系列较早期的处理器名称以数字来表示，并以“86”作为结尾，包括 Intel 8086、Intel 80186、Intel 80286、Intel 80386 及 Intel 80486，因此其架构被称为“x86”。由于数字不能作为注册商标，因此 Intel 公司及其竞争者均在新一代处理器中使用可注册的名称，如 Pentium。虽然同时代有 Z8000 和 MC68000 等竞争者，但都逐渐落败，形成 Intel 公司一枝独秀的局面。

1975 年 4 月，MITS 发布第一个通用型 Altair 8800，售价 375 美元，带有 1KB 存储器。这是世界上第一台微型计算机。

早期成功的 PC 产品是苹果公司的 Apple Ⅱ，其采用 8 位微处理器 MOS 6502。20 世纪 80—90 年代，Apple Ⅱ是美国教育系统实际采用的标准计算机，直至今日，仍有一些还在教室里并能正常使用。Apple Ⅱ最初运行时只有开机 ROM 里内置的 BASIC 编程语言解释器可用，后来才随着软驱的加入而产生了 Apple DOS。最后一版的 DOS 是 Apple DOS 3.3，后来 DOS 被 ProDOS 取代来支持分层文件系统及较大容量的存储设备，能使用软盘或硬盘。

为了与苹果公司竞争，IBM 公司选择 8086 作为其首款个人计算机产品的微处理器，同时使用 Intel 公司的系列接口芯片设计了 IBM PC/XT。IBM PC 为 16 位计算机，芯片采用 Intel 8088 CPU，操作系统方面则委托微软专门为其开发了 PC-DOS(也就是 MS-DOS 1.0)；内存有 16KB，根据需要可扩展到 256KB，带有 5.25 英寸软盘驱动器；为扩充能力设计了总线插卡，还可以让用户加装显示卡自行选择黑白或彩色显示器。IBM PC 的硬件和软件技术全部向世人公开，其开放式的体系结构促使第三方供应商纷纷为其提供外围设备、扩展卡和软件。

同时代中国生产的兼容 IBM PC 的个人计算机是长城计算机公司生产的长城 0520 计算机。

IBM 在个人计算机平台标准化方面对市场产生了重大影响，“与 IBM 兼容”成为随后大多数计算机公司销量增长的重要标准，IBM PC 成为民用个人计算机发展的里程碑，并登上了 1982 年 12 月美国《时代》杂志封面的“年度风云人物”。随着 IBM PC 成为个人计算机的产业标准，Intel 微处理器和 MS-DOS 操作系统也就分别成为各自领域的产业标准，从而使 IBM 公司、Intel 公司和 Microsoft 公司开始主宰全球微型计算机市场。20 世纪 90 年代开始的 10～20 年中，由 Intel 提供芯片和由 Microsoft 提供软件的个人计算机广泛流行，称为 Wintel 时代。

20 世纪 80 年代之后，原本在大型计算机处理器中使用的流水线技术、单指令多数据流(SIMD)等技术在微处理器中广泛采用，使得计算机的速度和处理能力不断提高，微处理器逐步取代其他处理器成为计算机的主要选择，大型计算机主要靠增加处理器的个数和存取带宽取胜，计算机技术也进入了个人计算机时代。

随着微处理器的发展，嵌入式计算机诞生了，以微处理器为核心的系统，即嵌入式系统，广泛地应用于仪器仪表、医疗设备、机器人、家用电器等领域。计算机厂家开始大量地以插件方式向用户提供 OEM 产品，再由用户根据自己的需要选择一套适合的CPU板、存储器板及各式I/O插件板，从而构成专用的嵌入式计算机系统，并将其嵌入自己的系统设备。

随着嵌入式系统的发展，芯片厂家设计了专门的适用于嵌入式应用的微处理器，它往往采用哈佛架构，程序或程序的主要部分只读，使得其更加可靠和可恢复，同时重视芯片的多种输入、输出部件的集成等适合控制应用的特点。适合嵌入式、控制类应用的微处理器也叫微控制器或单片机。单片机这种称谓，更看重芯片的集成性，强调把ROM、RAM、I/O接口等集成于单个芯片上。

第一个成功的单片机芯片案例是Intel公司的MSC-48系列单片机。单片机是一种单封装嵌入式系统，可用于持续执行实时控制功能。换言之，单片机可在成本与实用性之间取得平衡，打造一个以嵌入式半导体系统为基础的世界。正是看到了这一点，Intel公司早在1974年就开始致力于开发其首款单片机MCS-48系列。单片机将处理器和内存合并在单个封装中，这两项元件各自的开发本就充满挑战，而将其集成到一个密封装置又是一个难点。虽然经历了重重挑战，首款MCS-48芯片的原型还是在1976年第二季度问世了，同年下半年，团队开发出了一款MCS-48芯片8748。这一系列大获成功，其中一款产品8048迅速成为行业标准，在之后的岁月中，MCS-48系列不断扩大：它们被应用于加油枪、喷气式飞机和不计其数的设备中。这也是微芯片技术成为现代生活的基础的转折点。

20世纪80年代初，Intel公司在MCS-48系列单片机的基础上推出了MCS-51系列8位单片机。MCS-51系列单片机在片内RAM容量、I/O口功能、系统扩展方面都有了很大的提高，具有广泛的影响和应用，直到现在MCS-51单片机仍有教学课程。在其推出后20～30年的时间里，提起“单片机”这一名词差不多专指MCS-51系列单片机。

1.1.5 当前计算机系统的特点与发展趋势

在计算机发展早期，计算机是一种大型设备，是进行计算的超级机器。即使到了现在，人们仍然热衷建造各种超级计算机来满足科学研究和工程中对大型计算的需要。现代的超级计算机采用多个核心进行并行计算处理，核心之间利用高速网络交换数据。表1-1所示。为2022年上半年超级计算机TOP10及其性能。

表1-1　2022年上半年超级计算机TOP10及其性能

			运算性能/PFLOPS	
国家	**名称**	**核心数**	**Rmax（实测性能）**	**Rpeak（理论性能）**
美国	前沿(Frontier)	8 730 112	1102	1685.65
日本	富岳(Fugaku)	7 630 848	442.01	537.21
芬兰	LUMI	1 110 144	151.9	214.35

续表

运算性能/PFLOPS				
国家	名称	核心数	Rmax(实测性能)	Rpeak(理论性能)
美国	顶点(Summit)	2 414 592	148.6	200.79
美国	山脊(Sierra)	1 572 480	94.64	125.71
中国	神威·太湖之光	10 649 600	93.01	125.44
美国	Perimutter	761 856	70.87	93.75
美国	Seiene	555 520	63.46	79.22
中国	天河二号	4 981 760	61.44	100.68
法国	Adastra	319 072	46.1	61.61

服务器和工作站是单台计算设备中算力最强悍的设备。服务器用来提供各种网络服务,它的能力主要用网络处理能力来表征。工作站用来为特定的任务提供处理能力,如用于图形处理的图形工作站、用于智能计算的工作站等。不管是服务器还是工作站,连续运行的可靠性都是一个重要的特性,比如都强调要具有24小时连续工作的能力。

当今使用最广泛的计算机是桌面计算系统,可以分为台式计算机和笔记本计算机。它们既可以用来提供生产力,如办公、程序开发、硬件电路设计等,也可以为个人提供信息处理和娱乐。它的算力和服务器、工作站等专业系统越来越接近。

随着电子技术和通信技术的发展,移动计算设备替代桌面系统的趋势越来越明显。移动计算设备包括手机、平板电脑等。手机首先是一个通信设备,但其通信功能逐渐被移动计算设备的属性遮住光环,特别是它们往往使用世界上最先进的处理器、分辨率最高的图形显示设备,使其多媒体性能和便携性能登峰造极。平板电脑设备越来越轻薄、计算性能越来越好,有逐渐替代笔记本计算机的趋势。

在嵌入式系统方面,嵌入式系统所用的微处理器主频、字长、处理能力等有了长足的发展,其集成的外设和专用功能电路也越来越丰富。普通单片机广泛使用C语言编写程序,使用轻量级操作系统以提高系统开发的容易程度和提高系统的性能。高端嵌入式系统的性能和桌面系统不相上下,低端的单片机等逐渐发展为与复杂电路系统集成的片上系统。除了计算性能的提升,嵌入式系统在低功耗、多核心等方面也有了巨大的提高。

微电子技术充分发展,信息技术逐渐进入"后摩尔时代",摩尔定律逐渐失去效能,但计算机技术仍然充满了生机和活力。未来计算机的发展主要有两大方向:一是体系结构上,以人工神经网络为代表的智能计算技术;二是以量子计算为代表的新的计算机赖以实现的物理机制的建立。这两大方向的发展和结合,将使计算机进入新的发展阶段,带来计算机技术的革命。

1.2 数字系统与微处理器

从电路系统的角度看，一切电子信息系统都是由模拟电路和数字电路组成的。数字电路技术的特点使得数字电路系统成为信息系统的主要部分，而由于现实世界客观上是模拟的，因此数字电路系统常常会包含一些模拟电路从而与现实世界相连。电子信息系统的运行如图1-1所示。

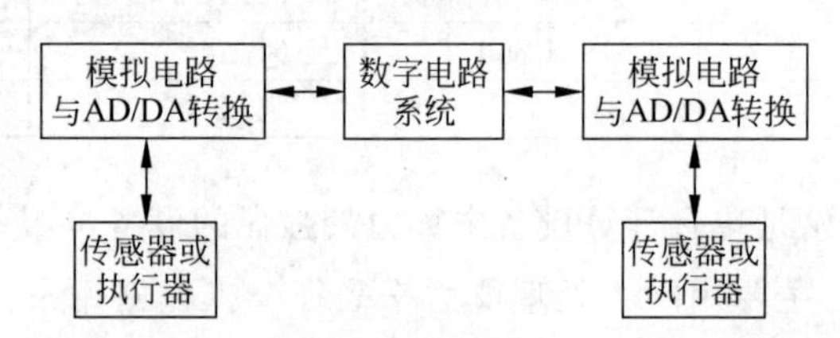

图1-1 电子信息系统运行示意图

1.2.1 一般数字电路的组成

数字电路的基本组成部件是逻辑门和触发器。组合逻辑电路是由逻辑门组成的，可以用来实现任意的逻辑函数。触发器的功能是在时钟的作用下产生记忆功能，逻辑门和触发器的组合可以实现任意时序逻辑电路。所有触发器都具有相同时钟信号输入，从而按照时钟节拍同步变化的时序逻辑电路叫同步时序逻辑电路，同步时序逻辑电路可以实现任意复杂的有限状态机。

由于同步逻辑电路具有固定且成熟的设计方法，非常适合利用计算机进行自动化设计，因此发明了逻辑描述语言和电子设计自动化软件进行逻辑功能的描述与自动化设计。

以一个数字信号处理系统为例，输入是一个连续的数据流，在时钟的作用下从接口电路或者存储器中连续获得信号，而电路的输出驱动执行装置、DA或者存入存储器，根据需要而定。信号的运算由若干步骤完成，数字信号处理系统的运行如图1-2所示。

在图1-2中，数字模块的功能是固定的，满足算法的要求。虽然可以通过某些电路系统如现场可编程逻辑阵列(FPGA)的重配置技术实现动态的功能重定义以实现功能的改变，但这种改变是不普遍和不灵活的。因此，这种数字电路系统无法设计成通用的电路，也无法满足随时改变的、一般性的要求，只能实现预先定义的算法。

1.2.2 微处理器作为数字系统

微处理器设计为一般的数字处理系统，其每一个时钟节拍的功能都是由指令

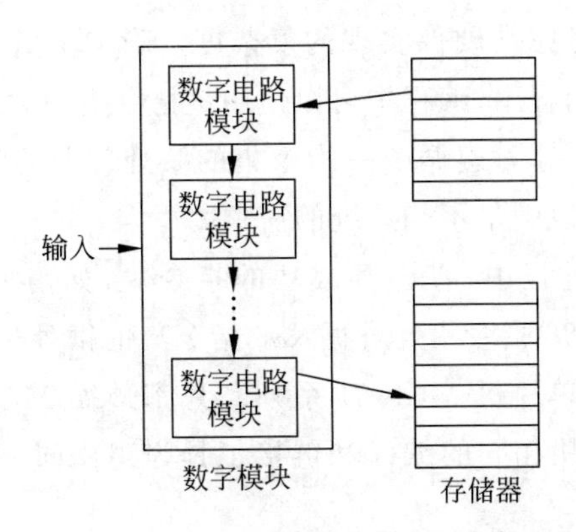

图 1-2　数字信号处理系统运行示意图

定义的，因此可以通过编程改变。微处理器能实现的所有指令都是二进制编码的，形成微处理器的指令集合。冯·诺依曼原理指出，微处理器的每个时钟节拍都要取得需要执行的指令，而一个通用处理器上的程序就是一组指令组成的序列。程序员利用计算机解决问题的过程就是编制由计算机指令组成的程序的过程。

因此，微处理器和数字电路系统不同，它的工作需要两个流：一个由读取指令组成的指令流和一个由数据读写组成的数据流。在指令流的作用下，微处理器每个时钟按照取得的不同指令的指引或读取数据，或进行计算，或存储结果，从而实现编程的目标。微处理器系统的组成如图 1-3 所示。

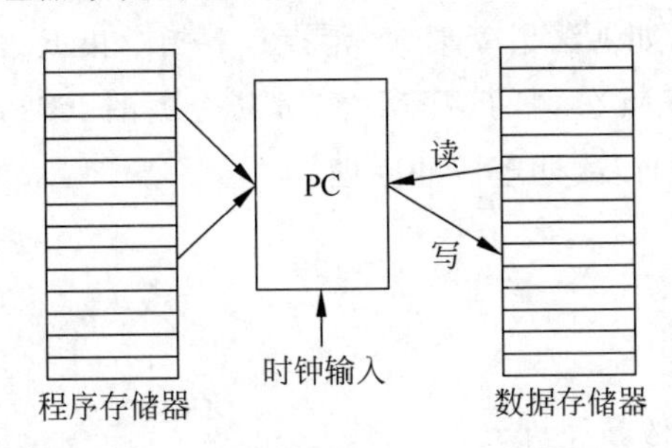

图 1-3　微处理器系统组成示意图

微处理器通常设计成一个复杂的同步时序逻辑电路系统，其时钟频率决定了处理器的运算速度与处理能力，这个时钟频率也叫主频。高速的微处理器往往具有很高的主频，而时钟频率与功耗是相关的，高的主频会带来高的功耗，因此，当需要微处理器低功耗运行时就需要降低主频。

1.2.3　微处理器的指令集

微处理器最重要的特性之一就是指令的集合，称为指令集。现代微处理器设计往往把指令集和微处理器的电路实现分开，首先设计微处理器遵循的指令集，当然设计指令集时也会考虑其硬件实现的复杂度。确定了微处理器的指令集,就可以编制遵循该指令集的程序,编程中可以使用该指令集相关的软件工具和环境,与微处理器的设计并行不悖。遵循统一指令集的微处理器芯片也可以有不同性能、不同设计和实现方法,以满足不同系统的需求。

在微处理器发展过程中,有许多成功的指令集,如前面提到的 Intel 公司的 x86 微处理器遵循的 x86 指令集。遵循 x86 指令集的微处理器有 Intel 8086、Intel 8088 等。Intel 公司的单片机 MCS-51 系列芯片都遵循 MCS-51 指令集。如果用高级语言编程,可以使用相同的编译和链接工具为遵循同一指令集的不同芯片进行程序开发。

复杂指令集 CISC 微处理器的指令集通常为特定的运算设计专门的指令以提高性能,因此往往包含很多条指令,使得微处理器复杂、昂贵,但处理能力较强,如 Intel 公司的 80x86 指令集及其后续的更高级的指令集。相反,RISC 微处理器的指令集只包含通用的指令,往往指令条数少,微处理器较为简单,高级语言程序容易编译成高效率的机器指令,也容易设计高时钟频率的微处理器芯片。

前面提到的指令集一般都是私有版权的,设计版权归属特定的公司或机构,设计遵循某种指令集的芯片需要给版权方付一定的许可费。随着开源运动的兴起,开源的 RISC-V 指令集正在被广泛应用,它属于第五代 RISC 指令集,最大特点是增量型指令集,其基本指令集只包含不到 50 条指令,非常简洁。可以根据芯片的需要选择扩展指令集,如乘法指令集 M、浮点运算指令集 F、矢量指令集 V 等。

本书将以遵循 ARM 公司的 ARM V6M 指令集的 RP2040 芯片(包含 Cortex M0+微处理器)为例阐述微处理器的原理。

思考题

1. 什么是冯·诺依曼原理?
2. 查阅资料,说明硬盘和固态硬盘分别是什么?
3. U 盘的存储介质是什么?
4. 微处理器、微控制器、单片机各有什么特点?
5. RISC 和 CISC 微处理器指令集各有什么特点?
6. 查阅资料,了解 RISC-V 指令集。

第2章

微处理器的基本原理

本章首先介绍计算机中数的编码和运算，然后介绍冯·诺依曼体系计算机的基本原理，包括数字时序逻辑电路的处理器内部数据通路和流水线结构，最后详细介绍 ARM Cortex-M0＋处理器的结构、寻址方式、指令集特点等。

2.1 整数、实数和文字的编码

微处理器处理的数包括整数和小数，但与数学中的整数和小数不同，微处理器中的整数具有一定的范围，超过范围则计算机不能表示；小数不仅有范围限制，还有有效数字位数的限制，超过有效数字位数的部分会被舍弃。

计算机能处理的任何数都是编码表示的，编码的原则是易于计算机处理和运算。

2.1.1 整数的编码

1. 原码表示法

任意正整数(这里包括 0)都可以转化为二进制数。二进制数由 0、1 组成，而 0、1 是组成数字逻辑的两种值。因此，一个正整数可以用其二进制表示作为编码，这就是原码表示法，如

$$(98)_{10}=(01100010)_2$$

01100010 就是十进制数 98 的原码表示。

在计算机中，8 个二进制位(bit)组成一个字节(byte)。用一个字节长的原码表示的最大整数为$(11111111)_2=2^8-1=255$。因此，一个字节长的原码表示的数的范围是 0～255。

计算机中普通寄存器的长度称为计算机的字长，一个字长的整数也是计算机中最容易处理的数。32 位 ARM 指令集的字长为 32 位，32 位原码表示的数的范围是 $0\sim2^{32}-1$。

2. 补码表示法

有符号的任意整数可以用最高位表示符号，最高位称为符号位，而其余位表示去掉符号的数值。对于正整数，符号位为 0，其余位用原码表示数值。对于负整数，符号位为 1，其余位更愿意用被称为补码的方法表示负数本身，其好处如下。m 位二进制数 M 最大为 2^m-1，2^m-M 称为求补运算。因为 2^m 是 m 位二进制数向 $m+1$ 位进位的结果，所以对 m 位二进制表示来说，求补的结果是不变的。m 位负整数 $-M$ 的补码就是 2^m-M 的原码，即对 M 求补。观察 2^m-M，发现

$$2^m - M = (2^m - 1) + 1 - M = (11\cdots1)_2 - M + 1 = \overline{M} + 1$$

这里用 $\overline{M}$ 表示 M 的按位求逻辑反，即负数 $-M$ 的补码是把 M 按位求反再加 1，如

$$(-6)_{10} = (-00000110)_2 = ((11111001)_2 + 1)_{补} = (11111010)_{补}$$

N 位的有符号数除去最高位符号位，能表示数值的部分只有 $N-1$ 位。当它表示正数时，其取值范围是 $0\sim(2^{N-1}-1)$。当符号位是 1 表示负数时，$(-0)=(2^{N-1}-0)_{补}=(00\cdots0)_{补}$，即补码$(100\cdots0)$也表示 0，这样 0 就有了两种表示方法。为了避免此种情况，又由于$(-2^{N-1})=(2^{N-1}-2^{N-1})_{补}=(00\cdots0)_{补}$，补码$(100\cdots0)$也可以看成$-2^{N-1}$ 的补码，所以规定$(100\cdots0)$表示-2^{N-1}。所以，N 位有符号数负数的取值范围是$-2^{N-1}\sim1$。综合以上可知，N 位有符号数表示整数的范围是$-2^{N-1}\sim2^{N-1}-1$。

对于 1 字节的有符号数，取值范围是$-128\sim127$；对于 2 字节的有符号数，取值范围是$-32\,768\sim32\,767$；对于 4 字节的有符号数，取值范围是$-2^{31}\sim2^{31}-1$，即$-2\,147\,483\,648\sim2\,147\,483\,647$。

对于原码表示的整数，当需要扩充为更多位的整数时，只需要在高位补 0 即可。当有符号数为正数时，由于符号位是 0，扩充时和原码一样在高位补 0。当有符号数为负数，即符号位为 1 时，由于高位中的 1 取反才变成 0，因此需要在高位补 1 才能扩充到更多位而值不变。也就是说，不管是正数还是负数，有符号数扩充时要在高位补符号位才能保证扩充后值不变，称为符号扩展。

在 C 语言中，字符型(char)整数是 1 字节，短整型(short int)整数是 2 字节，长整型(long int)整数是 4 字节。一般整型(int)数的长度和计算机的字长一致，因此，在支持 ARM32 位指令集的 C 语言环境中，整型数是 4 字节。所有整数类型同时支持对应的无符号(unsigned)类型，即用原码表示的整数。

补码在计算中的便利很快就可以看到。

3. 加减运算

加法是计算机中必备的运算，二进制加法和普通竖式加法一样，从低位到高位相加，满 2 则进位。比如 9+3：

$$
\begin{array}{r}
0000\ 0000\ 0000\ 0000\ 0000\ 0000\ 0000\ 1001=9 \\
+\ 0000\ 0000\ 0000\ 0000\ 0000\ 0000\ 0000\ 0011=3 \\
\hline
0000\ 0000\ 0000\ 0000\ 0000\ 0000\ 0000\ 1100=12
\end{array}
$$

减法也可以用竖式进行计算，从低位到高位，不够减则向高位借位。例如 9－3 的计算过程：

$$
\begin{array}{r}
0000\ 0000\ 0000\ 0000\ 0000\ 0000\ 0000\ 1001=9 \\
-\ 0000\ 0000\ 0000\ 0000\ 0000\ 0000\ 0000\ 0011=3 \\
\hline
0000\ 0000\ 0000\ 0000\ 0000\ 0000\ 0000\ 0110=6
\end{array}
$$

如果采用这种减法方案，计算机中必须设计一个独立的减法计算部件。因为 m 位二进制数从低到高为 0～(m－1)位，其加法最高位 m－1 位到 m 位的进位都会被舍弃，所以，减去原码等于加上补码。因此，更常用的方案是做减法时加上减数的补码，这样只要增加一个求补电路，可以不必设计专用的减法电路。

进一步分析得到，有符号数连同符号位一起进行加减运算，结果仍是有符号数。

例如，若计算 9－3 则计算 9＋(－3)：

$$
\begin{array}{r}
0000\ 0000\ 0000\ 0000\ 0000\ 0000\ 0000\ 1001=9 \\
+\ 1111\ 1111\ 1111\ 1111\ 1111\ 1111\ 1111\ 1101=-3 \\
\hline
0000\ 0000\ 0000\ 0000\ 0000\ 0000\ 0000\ 0110=6
\end{array}
$$

以上运算体现了补码表示的优越性。

如果有符号数进行运算时，其结果超出有符号数的表示范围，就会发生溢出。溢出，本质上可以看成低位向高位的进位或借位改变了符号位造成的，因此溢出会使符号发生改变。例如，正数加上正数，如果发生溢出，低位进位到符号位，使得符号位为 1，则结果变成了负数。减法也是类似的。显然，符号相反的两个数相加或者符号相同的两个数相减都不会发生溢出，溢出只可能发生在以上两种情况之外。加减法溢出的条件如表 2-1 所示。

表 2-1　加减法溢出的条件

表达式	A 的符号	B 的符号	溢出条件
A＋B	＋	＋	－
A＋B	－	－	＋
A－B	＋	－	－
A－B	－	＋	＋

无符号数原码也存在溢出问题，但原码常用来表示处理器的内存地址，此时溢出的结果正是需要的，因此，对无符号数运算一般无须处理溢出问题。

C语言中，溢出不作为错误检测，需要程序员自行对溢出进行处理。

2.1.2 实数的编码

计算机中小数的表示比整数复杂得多，也有多种表示方法，这里介绍定点数和浮点数两种表示方法。

所谓定点数，就是计算机中表示的实数在整数编码的基础上有一个固定的小数点，小数点的位置是约定不变的。定点数的本质是把整数乘以一个固定的因子 2^{-n}，n 为小数部分的位数。

比如，可以约定小数点的位置在符号位之后，对于 N 位有符号数表示的实数，其范围为 $-(1-2^{-(N-1)})\sim(1-2^{-(N-1)})$。对于实际计算问题，需要对所有用到的实数乘以比例因子，使得所有实数和运算的中间结果都在此范围内才可以应用。

实数的定点表示限制较多，不能充分利用计算机的字长，并且需要对问题本身进行修改以满足表示范围的限制，应用起来有诸多不便。其优点是计算的本质是整数运算，不用增加额外的硬件，原有的整数计算部件就足够了。计算机发展早期应用较多，现在一般只在资源受到限制的情况下应用，比如某些没有浮点运算单元的系统上。

为了克服定点数的缺点，使小数点的位置可以浮动，就产生了浮点数表示法。

对于任意的实数，可以表示为 $\pm m.n$（十进制）的形式。m 为整数部分，n 为小数部分。通过移动小数点，可以将其转化为科学计数法形式：$\pm a.b\times10^{e}$，其中，a 是大于0且小于10的整数，b 是小数部分，e 是指数。一个实数如果采用二进制表示为 $\pm c.d$，也可以通过移动小数点化为科学计数法的形式，只不过和十进制情况稍有不同。由于大于0且小于2的整数只有1，任意实数的二进制科学计数法形式的表示可以写为

$$(-1)^{s}\times(1.m)_{2}\times2^{e}$$

其中，s 为符号位，e 为指数，m 为尾数，即小数部分。科学计数法使得前导的0被压缩，有利于充分利用计算机的有效位数。标准的实数存储需要首先将其化成二进制科学计数法的形式，称为规整化。

实数的浮点表示法，就是设计有效的存储方案存储 s、m 和 e，而整数部分的1因为每个数都相同可以不用存储。m 位数越多，实数的有效数字越多，分辨率越高；e 的位数越多，表示的指数范围越大，实数范围越大。由于存储的总长度是确定的，m 和 e 必须达到某种平衡，浮点表示法的设计者需要仔细考虑，以取得合理的折中。

C语言的单精度浮点数（float）和双精度浮点数（double）是采用两种标准的浮点数表示法表示，位宽分别是32位和64位，符合IEEE-754标准。

对于 32 位表示的单精度浮点数，IEEE-754 规定用 8 位和 23 位表示 e 和 m；对于 64 位双精度浮点数，用 11 位和 52 位表示 e 和 m。单精度和双精度浮点数存储格式如图 2-1 所示。

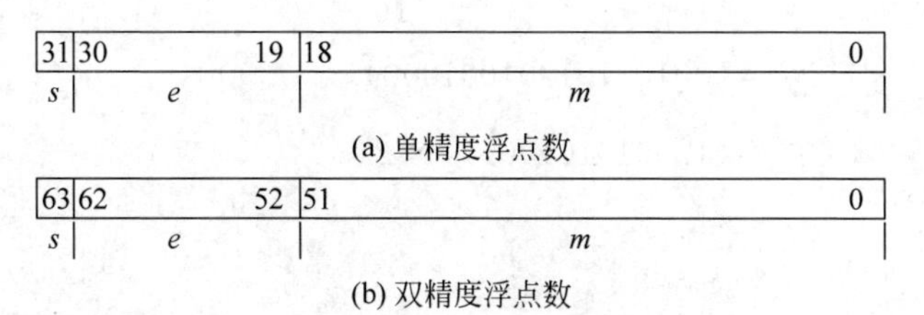

图 2-1　单精度和双精度浮点数存储格式

e 比较特殊，采用偏移方式表示有符号数，而不采用补码方式。如果 e 是 8 位，e 的偏移量 $b=127$；如果 e 是 11 位，e 的偏移量 $b=1023$。实际的指数 $E=e-b$。例如：

$$-(56.37)_{16}=-(1010110.00110111)_2=-(1.01011000110111)_2\times 2^6$$

则

$$S=1$$

$$E=(01111111)_2+(00000110)_2=(10000101)_2$$

$$M=01011000110111000000000$$

单精度浮点表示(S,E,M)为

$$1,100\_0010\_1,010\_1100\_0110\_1110\_0000\_0000=(\text{C2AC6E00})_{16}$$

共 32 位。

如果是十进制数，如 37.28125，要先转换为十六进制，方法为：可以用计算器每次乘 16，得到的整数部分化为 4 位二进制数，即为小数部分的高四位，新的小数部分不断重复乘 16 的过程，直至剩余的小数部分为 0 或可以舍弃。转换过程如下：

$$\begin{aligned}37.28125&=37+0.28125\\&=(100101)_2+\frac{4.5}{16}\\&=(100101)_2+\frac{(0100)_2+0.5}{16}\\&=(100101)_2+\frac{(0100)_2+\frac{8}{16}}{16}\\&=(100101)_2+\frac{(0100)_2+\frac{(1000)_2}{16}}{16}\end{aligned}$$

$$=(100101)_2+\frac{(0100)_2+(0.1000)_2}{16}$$

$$=(100101)_2+\frac{(0100.1000)_2}{16}$$

$$=(00100101.01001000)_2$$

$$=(1.0010101001)_2\times 2^5$$

则

$$S=0$$

$$E=10000100$$

$$M=00101010010000000000000$$

单精度浮点表示(S,E,M)为

$$0,100\_0010\_0,001\_0101\_0010\_0000\_0000\_0000=(42152000)_{16}$$

2.1.3 文字的编码

计算机处理文字信息首先要对文字进行编码表示。对英文字母、标点符号等的编码常用美国信息交换标准代码(american standard code for information interchange,ASCII)编码,对汉字等更广泛的文字编码常用的是 Unicode 编码。

计算机最早处理的符号是英文字母、标点符号和数字等,由于需要编码的字符少,用一个字节编码就可以了。ASCII 码是使用最为广泛的标准,等同于国际标准 ISO/IEC 646。ASCII 码对照表如表 2-2 所示。

表 2-2 ASCII 码对照表

十进制	十六进制	字符	十进制	十六进制	字符	十进制	十六进制	字符	十进制	十六进制	字符
0	0x00	NUL	13	0x0D	CR	26	0x1A	SUB	39	0x27	'
1	0x01	SOH	14	0x0E	SO	27	0x1B	ESC	40	0x28	(
2	0x02	STX	15	0x0F	SI	28	0x1C	FS	41	0x29	)
3	0x03	ETX	16	0x10	DLE	29	0x1D	GS	42	0x2A	*
4	0x04	EOT	17	0x11	DC1	30	0x1E	RS	43	0x2B	+
5	0x05	ENQ	18	0x12	DC2	31	0x1F	US	44	0x2C	,
6	0x06	ACK	19	0x13	DC3	32	0x20	(space)	45	0x2D	-
7	0x07	BEL	20	0x14	DC4	33	0x21	!	46	0x2E	.
8	0x08	BS	21	0x15	NAK	34	0x22	"	47	0x2F	/
9	0x09	HT	22	0x16	SYN	35	0x23	#	48	0x30	0
10	0x0A	LF	23	0x17	ETB	36	0x24	$	49	0x31	1
11	0x0B	VT	24	0x18	CAN	37	0x25	%	50	0x32	2
12	0x0C	FF	25	0x19	EM	38	0x26	&	51	0x33	3

续表

十进制	十六进制	字符	十进制	十六进制	字符	十进制	十六进制	字符	十进制	十六进制	字符
52	0x34	4	71	0x47	G	90	0x5A	Z	109	0x6D	m
53	0x35	5	72	0x48	H	91	0x5B	[	110	0x6E	n
54	0x36	6	73	0x49	I	92	0x5C	\	111	0x6F	o
55	0x37	7	74	0x4A	J	93	0x5D	]	112	0x70	p
56	0x38	8	75	0x4B	K	94	0x5E	^	113	0x71	q
57	0x39	9	76	0x4C	L	95	0x5F	_	114	0x72	r
58	0x3A	：	77	0x4D	M	96	0x60	空格	115	0x73	s
59	0x3B	；	78	0x4E	N	97	0x61	a	116	0x74	t
60	0x3C	<	79	0x4F	O	98	0x62	b	117	0x75	u
61	0x3D	=	80	0x50	P	99	0x63	c	118	0x76	v
62	0x3E	>	81	0x51	Q	100	0x64	d	119	0x77	w
63	0x3F	?	82	0x52	R	101	0x65	e	120	0x78	x
64	0x40	@	83	0x53	S	102	0x66	f	121	0x79	y
65	0x41	A	84	0x54	T	103	0x67	g	122	0x7A	z
66	0x42	B	85	0x55	U	104	0x68	h	123	0x7B	{
67	0x43	C	86	0x56	V	105	0x69	i	124	0x7C	|
68	0x44	D	87	0x57	W	106	0x6A	j	125	0x7D	}
69	0x45	E	88	0x58	X	107	0x6B	k	126	0x7E	～
70	0x46	F	89	0x59	Y	108	0x6C	l	127	0x7F	DEL

由表 2-2 可以看出，代码 1～21 与 127 为不可显示字符，用于控制和通信等。48～56 为数字 0～9，65～90 为大写字母 A～Z，97～122 为小写字母 a～z，其余为各种符号。

汉字编码的第一个国家标准是 GB 2312。GB 2312—80 是 1980 年制定的中国汉字编码国家标准，共收录 7445 个字符，其中汉字 6763 个。GB 2312 兼容标准 ASCII 码，采用扩展 ASCII 码的编码空间进行编码，一个汉字占两个字节，每个字节的最高位为 1，以此和 ASCII 编码区别。具体编码办法是：由 7445 个字符组成 94×94 的方阵，每一行称为一个区，每一列称为一个位，区号、位号的范围均为 01～94，区号和位号组成的代码称为区位码。将区号和位号分别加上 20H，得到的 4 位十六进制整数称为国标码，编码范围为 0x2121～0x7E7E。为了兼容标准 ASCII 码，给国标码的每个字节加 80H，即把二进制最高位变成 1，形成的编码称为机内码，简称内码，是汉字在机器中实际的存储代码。GB 2312—80 标准的内码范围是 0xA1A1～0xFEFE。GB 2312 结束了汉字编码不统一的状况，为汉字信息化提供了重要的保障。

但是 GB 2312 收录的汉字不够多，不能满足出版、印刷等领域的需求，因此国家又制定了《汉字内码扩展规范》(GBK),该规范纳入了更多汉字。GBK 于 1995 年制定,兼容 GB 2312、GB 13000—1、BIG5 编码中的所有汉字,使用双字节编码,编码空间为 0x8140～0xFEFE,共有 23 940 个码位,共收录了 21 003 个汉字。其中 GBK1 区和 GBK2 区也是 GB 2312 的编码范围。GBK 向下与 GB 2312 编码兼容,向上支持 ISO 10646.1 国际标准,是前者向后者过渡过程中承上启下的产物。ISO 10646 是国际标准化组织 ISO 公布的一个编码标准,即《通用多八位编码字符集》(universal multilpe-octet coded character set, UCS),它与 Unicode 组织的 Unicode 编码完全兼容。ISO 10646.1 是该标准的第一部分《体系结构与基本多文种平面》,我国于 1993 年以 GB 13000.1 国家标准的形式予以认可。

国家标准 GB 18030—2000《信息技术和信息交换用汉字编码字符集、基本集的补充》是我国继 GB 2312—80 和 GB 13000—1993 之后最重要的汉字编码标准,是我国计算机系统必须遵循的基础性标准之一。GB 18030—2005《信息技术中文编码字符集》是我国制定的以汉字为主并包含我国多种少数民族文字的超大型中文编码字符集强制性标准,其中收入汉字 70 000 余个。

2.2 微处理器的原理和结构

2.2.1 一般微处理器系统的结构

前面提到,微处理器作为通用数字处理模块需要提供两个流：一个是指令流,每个时钟节拍微处理器都需要取得一条执行指令,这些指令组成程序；另一个是数据流,每条指令或者读入外部数据,或者存储数据到外部存储器,或者进行计算,外部数据的交换就是数据流。微处理器取得指令或与外部存储器件进行数据交换是通过总线实现的。为了进行有效的数据传输,总线应当能够传输地址、数据和控制信号,称为地址总线、数据总线和控制总线,总称为“三总线”。总线中的器件按地址访问,同一总线中不论何种器件,每个存储单元都应该有唯一的地址。当地址总线给出的地址与自身地址一致时,该存储单元在控制总线(给出读写控制信号)的作用下输出存储数据到数据总线或者从数据总线读入数据保存到存储单元。存储器件包括 ROM、RAM、Flash 等,总线上还可以包含遵循总线读写规范的其他外设,用于和外界数据交换。

程序指令存储于 ROM、RAM、Flash 等存储器件中,通过程序总线和微处理器相接,提供指令流的输入。数据不仅可以来自存储器件,也可以来自 I/O 接口、定时器、通信部件等被称为外设的电路模块,因此,数据总线是微处理器与多种数据存储器、外设等的数据通道。可以在更进一步的设计中,把程序总线和数据总线合并为一条总线,这种微处理器架构称为冯·诺依曼架构；也可以选择将两条总线分开，称为哈佛架构，如图 2-2 所示。

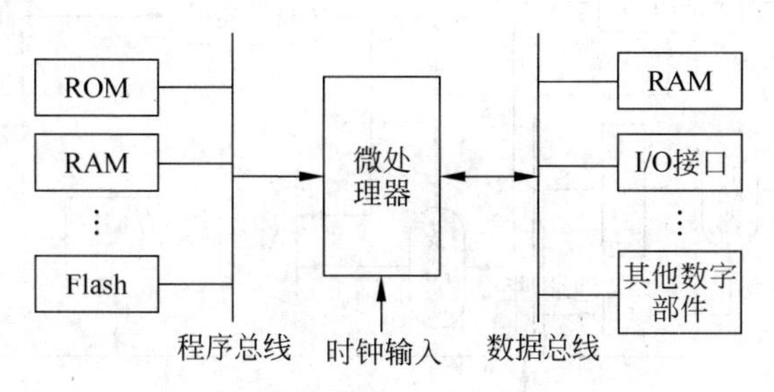

图 2-2　微处理器系统哈佛架构示意图

将在后面章节中对总线技术进一步展开描述。

2.2.2　微处理器组成部分

依据冯·诺依曼提出的原理，微处理器应当包含一个程序计数器(PC)用来存储当前执行的指令在程序存储器中的地址，该地址从程序总线送出，并在控制信号的作用下读回需要执行的指令，然后程序计数器自动改变为下一条指令的地址。指令在程序存储器中通常顺序存储，因此程序计数器的通常行为是加"1"(这里的1指一条指令的宽度，如果一条指令为 4 字节，而地址按字节编址，则实际加 4)以指向下一条指令地址，这也是程序计数器名称的由来。当然，程序不可能一直顺序执行，当需要程序计数器打破常规时，可以在控制模块作用下加上其他数值变成需要的地址。

微处理器用于计算的模块叫作算术逻辑单元(ALU)，它的作用是进行算术运算和逻辑运算，以支持指令的计算功能。它通常有两组数据输入和一组数据输出，ALU 计算功能的选择由功能选择输入信号控制。控制单元依据指令的要求，控制 ALU 的功能选择，并选择其数据的来源。

在指令执行过程中，需要存储计算的中间结果，或者存放由外部存储器传入的数据，在硬件上需要用寄存器实现。寄存器是具有存储功能的各种触发器电路的逻辑抽象，由字长(本书中通常为 32)个数的单个位寄存器组成一个字寄存器，而微处理器中由多个字寄存器组成寄存器组。寄存器组中的每个寄存器(指存储一个字的寄存器)都有一个名称和编号，在指令中用代码表示。

对取得的指令进行分析，并按照指令控制其他部件进行处理的部件称为控制单元，控制单元在逻辑上是最复杂的。

微处理器的整体结构如图 2-3 所示。

2.2.3　微处理器内部的数据通路

从数字逻辑的角度看，按照指令在微处理器中的处理过程，可以简单分为取指

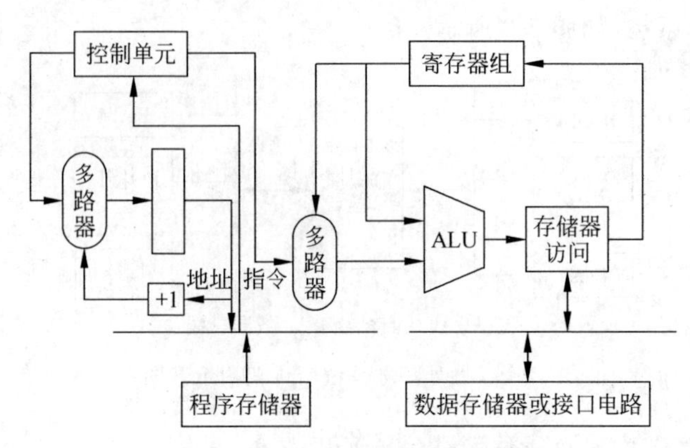

图 2-3 微处理器的整体结构

(IF)、译码(ID)、执行(EX)、访问存储器(MEM)、回写寄存器(WB)等步骤。按照这样一个数据处理步骤,可以把微处理器处理指令的过程表示为图 2-4 所示的数据通路。

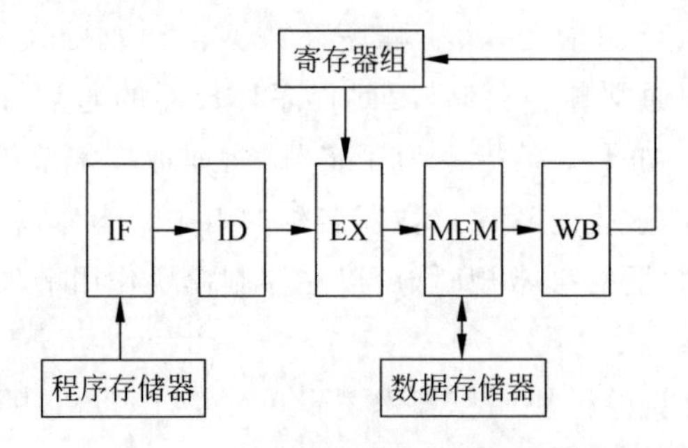

图 2-4 微处理器内部的数据通路

取指就是按照 PC 中的地址,以正确的时序从程序存储器中取得指令,并控制 PC 更新为下一条指令的地址;译码就是把指令中包含的操作种类、操作数来源、操作结果、存储器操作种类、地址产生方式等译码成易于处理的逻辑信号;执行就是按照指令的要求控制 ALU 进行正确的计算,或进行其他操作;访问存储器就是按正确的时序进行数据总线的访问,并对结果正确处理;回写寄存器就是按照指令的需要,把指令的处理结果正确写入寄存器中。

对于 RISC 指令集架构来说,三类指令最为重要和常见:算术逻辑运算指令、分支指令、存储访问指令。我们就以这三类指令为例,分析指令的执行过程。如果取到的指令是算术逻辑运算指令,指令译码逻辑会从指令中得到运算数的种类、来源(如来源寄存器编号等)、结果的存储目标、计算的种类等,并传递给执行逻辑。执行逻辑主要由 ALU 组成,它根据指令译码给出的信息进行算术和逻辑计算。因为运算指令不需要访问存储器,因此访存逻辑不需要输出给存储器,而回写逻辑把计算的结果写入指令译码器给出的存储目标寄存器中。分支指令的作用是改变程序的顺序指令流程,让程序跳转到新的地址。如果取到的是分支指令,指令译码器根据分支指令的种类,或者启动执行模块计算分支地址,或者从指令中直接获得分支地址,然后控制 PC 模块改变为下一条指令的取指地址。如果是访存指令,根据指令中地址的获得方式,执行模块可能需要计算数据存储器地址,或者直接从寄存器中获得数据存储器地址,访存模块根据访存的种类如数据宽度、存储或载入等产生访问存储器的正确时序,如果是载入数据指令,还会让回写模块把从存储器读取的数据写入寄存器中。

具有这种逻辑结构的微处理器是可以用硬件实现的,每个指令一个时钟周期,但是现代的微处理器中很少有这种实现方式。这是因为一条指令从取指到最后的回写都需要在一个时钟周期内完成,而这个周期应当由逻辑路径最长的指令决定。例如数据载入指令,它经历了几乎每个逻辑步骤,如此长的逻辑路径需要的时间很长,因此,单周期指令微处理器时钟周期会很长,效率低,导致系统性能并不高。

2.2.4 流水线技术

为了解决单指令周期微处理器时钟周期长、效率低的问题,现代微处理器设计中采用流水线技术。流水线是一种实现多条指令重叠执行的技术,为现代微处理器广泛采用。

流水线技术的实现,需要把指令的执行分成若干有限的步骤,每个步骤实现的逻辑之间加入时钟同步的寄存器存储两步之间的中间结果。采用五级流水线技术的微处理器如图 2-5 所示。

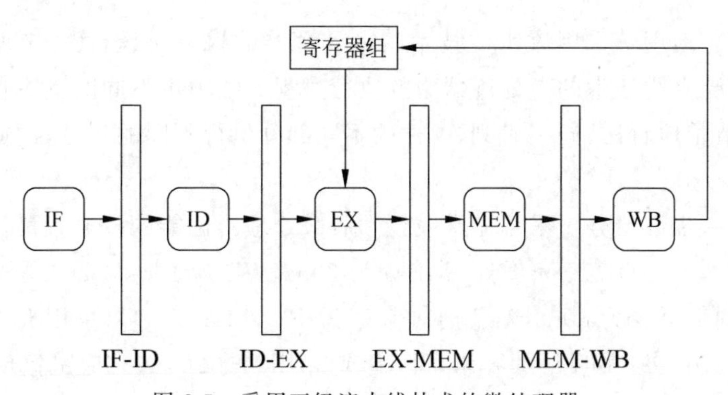

图 2-5 采用五级流水线技术的微处理器

如果采用相同的逻辑结构,采用非流水线技术的微处理器每条指令耗费的时间大约是采用流水线技术的 5 倍,时钟频率提高 5 倍。整体效率的提高,显然是各个执行部件效率并行性提高的结果,即 IF 模块取指时,ID 模块正在为上一条指令译码，而 EX 模块正在为更上一条指令计算结果，如此等等。图 2-6 对比了采用非流水线技术和流水线技术的微处理器指令的执行过程。

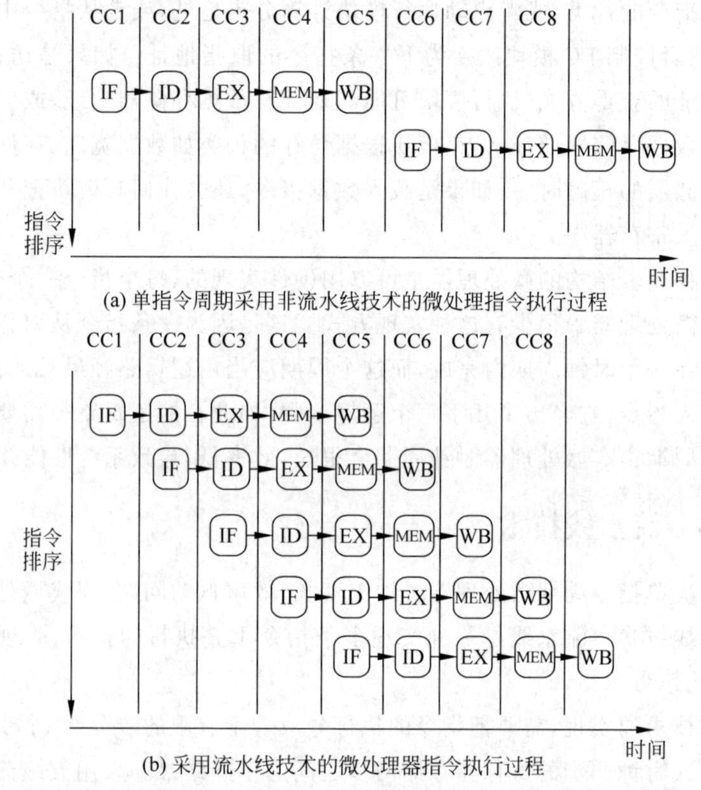

图 2-6 采用非流水线技术和流水线技术的微处理器指令执行过程对比

为了更好地理解采用流水线技术的微处理器的执行过程，图 2-7 所示为多条指令在采用流水线技术的微处理器中的执行过程。图中用不同的图案代表不同的指令，可以清楚地看出，同一时刻，硬件的不同部分执行不同的指令，不同部件之间是并行的。

为了进一步细致分析采用流水线技术后微处理器性能的提升程度，假定 IF 需要的时间为 20ns，ID、EX 为 15ns，MEM 为 20ns，WB 为 10ns。如果采用单周期设计方式，则周期至少为 80ns，对应时钟频率为 12.5MHz。如果采用五级流水线设计，时钟必须满足最大时延的要求，即 IF 或 MEM 的 20ns，对应最高时钟频率为 50MHz。本例中，由于各级逻辑模块时延并不一致，而流水线必须满足最大时延的要求，实际提高的性能并没有达到 5 倍。

较高性能的微处理器需要划分较多的流水线级别，并且使各级流水线时延均匀一致，降低时延最高的流水线时延。比如，中国科学院计算技术研究所设计的香山微处理器就采用了 12 级流水线设计。性能要求不高的较简单的微处理器，则需

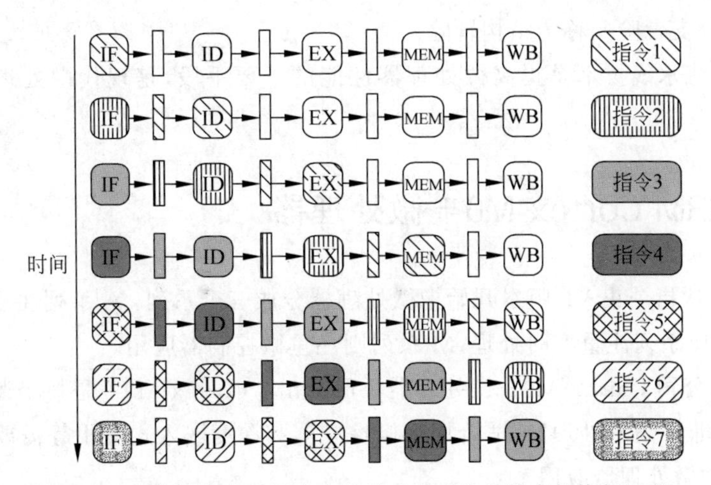

图 2-7 多条指令在采用流水线技术的微处理器中的执行过程

要划分较少的流水线级别，减少逻辑资源的消耗，进一步降低成本。

采用流水线技术后，微处理器各部分同时执行的是不同指令的不同阶段，这些指令的执行过程中可能由于某种冲突而不能满足执行条件，这种情况称为冒险。流水线冒险分为三种：结构冒险、数据冒险和分支冒险。

结构冒险是由于体系结构的设计不允许某种并行性，如 MEM 模块执行数据存取，同时 IF 执行取指，而某些体系结构不允许两种存储器操作同时发生。为了避免这种情况，可以设计适当的体系结构予以避免。

数据冒险是指一条指令的运算需要前面指令的结果，而前面指令的结果还未出。例如在五级流水线中，EX 需要某个寄存器的值，而该寄存器需要上一条指令在 MEM 之后更新，显然还未完成。有些数据冒险可以采用数据前馈的方法解决：当后面指令需要更新的寄存器值时，更新寄存器的操作同时把该寄存器的值前馈给 EX 模块，使之计算时使用新值。

分支冒险是指分支指令的条件是前面指令的执行结果，因此分支指令后面的指令在取指阶段还是未定的，不能有效地完成取指。

当冒险不能用有效的方式避免时，都可以通过阻塞流水线的方法解决，即某一阶段不能执行的指令出现时，让该模块及以前的流水线部分暂时阻塞，而后面的流水线继续执行，直至满足执行条件为止。这样就在阻塞的流水线中插入一个空的状态，称为气泡，气泡的插入，虽然解决了冒险，但是降低了执行效率。

分支冒险更为复杂，因为它更常见，所以必须采用更高效的方法解决。比较简单的方法就是让分支发生的决策前移，在译码阶段增加一些必要的部件来判断分支的发生。较复杂的方法是采用预测技术预判分支的发生，以达到高效率执行程序的目的。当对流水线的预测失败时，已经进入流水线的指令则应当清除，重新取得指令。分支冒险又称为结构冒险。

总之,流水线技术是提高微处理器性能的重要手段,是现代微处理器的必备技术。

2.3 ARM Cortex-M0+微处理器

ARM 从指令集 V6 版本开始把微处理器分成三个系列：A 系列注重高性能的桌面计算,R 系列注重实时处理,M 系列则注重微控制器应用。

ARM 公司 Cortex-M0+微处理器手册指出,"Cortex-M0+是一个逻辑门数量很少、能效非常高的处理器,适合用于微控制器和深度嵌入式应用等需要面积优化和低功耗的微处理器应用"。

ARM 微处理器系列中,Cortex-M+系列结构比较简单,适合初学者学习,因此,本节以 Cortex-M0+处理器为例介绍微处理器的具体结构和指令集。

2.3.1 ARM Cortex-M0+微处理器的结构

ARM Cortex-M0+微处理器主要由一个运行 ARMv6-M 指令集的中央处理器和其他可选部件组成,这些可选部件包括内存保护部件(MPU)、AHB-Lite 总线接口、快速 I/O 接口、数据监视、程序断点、JTAG 调试接口、跟踪器等。因为 ARM 只出售设计给芯片制造商,芯片制造商再根据需求决定这些可选部件是否包含在最终的芯片中。Cortex-M0+微处理器的结构如图 2-8 所示。

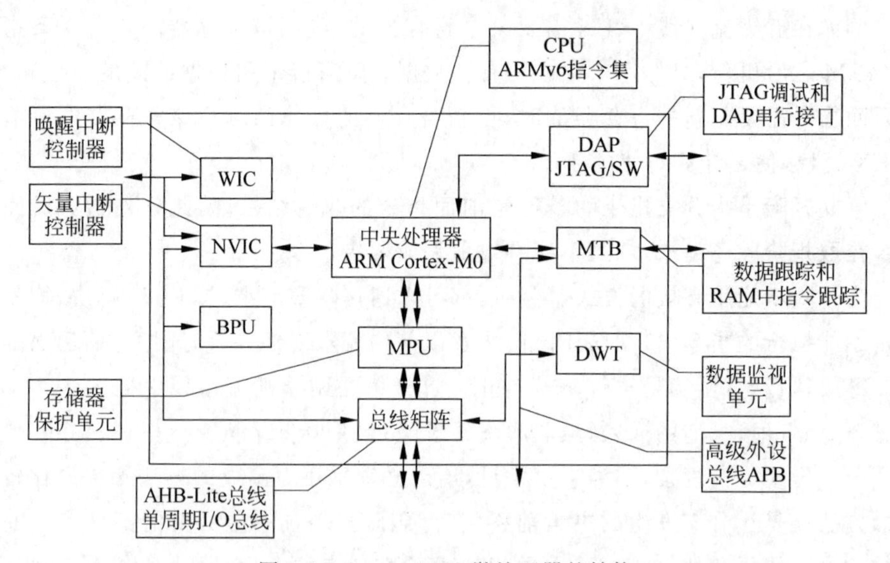

图 2-8　Cortex-M0+微处理器的结构

ARM把指令流和数据流组成统一的总线地址空间，并由总线矩阵协调取指、数据存取、各个存储芯片与接口电路。尽管如此，Cortex-M0+微处理器仍然是一个哈佛架构的微处理器，而不是冯·诺依曼架构，因为程序和数据存储器虽然统一编址，都存在于一个32位地址空间中，但程序和数据存储器器件挂接在不同的总线上，程序读取和数据存取可以同时进行，并行不悖。

Cortex-M0+微处理器由两级流水线组成：取指令和指令预译码组成第一级流水线；译码、执行、存取操作等组成第二级流水线。两级流水线的结构避免了复杂的冒险逻辑处理，使得逻辑设计更简洁、面积更小，如图2-9所示。

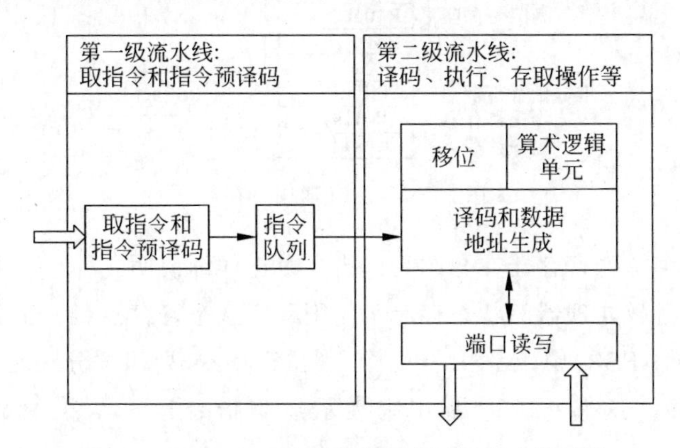

图2-9 Cortex-M0+微处理器的两级流水线结构

2.3.2 寄存器

寄存器是微处理器内部存储数据的部件。某些寄存器用于存储微处理器的特定状态编码，无法用指令显式地存取，这样的寄存器对程序员是不可见的。而大多数寄存器直接用于指令执行过程，可以通过指令直接存或取，对程序员是可见的。

ARM中的寄存器有16个，统一命名为R0～R15，每个寄存器有32位共4字节。其中，R0～R12为通用寄存器，可以作为指令的源操作数或目的操作数，源操作数提供指令数据的来源，目的操作数存储指令执行的结果。通用寄存器在指令编码中顺序编码，其中，R0～R7的编码只要3b(000～111)，称为低位寄存器，R8～R12则需要4b(1000～1100)，称为高位寄存器。高位寄存器在16位指令编码中受到限制。

R14是连接寄存器(LR)，在微处理器函数调用时存放返回地址。

R15是程序计数器(PC)，用来存储程序的当前地址。普通的数据传送指令虽然不能读写该寄存器，但分支指令可以修改该寄存器的值。

R13是堆栈指针寄存器(SP)，用来在微处理器的函数调用过程中传递参数和分配存储空间给函数临时使用。Cortex-M0+微处理器有两种运行模式，不同模式下有自己独立的堆栈指针寄存器，这两个堆栈指针都用 R13 表示。

ARM 通用寄存器的结构如图 2-10 所示。

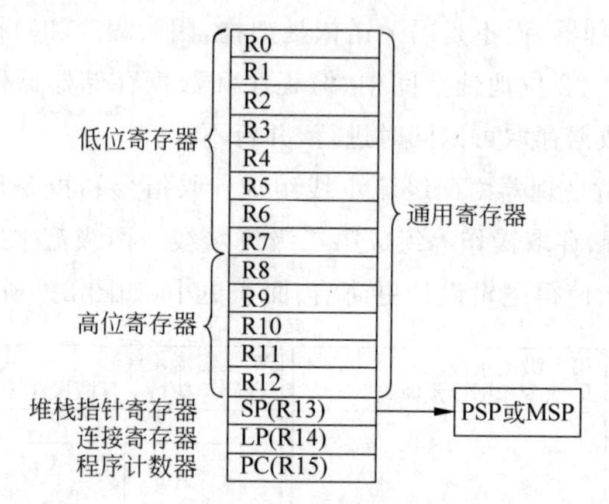

图 2-10　ARM 通用寄存器

上面这几个特殊寄存器在介绍具体指令时再详细说明。

程序运行时微处理器的状态存储于应用程序状态寄存器(application program status register，APSR)中，APSR 是一个 32 位寄存器，高四位分别是 N、Z、C、V 标志，其余位保留。这些标志位都用来表示运算指令运算结果的情况：N 标志(negative condition code flag)表示结果为负数；Z 标志(zero condition code flag)表示结果为 0；C 标志(carry condition code flag)表示发生了加法的进位或者减法的借位；V 标志(overflow condition code flag)表示发生了溢出。保留位在读取时忽略，写入时应使之保持读取时的状态。APSR 的结构如图 2-11 所示。

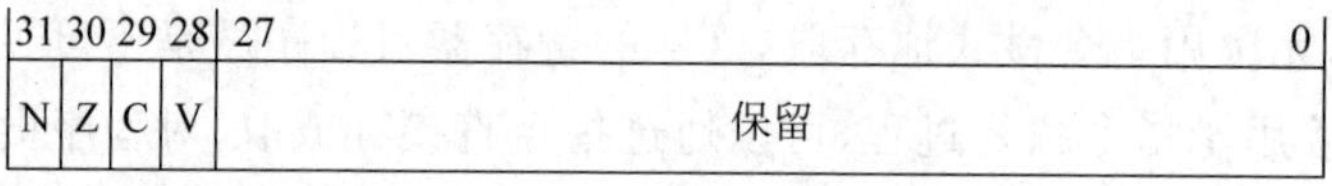

31	30	29	28	27　　　　0
N	Z	C	V	保留

图 2-11　APSR 的结构

N、Z、C、V 标志是指令条件执行的前提。ARM 之前的其他公司开发的微处理器，不论是 RISC 还是 CISC 结构，一般都有一组条件跳转指令用来实现程序流的跳转。ARM 则不然，它让指令的执行可以附带条件，只有 N、Z、C、V 标志符合指令编码中的条件指令才会执行，否则相当于空指令 NOP。

由于 ARMv6-M 指令集中大部分指令只有 16 位编码，编码空间紧张，只在分支指令 B 指令中实现了条件执行，用于实现条件分支。

2.3.3　ARM Cortex-M0＋的存储器模型

前面说过，ARM Cortex-M0＋处理器程序和数据等统一编址，编址的单位是字节，地址为32位，地址空间大小为2^{32}B＝4GB，字节地址可以用一个32位无符号数表示。

对于32位微处理器系统，一个字是4字节。ARM Cortex-M0＋微处理器地址空间也可以看成由2^{30}个字组成，字地址必须是4字节对齐的，即字地址必须能够被4整除。一个字的地址为A，该字可以看成是由A、A＋1、A＋2、A＋3四个字节地址存储的字节组成的。与此类似，两个字节组成的半字地址必须是2字节对齐，如地址为A，可以看成由A、A＋1两个字节组成。

虽然字、半字、字节在存储器中存储的方式已经很清楚了，但它们之间的映射关系还没有解释。所有的计算机只有大端存储系统和小端存储系统两种映射关系，而小端存储系统在所有计算机中应用略多一些，ARM Cortex-M0＋在设计时既可以选择小端存储系统也可以选择大端存储系统，是由具体芯片的设计者决定的。

为了说明大端和小端存储系统，假定地址A存储一个字，由A、A＋1、A＋2、A＋3地址处4个字节组成，或者由A、A＋2地址处两个半字组成。而A地址的半字由A、A＋1处两个字节组成，A＋2地址的半字由A＋2、A＋3处两个字节组成。

所谓小端存储系统，就是A地址处的字节或半字是A地址存储的字的低字节或低半字，A地址处的字节是A地址处的半字的低字节。

所谓大端存储系统，就是A地址处的字节或半字是A地址存储的字的高字节或高半字，A地址处的字节是A地址处的半字的高字节。

小端存储系统和大端存储系统中的字节映射如图2-12所示。

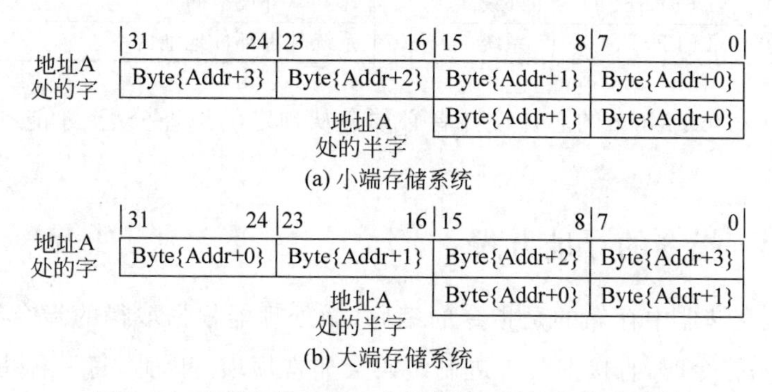

图2-12　小端存储系统和大端存储系统中的字节映射

是小端存储系统还是大端存储系统决定了系统中存储的字或半字字节顺序的解释。在C语言中，如果代码涉及字和字节的映射关系，则为硬件相关代码，小端存储系统和大端存储系统有不同的含义，如程序2-1所示。

程序2-1　小端存储系统和大端存储系统的显示

```
int main(){
    unsigned int a = 0x12345678;
```

```
    char * p;
    p = (char * )&a;
    printf(" % 2x, % 2x, % 2x, % 2x\r\n", * p, * (p + 1), * (p + 2), * (p + 3));
}
```

如果是小端存储系统,则显示“78563412”,大端存储系统则显示“12345678”。

ARM系统的大小端是针对数据的,指令永远是小端存储。ARM Cortex-M0+微处理器中,复位时读入系统对大小端的输入,指令执行过程中大小端是不变的。

如表2-3所示,ARM Cortex-M0+设计时对地址空间进行了预分配,将整个32位地址空间分成8个区,每个区都有特定的用途,分配给代码、数据、外设、片上资源、片外资源等。这里的片上和片外资源是按照与微处理器的紧密程度区分的,而不是根据其是否在芯片中区分。

表2-3 ARM Cortex-M0+地址空间的预分配

地址范围	名称	描述
0x00000000～0x1FFFFFFF	代码区	存放程序代码,典型的由ROM或Flash组成,从地址0开始
0x20000000～0x3FFFFFFF	静态存储器	片上RAM地址区
0x40000000～0x5FFFFFFF	外围部件	片上外围部件地址区
0x60000000～0x7FFFFFFF	存储器	具有L2/L3缓存的RAM地址区
0x80000000～0x9FFFFFFF	存储器	具有透写缓存的RAM地址区
0xA0000000～0xBFFFFFFF	外设	共享外设空间
0xC0000000～0xDFFFFFFF	外设	非共享外设空间
0xE0000000～0xFFFFFFFF	系统	系统外围部件地址区

ARM Cortex-M0+的芯片设计者必须遵从预定的地址分配,才能和软件环境兼容。

2.3.4 指令的寻址方式

计算机存储器中存储的是指令的编码,微处理器根据取得的指令编码执行。但是,在书写指令时,直接书写二进制编码会非常烦琐。因此,每一种指令赋予一个助记符,这个助记符来源于指令的功能描述的缩写,方便程序员进行记忆,书写指令时,会通过助记符来书写。

在一定程度上可以说指令是对数据的操作,通常把指令中所要操作的数据称为操作数。操作数可能来自寄存器、指令代码、存储单元,而确定指令中所需操作数来自哪里的各种方法称为寻址方式。不同计算机支持的寻址方式不同,ARM Cortex-M0+支持立即数寻址方式、寄存器直接寻址方式、直接地址寻址方式、寄存器加偏移间接寻址方式等。

1. 立即数寻址方式

立即数寻址就是把操作数的编码作为指令编码的一部分，因此，操作数就在指令编码中。由于指令编码只有16位或32位，立即数的编码不会长于指令编码，因此，立即数大小会受到限制。立即数在书写时前面会冠以“#”符号：

```
MOV  R0,#0xFF        ;立即数 0xFF 装入 R0 寄存器
SUB  R1,R0,#1        ;R1←R0-1
```

2. 寄存器直接寻址方式

寄存器直接寻址就是操作数来源于指定的寄存器，而指令编码中只有寄存器的编码。低地址寄存器编码只需要3b，几乎所有16位指令一般只给寄存器3b的编码大小，因此，大部分16位指令都只能访问低地址寄存器，而32位指令不受此限制，例如：

```
MOV R1,R2            ;R2 数据传输到 R1
```

3. 直接地址寻址方式

直接地址寻址就是操作数存储于存储器中，指令编码中直接给出存储器的地址。和立即数寻址相同，直接地址寻址的范围是受到限制的。

```
LDR R1,#0x54            ;地址 0x54 直接编码到指令中
```

4. 寄存器加偏移间接寻址方式

寄存器加偏移间接寻址就是操作数存储于存储器中，但地址由寄存器和偏移量组成，寄存器和偏移量在指令编码中，例如：

```
LDR R3, [PC, #100]          ;PC 是程序计数器
```

寄存器加偏移间接寻址方式最为灵活，可以实现查表等复杂操作。

这是ARM系统的4种寻址方式，对于复杂指令集微处理器，还会有其他寻址方式，这里不再赘述。

2.3.5 ARMv6-M 指令描述

Cortex-M0+支持ARMv6-M指令集，ARMv6-M指令集完全支持Thumb2技术，其中既有32位指令，也有16位指令。

ARM的32位指令集中，每条指令都由32位编码组成，由于指令长度整齐划一、编码空间大，因此对微处理器的译码非常有利，性能高、速度快。但是，与16位编码的指令集相比，同样大小的程序存储器存储的指令条数少，对追求指令密度的微处理器是不利的。因此，ARM设计了16位编码的Thumb指令集。Thumb指令集虽然解决了指令密度问题，但是性能受到限制，其中最大的问题是经常不得不

让微处理器在32位ARM状态和16位Thumb状态之间频繁切换。因此，从ARMv6-M开始，设计了Thumb2指令集，其中，大部分指令由16位组成，少部分指令由32位组成，但这些32位指令仍是Thumb指令，处理器执行这些指令时仍处于Thumb状态。这样，既解决了代码密度问题，又使得性能得到提高，尤其是不需要在ARM和Thumb状态之间频繁切换。ARM Cortex-M0＋微处理器完全遵从Thumb2指令集，大大提高了性能，非常适合微处理器应用。

Thumb2指令集由2字节或4字节编码组成，因此指令的地址必须是2字节对齐的，即32位地址的最低位永远是0。既然地址的最低位是固定的，因此可以用来表示其他信息，在ARM家族中，指令地址最低位用来表示微处理器是ARM状态还是Thumb状态，而ARM Cortex-M0＋只支持Thumb2指令集，因此其最低位永远是1。

Thumb2的32位指令和16位指令可以任意混用，不会带来其他副作用。32位指令和16位指令的最大区别是32位指令可以访问所有通用寄存器，而16位指令除了少数几个可以访问所有通用寄存器，其他都只能访问低位寄存器，不能访问高位寄存器。

下面对Thumb2指令集进行分类介绍。

1. 数据处理指令

数据处理指令又分成5类：标准数据处理指令、移位指令、乘法指令、打包和解包指令、其他数据处理指令。

1）标准数据处理指令

标准数据处理指令可以分为数据传送指令、算术运算指令、逻辑运算指令和比较指令，如表2-4所示。

表2-4 标准数据处理指令

助记符	指令	说明
ADC	add with carry	带进位加法，即r＝a1＋a2＋C，C为进位标志
ADD	add	不带进位加法，即r＝a1＋a2
ADR	form pc-relative address	通过PC＋偏移量形成地址
AND	bitwise AND	按位与运算
BIC	bitwise bit clear	按位清零
CMN	compare negative sets flags	比较指令，只影响N标志
CMP	compare sets flags	比较指令，相当于减法，但没有目的操作数
EOR	bitwise exclusive OR	按位异或指令
MOV	copies operand to destination	数据传送指令，把源操作数复制到目的操作数
MVN	bitwise NOT	按位取反
ORR	bitwise OR	按位或指令

续表

助　记　符	指　　令	说　　明
RSB	reverse subtract	反向减法
SBC	subtract with carry	借位减法，Rd＝Rm－Rn－C，C为标志位
SUB	subtract	减法，Rd＝Rm－Rn
TST	test sets flags	测试并设置标志

MOV指令是数据传送指令，是应用较为广泛的一条指令，实现寄存器之间和立即数与寄存器之间的数据传递，例如：

```
MOV R3,R4
MOV R0,#8577
```

算术运算指令包括加法指令和减法指令。ADD和ADC是加法指令，区别是ADD只是加数和被加数相加，而ADC还需要加上进位标志C。SUB和SBC是减法指令，和SUB相比，SBC需要考虑借位标志C。这些指令组合起来可以轻松实现多位的加减法。所有算术指令的结果都影响标志位。ADR是PC加上偏移地址形成新的数据地址，可以看成加法，结果不影响标志位。如(R0,R1)＋(R2,R3)，结果仍存储在(R0,R1)：

```
ADD R1,R1,R3        ;如有进位,C标志置位
ADC R0,R0,R2        ;加上进位
```

逻辑运算指令是把操作数的每一位看成逻辑值，操作数的运算是对应位的逻辑运算。逻辑运算指令包括AND、BIC、EOR、MVN、ORR等，常用于位操作，例如：

```
AND R0,R0,#0x1          ;R0最低位不变,其他位清零
ORR R1,R1,#0x2          ;R1次低位置位,其他位不变
EOR R0,R0,#0x4          ;R0低端第三位取反,其他位不变
```

比较指令可以看成算术运算和逻辑运算，但不用存储结果，只影响标志，包括CMN、CMP、TST等，常与条件执行指令配合使用。

2）移位指令

ARM Cortex-M0＋微处理器支持数据的移位操作，移位指令在ARMv6-M指令集中不作为单独的指令使用，只能作为指令格式中的一个字段。移位指令如表2-5所示。

表2-5　移位指令

助　记　符	指　　令	说　　明
LSL	logical shift left	逻辑左移
LSR	logical shift right	逻辑右移

续表

助 记 符	指 令	说 明
ROR	rotate right	循环右移
ASR	arithmetic shift right	算术右移

LSL 和 LSR 是逻辑左移和逻辑右移指令，是把寄存器中的 32 位值看成无符号数进行串行移位，而串行移位移出的位赋值给 C 标志。

ROR 是循环右移指令，作用是进行循环移位，即右端移出的位赋值给左端最高位。循环左移指令是不存在的，因为左移 n 位和右移 $32-n$ 位是相同的。

ASR 是算术右移指令，即移位操作不包括最左端符号位，左端 30 位空出的用符号位 31 位填充，也就是把寄存器中的数看成有符号数来移位。

移位指令的操作如图 2-13 所示。

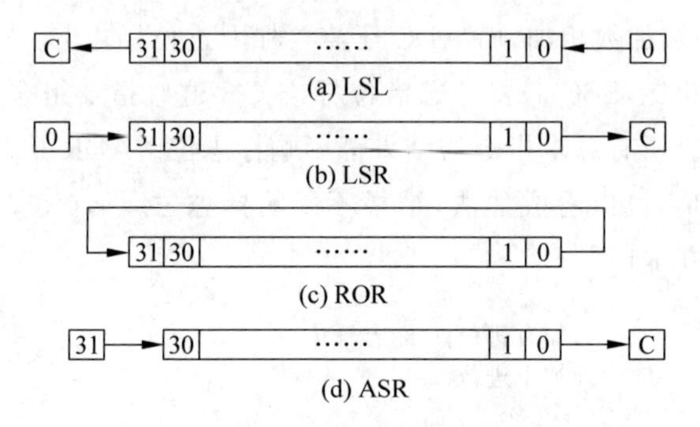

图 2-13 移位指令操作示意图

移位指令可作为其他指令的一部分，如作为 MOV 指令的一部分：

```
MOV R0, R1, LSL #2          ;将 R1 中的内容左移两位后传送到 R0 中
MOV R0, R1, LSR #2          ;将 R1 中的内容右移两位后传送到 R0 中
MOV R0, R1, ASR #2          ;将 R1 中的内容算术右移两位后传送到 R0 中
MOV R0, R1, ROR #2          ;将 R1 中的内容循环右移两位后传送到 R0 中
```

3）乘法指令

之所以把乘法指令和算术运算指令区别开，是因为乘法指令的实现非常复杂，要么需要多个时钟周期，要么需要更多硬件资源。

ARMv6-M 指令集支持的唯一乘法指令是 MUL 指令，它实现 32 位×32 位乘法运算，产生一个 32 位结果。

4）打包和解包指令

打包和解包指令用于实现有符号数或无符号数在不同字长之间的转换。字节对应 C 语言的字符型 char，半字对应 C 语言的 short，这两种类型转换为 int 型时都需要用到打包和解包指令。

打包和解包指令如表 2-6 所示。

表 2-6　打包和解包指令

助　记　符	指　　令	说　　明
SXTB	signed extend byte	符号扩展字节到 32 位字
SXTH	signed extend halfword	符号扩展半字到 32 位字
UXTB	unsigned extend byte	无符号扩展字节到 32 位字
UXTH	unsigned extend halfword	无符号扩展半字到 32 位字

5）其他数据处理指令

其他数据处理指令用于大端与小端之间的数据转换。如果接收到的数据和本地计算机具有不同的端定义，则采用该类指令进行转换。因此，这种转换只在字和半字之间进行，而字节无所谓大小端。其他数据处理指令如表 2-7 所示。

表 2-7　其他数据处理指令

助　记　符	指　　令	说　　明
REV	byte-reverse word	翻转字的字节顺序
REV16	byte-reverse packed halfword	翻转半字的字节顺序
REVSH	byte-reverse signed halfword	翻转有符号数半字的字节顺序

2. 分支指令

分支指令用于改变程序的顺序流程。B、BX 指令用于实现程序的跳转，BL 和 BLX 实现子程序的调用。如果跳转的目标或子程序的地址与当前指令的 PC 相比在－256～＋254 范围内时，16 位 B 或 BL 指令刚好可以直接编码。如果跳转的目标或子程序的地址不在此范围，则需要把绝对地址装入寄存器中，用 BX 或 BXL 指令实现分支，这两个指令的目标地址可以是整个 32 位地址空间。

分支指令如表 2-8 所示。

表 2-8　分支指令

助　记　符	指　　令	说　　明
B	branch to near target address	跳转到近地址
BX	branch to far target address	跳转到远地址
BL	call a near subroutine	调用近地址子程序
BLX	call a far subroutine	调用远地址子程序

B 指令是 ARMv6-M 指令集中唯一可以条件执行的指令，只有标志位满足条件时，B 指令才跳转。条件执行的用法将在汇编语言编程中详细说明，B 指令执行的条件如表 2-9 所示。

表 2-9 B 指令执行的条件

助记符	含义	标志
EQ	相等	Z==1
NE	不相等	Z==0
CS	进位置位	C==1
CC	进位清零	C==0
MI	相减为负	N==1
PL	相加为正或 0	N==0
VS	溢出	V==1
VC	未溢出	V==0
HI	无符号数大于	C==1&&Z==0
LS	无符号数小于或等于	C==0||Z==1
GE	有符号数大于或等于	N==V
LT	有符号数小于	N!=V
GT	有符号数大于	Z==0&&N==V
LE	有符号数小于或等于	Z==1||N!=V
None	无条件执行	Any

ARM 与大多数微处理器的另一个不同是子程序调用。大部分微处理器子程序调用是把下一条指令地址压入堆栈来保存返回地址，在子程序中通过专门指令把返回地址从堆栈中恢复并装入 PC 实现子程序的返回。ARM 则增加了一个 RL 寄存器，BL 或 BLX 子程序调用时，把返回地址存入 RL 寄存器，子程序返回没有专门指令，只需要通过 BX RL 指令即可返回。

子程序调用和返回的过程如图 2-14 所示。

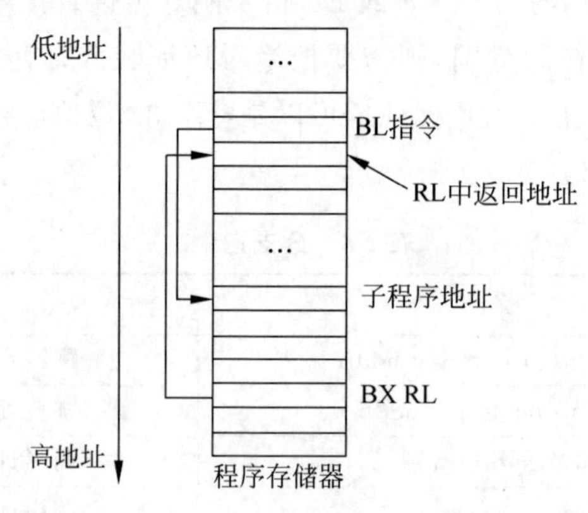

图 2-14 子程序调用和返回的过程

3. 存储器访问指令

一般复杂指令集的 CPU 允许存储器作为很多指令的源和目的，而精简指令集的 CPU 不允许这么做，而是设计了专门的存储器访问指令，实现存储器到寄存器、寄存器到存储器的传输,其他任何指令都不允许直接把存储器作为源和目的。

ARM CM0 的存储器访问指令如表 2-10 所示。

表 2-10 存储器访问指令

助记符	指令	说明
LDR	load register	从存储器装入寄存器
STR	store register	从寄存机存储到存储器
STRB	byte store register	存储字节到指定地址
LDRB	byte load register	装入指定地址的字节到寄存器,0 扩展到 32 位
LDRSB	unsigned byte load register	装入指定地址的字节到寄存器,符号扩展到 32 位
STRH	halfword store register	存储半字到指定地址
LDRH	halfword load register	装入指定地址的半字到寄存器,0 扩展到 32 位
LDRSH	unsigned halfword load register	装入指定地址的半字到寄存器,符号扩展到 32 位

4. 状态寄存器访问指令

状态寄存器访问指令只有两个,MRS 用于把状态寄存器读入通用寄存器,MSR 用于把通用寄存器的内容写入状态寄存器。状态寄存器中的状态位除了直接影响某些指令的执行,还可以通过这两条指令读取。

5. 存储器块访问指令

存储器块访问指令一般与堆栈操作有关。堆栈操作是一类特殊的存储器操作,用于临时保存寄存器的值。

CPU 有一个叫作堆栈指针的寄存器 SP,用来存储一段特定存储空间的地址,这段存储空间叫堆栈空间,这段空间的一端叫栈底(堆栈的起始端),另一端叫栈顶。如果栈顶的地址大于栈底,则称堆栈为正增长;反之则称负增长。在 32 位微处理器中,堆栈空间总是字对齐的,下面所说的地址都必须满足字对齐的要求。

堆栈又有空栈与满栈之分,空栈的堆栈指针总是指向栈顶方向第一个空存储器地址,而满栈则指向栈顶方向最后一个非空存储器地址。

ARM Cortex-M0+采用正增长的满栈。

保存寄存器到堆栈中通常称为入栈操作,在空栈配置中,微处理器先把要保存的寄存器存入 SP 指向的位置,然后 SP 移向栈顶的下一个空位置,准备下一次存储,而满栈配置中,则先将 SP 移向栈顶的下一个空位置,再把要保存的寄存器存入 SP 指向的位置。寄存器值入栈操作如图 2-15 所示。

出栈则是指把保存于堆栈的寄存器值还原并释放堆栈空间。对于满栈,首先把 SP 指向的存储变量取出并存入寄存器,然后 SP 向栈底移动,指向下一个存储器位置。对于空栈,则必须先把 SP 向栈底移动,指向下一个存储器位置,然后把 SP 指向的存储变量取出并存入寄存器。寄存器值出栈操作如图 2-16 所示。

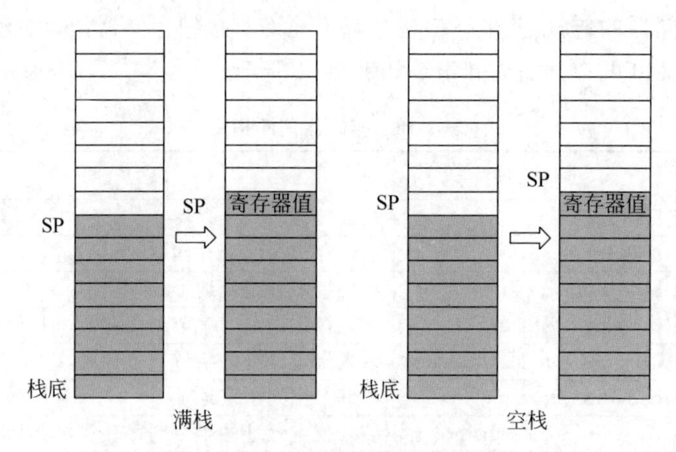

图 2-15 寄存器值入栈操作示意图

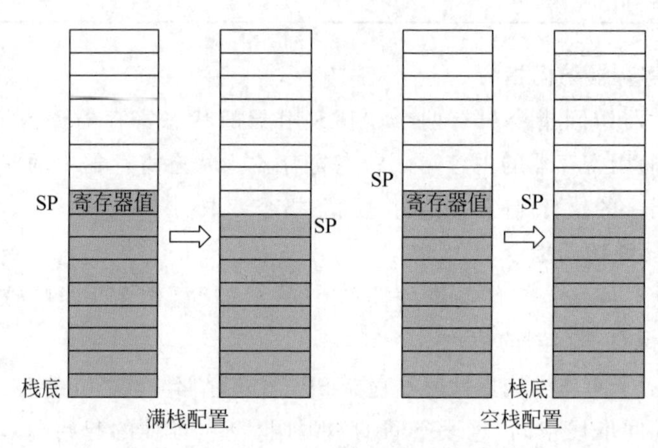

图 2-16 寄存器值出栈操作示意图

传统的微处理器每个入栈(PUSH)和出栈(POP)指令只能实现一次入栈和出栈操作,ARM 为提高效率,每个 PUSH 和 POP 指令包括一组寄存器,可以实现多个寄存器在一个指令中入栈和出栈。

当入栈操作中 SP 超过堆栈的内存空间范围时引起错误,叫作堆栈溢出(stack overflow),这是使用堆栈时经常发生的错误。比如,过多的函数调用的嵌套,需要使用很多堆栈操作,容易造成堆栈溢出。

堆栈还具有"先入后出"的特性,即先进入堆栈的寄存器,在出栈时后出来。

为了摆脱 PUSH 和 POP 指令对 SP 的依赖,ARM 设计了 LDM(LDMIA、LDMFD)指令,其操作类似 POP 指令,但是用通用寄存器代替 SP。另外,还设计了 STM(STMIA、STMEA)指令,类似 PUSH 指令,使用通用寄存器代替 SP。

6. 其他指令

其他指令的功能繁多,如表 2-11 所示。

表 2-11 其他指令列表

助记符	指令	说明
DMB	data memory barrier	数据存储器隔离
DSB	data synchronization barrier	数据同步隔离
ISB	instruction synchronization barrier	指令同步隔离
NOP	no operation	空操作,等待一个周期
SEV	send event	发送事件
SVC	supervisor call	调用中断或异常指令
WFE	wait for event	进入等待直到事件发生
WFI	wait for interrupt	进入等待直到中断发生
YIELD	yield	同步

DMB、DSB 和 ISB 三条指令是避免指令间数据竞争的。DMB 指令保证：仅当所有在它前面的存储器的访问操作都执行完毕后,才提交在它后面的存储器的访问操作。DSB 比 DMB 严格：仅当所有在它前面的存储器的访问操作都执行完毕后,才执行在它后面的指令。ISB 指令最严格：它会清洗流水线,以保证所有它前面的指令都执行完毕之后,才执行它后面的指令。

NOP 指令用于产生一个空操作,除了延迟一个时钟周期,没有任何作用。

其余指令和中断异常、事件等高级话题有关,会在使用时详细解释。

2.3.6 ARMv6-M 指令编码

Thumb 指令流是一个地址半字对齐的半字组成的序列,每一个 Thumb 指令要么是流中单个 16 位半字,要么是流中两个半字组成的 32 位字。当解码时只有一个半字的高 5 位为下列三种值之一时,该指令才和下一个半字组成 32 位字指令：

- 0b11101
- 0b11110
- 0b11111

否则,就是一个 16 位半字指令。

16 位半字指令的编码格式如图 2-17 所示。

15 14 13 12 11 10	9 8 7 6 5 4 3 2 1 0
opcode	

图 2-17 16 位半字指令的编码格式

高 6 位为操作码,代表不同类型的操作,后面的 10 位在不同种类的操作下有不同的含义。表 2-12 给出了 16 位半字指令的操作码。

表 2-12 16 位半字指令的操作码

操 作 码	指令或指令类别
00xxxx	立即数移位、加法、减法、传送和比较指令
010000	数据处理指令
010001	特殊数据指令、分支指令、交换指令
01001x	可以访问字面量池时的 LDR 指令
0101xx 011xxx 100xxx	LOAD、STORE 指令用于访问单个数据条目
10100x	ADR 指令
10101x	产生 SP 相关地址的指令，如 ADD SP，#imm
1011xx	其他 16 位指令
11000x	STM 指令
11001x	LDM 指令
1101xx	条件分支，SVC 指令
11100x	非条件分支指令

16 位指令的进一步编码的细节这里不再赘述。

32 位指令由 2 个半字组成，共 32 位 4 字节，其中，只有 op1 为 10、op 为 1 是有定义的，为分支和其他控制指令，其他情况均为无定义，其编码如图 2-18 所示。

15	14	13	12	11	10	9	8	7	6	5	4	3	2	1	0	15	14	13	12	11	10	9	8	7	6	5	4	3	2	1	0
1	1	1	op1													op															

图 2-18 32 位 Thumb 指令编码

进一步的编码情况这里不再赘述，请参看 Thumb 指令集手册。

思考题

1. C 语言中，有符号和无符号字符型、短整型、整型变量分别是什么编码？长度是多少？

2. C 语言中，有符号和无符号字符型、短整型、整型变量表示数的范围分别是多少？

3. 单精度和双精度浮点型变量表示数的范围和有效位数分别是多少？

4. C 语言中的字符是 ASCII 编码的，根据 ASCII 编码表，如何判断一个字符变量代表的字符是数字、大写字母、小写字母或标点符号？

5. 微处理器组成的计算机系统有哪些部分？各部分的作用是什么？

6. 微处理器在逻辑上由哪些部件组成？各部件的作用是什么？

7. 什么是流水线技术？流水线技术为什么能够提高微处理器的时钟频率？

8. ARM Cortex-M0+处理器有什么特点？

9. ARM Cortex-M0+处理器有哪些寄存器？各有什么作用？

10. ARM Cortex-M0+处理器中应用程序状态寄存器的各个位有什么含义？作用是什么？

11. ARM Cortex-M0+处理器是大端系统还是小端系统？为什么？

12. ARM Cortex-M0+处理器有哪些寻址方式？请详述之。

13. ARMv6-M 指令集有什么特点？为什么 Thumb2 指令集可以提高代码密度？

14. ARMv6-M 指令集的指令有哪些种类？分别实现什么功能？

15. 堆栈操作有什么作用？详述 Cortex-M0+处理器把一个寄存器值入栈和出栈的过程。

16. ARMv6-M 指令集中的子程序调用有什么特点？详述子程序调用的过程。

习题

1. 请把下列数值转换为 32 位补码表示的有符号数：

(1) 1489

(2) －29789

(3) 2C37H

(4) －8F5AH

2. 请把下列 16 位补码表示为十六进制数值：

(1) 0000_0101_0011_1100

(2) 1111_1111_1010_0010

3. 请在你熟悉的编程环境下编写 C 语言程序，实现读入任意整数，输出其补码。

4. 请在你熟悉的编程环境下编写 C 语言程序，实现按二进制形式读入 32 位补码，输出该补码对应的整数值。

5. 编写 C 语言程序，读入字符串，把其中的大写字母变成小写字母，把小写字母变成大写字母，并输出。

6. 某 CPU 执行一条指令需要 5 个阶段：IF、ID、EX、MEM、WB，每个阶段需要执行的时间为 10ns、12ns、14ns、12ns、8ns，请问执行一条指令的时间为多少？时钟频率最高为多少？如果采用 5 级流水线，粗略考虑执行一条指令的时间为多少？时钟频率最高为多少？

7. 给出下列指令源操作数的寻址方式：

(1) MOV R2,＃55H

(2) ADD R0,R1,＃31

(3) MOV R1,R0

(4) ANL R2,R1,R0

(5) LDR R2,[PC,＃65H]

(6) STR R1,[R0]

(7) LDR R2,＃0F3H

8. 已知下列指令执行前寄存器 R0～R3 分别为 R0＝55AA55AAH,R1＝AA55AA55H,R2＝12345678H,R3＝87654321H,给出下列指令执行后目标寄存器的值。

(1) ADD R3,R0,R1

(2) SUB R0,R0,R1

(3) MVN R3,R0

(4) MOV R0,R1,LSL ＃1

(5) MOV R0,R1,ASR ＃1

(6) ANL R0,R1,＃0FH

(7) ORR R0,R3,＃0FH

(8) EOR R0,R0,＃1

(9) BIC R0,R4,＃F0000000H

(10) SXTB R1,R0

(11) SXTH R0,R3

(12) REV R0,R2

(13) REV16 R0,R3

(14) ANL R0,R0,R1

(15) EOR R0,R0,R1

9. 下列程序片段中,判断条件 B 指令是否发生跳转：

(1)

```
MOV R0, ＃34H
ADD R1,R0,＃FFH
BCS 10
```

(2)

```
MOV R0, ＃FFFFFFF7H
SUB R1, R0, ＃5
BLE 10
```

(3)

```
MOV R0, #80000009H
SUB R1, R0, #12
BVC 10
```

(4)

```
MOV R0, #80000009H
SUB R1, R0, #12
BHI 10
```

10. 分析下列指令执行时堆栈的变化：

地　　址	指　　令
0000_0100	MOV R0,#1
0000_0104	MOV R1,#0118H
0000_0108	PUSH {R0,R1}
0000_010C	BLX
0000_0110	POP {R0,R1}
0000_0114	B 0
0000_0118	ADD R0,R0,R1
0000_011C	BX LR

第3章 ARM汇编语言程序设计

汇编语言是最接近机器指令的编程语言，是最直接控制微处理器运行的编程语言。本章的目的不是让读者真正成为汇编语言程序员，而是让读者大概了解编程语言的基本方法，在工具书和资料的指导下能编写较短的汇编语言程序，以弥补C语言等高级语言的不足。

3.1 汇编语言编程方法

3.1.1 汇编语言与机器指令

最初设计程序显然只能使用机器指令，程序员通过特定硬件把二进制机器指令直接输入存储器中来编写程序。机器语言是第一代编程语言，用机器语言编程是非常烦琐的。随着计算机技术的发展，计算机本身成了编程的工具，程序员为每种指令赋予一个类似自然语言的助记符，编程时每个操作指令通过助记符来书写，再由特定程序翻译成二进制机器指令，这就是汇编语言编程的雏形。汇编语言是介于机器语言与高级语言之间的计算机语言，被人们称为第二代计算机语言。

用计算机把汇编语言程序转换为可以被计算机执行的二进制代码，首先需要一个称为汇编器(assembler)的程序。汇编器以汇编语言源程序为输入，输出二进制代码组成的目标文件(object file)。目标文件中的代码还不是真正的计算机执行的二进制代码，它是由二进制代码片段组成的，各个片段之间的调用还没有处理好，需要进一步处理。链接器(linker)以目标文件为输入，输出符合要求的二进制可执行文件(executable file)。可执行文件在不同的计算机系统中有不同的格式，这些细节由链接器处理，也可以通过其他软件工具在不同格式之间进行转化。本书中使用ARM公司的armasm作为汇编器，除此之外，还有开源的GUN工具链提供的AS汇编器可以使用。

汇编语言源程序文件是一个文本文件，一般以S或者asm为扩展名，具有一定的书写格式。在汇编语言程序中，每一行可以包括标号(symbol)、指令(instruction)

汇编命令(directive)|伪指令(pseudo-instruction)、注释(comment),这三部分都是可选的。一行汇编程序如下,其中花括号表示可选:

```
{symbol} {instruction|directive|pseudo - instruction} {;comment}
```

汇编语言源程序的语句标号是指汇编语言源代码中使用的标识符,用于标记某一行指令的位置,例如:

```
start movs r0, #0
```

其中,start 就是语句标号,要顶格写。如果一行语句不需要语句标号,则可以省略,而其他部分要缩进,不要顶格写。一行语句也可以只有语句标号,它实际表示下一行语句的位置。

语句标号相当于 C 语言中的函数名或变量名,表示该位置代码或数据的地址,相当于一个代表该地址的常数,在程序汇编过程中标号会被真正的地址取代,其命名规则完全兼容 C 语言的命名规则。

汇编指令是由指令助记符书写的机器指令,在程序汇编时变成机器指令。

汇编伪指令是一种用于汇编语言中类似指令的特殊语句,它们不是真正的 CPU 指令,而是由汇编器解释和处理的,汇编器在处理过程中,再根据情况汇编成不同的机器指令。在 ARM 汇编语言中,只有 4 个常见的伪指令,分别是 LDR、ADR、ADRL 和 NOP,下边对其分别介绍。

LDR 伪指令用于加载 32 位立即数或一个地址值到指定寄存器,形式如下:

```
LDR register, = [expr|label_expr]
```

与 ARM 指令的 LDR 相比,伪指令的 LDR 的参数有"="符号。伪指令 LDR 用于加载常量到指定寄存器,如 LDR R2,=0xFF0,其汇编成 MOV R2,#0xFF0 指令,需要注意的是 LDR 指令加载常量可以是合法的立即数也可以不是,但是 MOV 加载数时必须为合法的立即数。如果 LDR 中的立即数超出长度限制,则汇编器汇编时会生成常数定义指令和 LDR 机器指令实现。

ADR 与 ADRL 两者都是将基于 PC 相对偏移的地址值或基于寄存器相对偏移的地址值读取到寄存器中,例如:

```
ADR register,expr
```

和 LDR 不同的是,这里没有等号。ADR 与 ADRL 两者作用类似,区别在于两者可以加载的数的范围不同,当地址值是字节对齐时,ADRL 取值范围为 −0x10000～0x10000,ADR 为 −0x100～0x100。在汇编时,ADR 伪指令汇编成一条 ADD 或 SUB 指令,而 ADRL 汇编成 2 条合适的指令,如无法实现则汇编器报错。

NOP 伪指令不做任何事情,只是让 CPU 空转一个时钟周期。ARM 指令集中不包含 NOP 指令,通常汇编为 MOV R0,R0 指令。

汇编命令通常用于汇编器的控制和指示,而不是用于生成实际的机器指令。本书中,如用于生成代码段和数据段的 AREA、用于定义数据的 DB 等,会在使用时进行说明。

注释只起到说明的作用,不产生任何语法作用,在汇编时会被完全忽略。注释必须以分号“;”开始。

3.1.2 常量和表达式

汇编语言源程序中可以包含多种形式的数值常量:

- 十进制整数,如-25、387 等;
- 十六进制整数,如 0x1234ab 等;
- 二至九任意进制整数,如 5_204 等;
- 浮点数,如 3.8725 等;
- 布尔值{TRUE}、{FALSE};
- 字符的 ASCII 码,如'W';
- 一串字符的 ASCII 码,如"abcd123"。

任何形式的数都可以作为立即数出现在指令或者伪指令中:MOV r0,#10;ADD r0,r1,#"a"等。

可以通过 EQU 命令定义符号常量,类似于 C 语言的 define 预定义语句,例如:

```
Stack_Size    EQU    0x00000400
```

常量、立即数、程序地址等加上运算符号可以组成表达式。表达式可以作为立即数出现在指令中,也可以填充到存储区。

在源程序的任何地方,都可通过 DCB、DCW、DCD 定义连续的字节、2 字节、4 字节内存,其内容由后面的表达式给出。在定义内存时,每个定义的首地址都需要满足地址对齐要求,例如定义 2 字节和 4 字节内存需要起始地址能够被 2 或 4 整除,如果当前地址不满足对齐规则,则需要跳过一些空地址,使地址满足对齐要求。这是默认的对齐规则,也可以用 ALIGN 命令定义新规则:

```
ALIGN 3
```

这时,所有地址都应该对齐为 $2^3=8$。如果需要恢复默认值,则用不带参数的 ALIGN 实现。

下面是一段内存的定义：

```
tstring
    DCB        'T'
    DCB        "his a test"
    DCW        0x1234
    DCD        0x12345678
```

上面的一段代码在内存中定义了连续的 20 字节，前面 13 字节的内容是字符串"This is a test!"，由两个 DCB 定义，后面两字节由 DCW 定义，其内容为 0x1234，但由于这时地址为奇数，需要跳过一字节才能存放这个双字节。最后的 4 字节由 DCD 定义，内容为 0x12345678，地址也符合要求。图 3-1 给出了 tstring 定义的内存结构。

图 3-1　tstring 定义的内存结构

3.1.3　汇编语言程序的组织

计算机程序把内存组织成段(segment)，如代码段用于存放指令，数据段用于存放数据等。段是由一定数量地址连续的内存组成，因此，汇编语言源文件也按照段来组织程序。汇编命令 AREA 用于指示汇编器一个新段的开始，其格式如下：

```
AREA sectionname{,ATtr}{,ATtr}...
```

其中，sectionname 是指定的段名，段名的命名规则要比标号名宽泛，但是，以数字(包括小数点符号)开始的名称必须包含在竖线内，否则会产生一个缺失段名错误，例如|1_data|。

段名之后是可选的段属性，常见的段属性如下：

```
ALIGN = expression
```

表示段内的指令或数据需要按 $2^{expression}$ 对齐，在默认情况下，段是按 4 字节对齐的，即 expression＝2。

READWRITE、READONLY、WRITEONLY 用于描述段的读写属性，表示该段可以读写、只读、只写。

CODE、DATA 表示该段为代码段或数据段，只用于存放代码或数据。

一般情况下，汇编语言程序应该至少由三个段组成：代码段用来存放指令，数据段用来存放静态变量，堆栈段用来分配自动变量。在某些编程环境下有些段名是确定的，如在 C 语言环境中，代码段|.text|用于表示由 C 语言编译器生成的代码，而|.code|是存放数据的数据段。因为当程序由多个文件组成时，相同名字的段最终

合并在一起,因此,当汇编程序与C语言的代码共同存在时,应当用相同的段名。

程序3-1是一个简单的汇编语言程序实例。

程序3-1　一个简单的汇编语言程序实例

```
    AREA A32ex, CODE, READONLY
                                ;命名本段名称为A32ex
    ENTRY                       ;第一条可执行指令
start
    MOV r0, #10
    MOV r1, #3
    ADD r0, r0, r1              ;r0 = r0 + r1
stop
    B .                         ;进入无尽循环
    END                         ;文件结束
```

编写代码时,为了使整个程序有条理,可以把完成特定功能的代码组织成过程(procedure),用汇编指令PROC和ENDP定义过程的开始和结束。过程相当于C语言中的函数。

3.1.4　裸机上的程序结构

裸机是指没有操作系统的计算机系统,裸机上的程序必须考虑从芯片复位引导之后就开始运行的特殊性,并且没有操作系统的支持。

首先,应该考虑芯片复位引导,不同的芯片有自己的特殊性。例如ARM就规定,内核复位后,会从地址0x00000000取出4字节数据作为堆栈指针SP,从地址0x00000004取出4字节作为程序指针PC,系统就会从此正常取址执行了。因此,程序堆栈段的地址和第一条指令的地址必须放到从0开始的连续8字节处。

其次,由于没有操作系统支持,裸机上的程序一旦失去系统控制权,系统将陷入不确定的"跑飞"状态,因此,裸机上的程序不可以退出,应当陷于一个循环中,而不应该终止于返回指令。程序3-2为裸机上的程序示例。

程序3-2　裸机上的程序示例

```
 1    Stack_Size EQU 0x00000400
 2        AREA STACK, NOINIT, READWRITE, ALIGN = 3
 3    Stack_Mem SPACE Stack_Size
 4    __initial_sp
 5    Heap_Size EQU 0x00000200
 6        AREA HEAP, NOINIT, READWRITE, ALIGN = 3
 7    __heap_base
 8    Heap_Mem SPACE Heap_Size
 9    __heap_limit
10        PRESERVE8
11        THUMB
```

```
12    ;Vector Table Mapped to Address 0 at Reset
13        AREA RESET, DATA, READONLY
14        EXPORT __Vectors
15        EXPORT __Vectors_End
16        EXPORT __Vectors_Size
17    __Vectors
18        DCD __initial_sp          ;Top of Stack
19        DCD Reset_Handler         ;Reset Handler
20    __Vectors_End
21    __Vectors_Size EQU __Vectors_End - __Vectors
22        AREA |.text|, CODE, READONLY
23    ;Reset handler
24        ENTRY
25    Reset_Handler PROC
26        EXPORT Reset_Handler [WEAK]
27        b .
28        ENDP
29        ALIGN
30        END
```

在程序 3-2 中，有 STACK、HEAP、RESET 和|.text|4 个段。

在 STACK 段中，第 3 行 SPACE 命令用来分配连续的内存空间，共有 Stack_Size=0x400 字节。STACK 段中再无其他有效语句，因此，STACK 段只有 0x400 字节。该段的作用是作为程序的堆栈空间，__initial_sp 标号代表该段最大的地址，应当作为 SP 的初始值，因为 ARM CM0 是负增长的栈。

从第 5 行起定义的 HEAP 段和 STACK 段类似，其长度为 0x200 字节，作为公共存储空间，在 C 语言中，全局变量和静态变量在其中分配，其生存周期是整个程序运行时间。

从第 13 行开始定义了 RESET 段，其目的是存放复位后自举的数据，根据 ARM 系统自举的过程描述，链接程序会把它放到 0 地址处。该段的有效命令只有两个 DCD，分别定义了存放__initial_sp 标号代表的地址和标号 Reset_Handler 所代表的地址，它们分别是复位后 SP 和 PC 的值。

|.text|段是代码段，用 PROC 和 ENDP 命令定义了过程 Reset_Handler，而该过程中只包含一条指令“b .”，在汇编语言中，符号“.”表示当前地址。因此，这条汇编语言的意思是跳转到自身，即进入死循环。

上面的程序中还用到了 EXPORT 命令，用来指出其后的语句标号是全局的，可以被其他文件中的程序引用。

3.2 常用模块的汇编程序设计

常用的程序模块包括计算、分支、循环等，下面举例说明常用的程序模块的编程方法。

3.2.1 64位加减运算

单条指令只能实现32位加减运算，64位加减需要两条指令才能实现，举例如下。

加法(R1,R0)+(R3,R2)=(R1,R0)：

```
    ADD R0,R0,R2
    ADC R1,R1,R3
```

减法(R1,R0)-(R3,R2)=(R1,R0)：

```
    SUB R0,R0,R2
    SBC R1,R1,R3
```

64位整型对应C语言的long long int型，是常见的运算，只需要两条指令即可完成。可以是无符号数，也可以是有符号数，因为前面已经论证过，用补码表示的有符号数，它的加减运算可以直接按照原码计算，结果也看成补码就是正确的。

3.2.2 分支程序

汇编语言实现分支程序需要利用有条件的B指令，配合条件实现，条件有很多种，如表2-9所示。因此，为了影响标志位，往往需要与CMP或者CMN指令配合使用。

比如实现简单的条件分支：

```
if(x>1) y=x+1;
else y= -x-1
```

设变量x存储于R0，结果仍然存储于R0，则可用程序3-3实现。

程序3-3 简单分支程序

```
    …
    CMP R0,#1
    BGT gtlabel
    RSB R0,#0
    SUB R0,#-1
    B result
gtlabel
    ADD R0,#1
result
    …
```

汇编语言也可以实现复杂的条件多分支：

```
if(x>50) y=x+10;
else if(x>30) y=x+5;
else if(x>10) y=x+1;
else y=x-1;
```

同样设 x 存储于 R0，结果仍然存储于 R0，如程序 3-4 所示。

程序 3-4 多分支程序

```
    CMP R0,#50
    BGT gt50
    CMP R0,#30
    BGT gt30
    CMP R0,#10
    BGT gt10
    SUB R0,#1
    B result
gt10
    ADD R0,#1
    B result
gt30
    ADD R0,#5
    B result
gt50
    ADD R0,#10
result
    …
```

汇编语言还可以实现 switch 型分支。switch 语句首先对 switch 中的表达式求值，然后根据是否和 case 中的值匹配决定执行哪个 case 模块，如果都不匹配，则执行 default 模块。每个分支模块应当以 break 语句结束，如果不以 break 结束，则会接着执行下面的模块，一般是不合理的。case 后面的值必须为常量，例如：

```
switch(x){
case 1:
    //分支 1
    break;
case 2:
    //分支 2
    break;
case 5:
    //分支 3
    break;
default:
    //默认分支
}
```

switch 型分支语句对应的汇编程序如程序 3-5 所示。

程序 3-5　switch 型分支程序

```
    CMP R0,＃1
    BEQ L1
    CMP R0,＃2
    BEQ L2
    CMP R0,＃5
    BEQ L5
    ;默认分支
    B NEXT
L1
    ;分支 1
    B NEXT
L2
    ;分支 2
    B NEXT
L5
    ;分支 3
    B NEXT
NEXT
    …
```

3.2.3　循环程序

循环结构在编程中是非常重要的,任何重复性的操作都可以用循环结构实现。常用的循环结构有 for 循环、while 循环和 do-while 循环三种,下面分别举例说明。

已知循环的起点、终点及步长时,用 for 循环比较方便,比如实现 N 次循环,则循环变量 n 从 0 到 N－1,步长 1。例如,要实现的 for 循环如下:

```
for(i = 0;i < 100;i++){
        //循环体
}
```

对应的汇编语言程序如程序 3-6 所示,循环变量存放于 R0 中,每次循环时比较 R0 和立即数 100,用条件跳转指令 BLT 判断循环是否结束。

程序 3-6　for 循环示例

```
    MOVS R0, ＃0
COND
    CMP R0, ＃100
    BLT LOOPBODY
    B NEXT1
LOOPBODY
    ;循环体
```

```
    ADD R0, #1
    B COND
NEXT1
    ...
```

这里举一个较为实际的例子：编程实现计算参数中1的个数，参数放到R0中。具体思路是用逻辑右移指令把二进制最低位移位到C标志位，根据C标志位是否为1决定结果是否加1，如此循环32次即得结果，编程如下。

程序3-7 计算R0中1的个数

```
    MOVS R0, #0
    MOVS R2, #0
COND
    CMP R0, #32
    BLT LOOPBODY
    B NEXT1
LOOPBODY
    MOVS R1, R1, LSR #1
    BCC NEXT2
    ADD R2, #1
NEXT2
    ADD R0, #1
    B COND
NEXT1
    ...
```

R2中存放了1的个数，本程序可以用来检验通信中的传输是否正确。需要特别说明的是，移位指令只有在加了S标志位的指令中才会影响标志位。

while循环为条件循环，先判断循环条件，如满足循环条件则进行一次循环，然后重复判断，直到不满足为止。例如：

```
while(i<100){
        //循环体
}
```

用汇编语言实现while循环的代码如程序3-8所示，循环变量存放于R0中。每次循环时比较R0和立即数100，用BLT指令判断循环是否继续。

程序3-8 while循环示例

```
    MOVS R0, #2
COND
    CMP R0, #100
    BLT LOOPBODY
    B NEXT
LOOPBODY
```

```
    ;循环体
    B COND
NEXT
    …
```

可以用 while 循环重新实现计算寄存器中 1 的个数，这次参数放到 R1 中，代码如程序 3-9 所示。

程序 3-9　用 while 循环实现计算参数中 1 的个数

```
    MOVS R0, #0
COND
    CMP R1, #0
    BNE LOOPBODY
    B NEXT1
LOOPBODY
    MOVS R1, R1, LSR #1
    BCC NEXT2
    ADD R0, #1
NEXT2
    B COND
NEXT1
    …
```

该程序中，R0 中存放了 1 的个数。条件是 R1!=0，循环采用逻辑右移。

do-while 循环和 while 循环类似，区别是把循环条件判断放到循环末尾，则循环无论如何至少执行一次。要实现的 do-while 循环如下：

```
do{
    //循环体
}while(i>0)
```

则对应的汇编语言程序如下：

```
LOOPBODY
    ;循环体
    CMP R0, #0
    BLT LOOPBODY
NEXT
    …
```

这里举一个例子：判断 R1 中最高位的 1 在第几位，结果放置于 R0 中。通过不断右移 R1，直到 R1 中的值变成 0，则高位已经移出了最低位，编程如下。

```
    MOVS R0, #0
LOOPBODY
    MOV R1, LSR R1, #0
    ADD R0, #1
```

```
    CMP R1, #0
    BNE LOOPBODY
NEXT
    ...
```

3.2.4 子程序调用

子程序(subroutine)又称过程(procedure),在汇编语言中指用 PROC 指令定义的具有特定功能的程序段,在 C 语言中称为函数(function),把特定的程序功能封装起来,可以支持模块化程序设计。

汇编语言中用 BL 或 BLX 指令进行子程序调用,BL 指令和 BLX 指令需要调用特定程序地址,对应汇编语言的语句标号,但是为了清晰,汇编语言特意设计了 PROC 和 ENDP 汇编命令用来说明子程序的开始和结束。因为 BL 指令同时把返回地址自动存入 LR 寄存器,所以用 BX LR 返回即可返回调用指令的下一条指令。一个简单的求和函数如下:

```
add_two PROC
    EXPORT add_two
    ADD R0,R0,R1
    BX LR
    ENDP
```

这个函数实现把 R0、R1 中的数相加得到的和存储于 R0 中,其他程序只需要调用就可以得到结果。

函数一般要实现特定功能,需要调用时把参数传递给函数,函数进行计算处理后把结果返回调用的程序。在 ARM 处理器中,通用寄存器较多,一般习惯于传递参数和返回结果时用通用寄存器实现。例如,简单的求和函数实例中用 R0、R1 传递加数和被加数,用 R0 返回和。如果参数较多,则一般将参数入栈,在函数中可以用 LDR 把参数取出。

函数还存在上下文保护的问题。通常把调用函数时各个寄存器的内容称为上下文,希望调用函数后上下文的内容不变,得到保护。比如,函数中使用了 R2 寄存器,则原来的内容丢失了。如果调用函数的程序不做处理,则可能影响接下来的程序。一般可以规定在调用函数之前保存所有通用寄存器的一部分,函数中可以使用这些寄存器,如果使用超出了这个范围,则需要函数自己保存,返回前恢复。

临时保存和恢复寄存器通常用 PUSH 和 POP 指令进行入栈和出栈操作,即把需要保存的寄存器存入堆栈中。

例如,可以通过编写函数重新实现计算所给参数中 1 的个数,程序如下。

程序 3-10　用函数实现计算参数中 1 的个数

```
CountOnes PROC
    PUSH {R1,R2}            ;保存 R1、R2
    MOV R1,R0
    MOVS R0,#0
    MOVS R2,#0
COND
    CMP R0,#32
    BLT LOOPBODY
    B NEXT1
LOOPBODY
    MOVS R1, R1, ROR #1
    BCC NEXT2
    ADD R2,#1
NEXT2
    ADD R0,#1
    B COND
NEXT1
    MOV R0,R2
    POP {R1,R2}             ;恢复 R1、R2
    BX LR
    ENDP
```

这个函数的调用举例如下：

```
    MOVS R0,#0X55           ;0x55 = 01010101B
    LSL R0,#8
    ADD R0,#0XAA            ;R0 = 0x55AA
    MOV R1,R0
    LSL R0,#16
    ADD R0,R1               ;R0 = 0x55AA55AA
    BL CountOnes
```

这时 R0 为 16。

再举一例，编写一个计算内存中指定长度字节算术和的程序，输入参数中，R0 是地址，R1 是长度，程序如下。

程序 3-11　计算算术和的汇编函数

```
sum PROC
    MOVS R2,#0              ;存放和数
COND
    CMP R1,#0               ;总数是否为 0
    BEQ RETP
    LDRB R3,[R0]
    ADD R2,R3               ;求和
    SUB R1,#1               ;长度减 1
```

```
    ADD R0, #1              ;地址增加 1
    B COND
RETP
    MOV R0,R2
    BX LR
    ENDP
```

函数 sum 可以用下面的代码进行调用。

数据段中某处定义：

```
buf1    DCB 0x12,0x34,0x56,0x78,0x90
```

代码段中：

```
    ADR R0,buf_addr1
    MOVS R1, #5
    BL sum
    ...
buf_addr1
    DCD buf1
```

3.3 汇编语言和高级语言的接口

C语言(包含C++)是所有高级语言中能支持底层操作的唯一之选,主要原因是C语言支持指针操作,可以无障碍地存取任何内存对象。因此,C语言是底层开发人员和驱动程序程序员的利器。但是,C语言无法操作寄存器,从事C语言开发的工作者有时只能调用汇编语言写的子程序(函数)进行一些必要的操作,或者出于提高效率的目的。有时进行这种混合编程时也有机会从汇编程序中调用C语言函数。要解决C语言函数和汇编语言函数相互调用的问题,关键是搞清楚C语言编译器编译C语言函数调用时遵循的规范,然后按照规范写汇编代码即可。

3.3.1 ARM架构过程调用标准

在ARM架构下调用过程需要遵循一个规范,即ARM架构过程调用标准(procedure call standard for the arm architecture,AAPCS),这是ARM公司制定的,它描述了函数的调用和被调用方的参数传递协议。

对于整型和指针型变量,需要注意以下几点:

- 寄存器R0~R3用来传递参数给函数,更多的参数通过堆栈传递。
- R0用来传递返回值。
- 调用方必须保存R0~R3和R12,因为被调用方允许破坏这些寄存器。

• 被调用方必须保护 R4～R11 和 LR，因为这些寄存器不允许被调用函数破坏。

更多的内容参见 AAPCS。一个 C 语言函数示例如下：

```
/******* myadd.c ********* /
int myadd(int a, int b){
    return a + b;
}
```

根据 AAPCS，参数 a、b 必然存储于 R0、R1 中，则通过以下汇编代码可以正确调用该函数，并得到正确结果。

```
    ...
    IMPORT myadd
    ...
    MOV R0, #82
    MOV R1, #10
    BL myadd
    ...
```

调用完成时，R0 中的值是 92(0x5C)。

编写 C 语言可以调用的汇编程序，也必须遵循 AAPCS，举例如下：

```
add_tow PROC
    EXPORT add_tow
    ADD R0,R0,R1
    BX LR
    ENDP
```

可以用 C 语言调用：

```
extern int add_tow(int,int);
...
a = 1234;
b = 4567;
c = add_tow(a,b);
...
```

extern 语句是必要的，它说明了函数 add_tow 的原型。

3.3.2 C 语言环境中的汇编程序框架

如果项目没有完整的 C 语言开发环境，则不能调用 C 语言的函数库。C 语言函数库需要专门的运行环境，这个环境一般需要在系统复位到 main 函数执行前的汇编语言程序中建立。这个过程可以手工完成，但更多的情况下是开发环境自动完成的。

程序 3-12 给出一个 C 语言开发环境中的汇编程序,很多集成开发环境建立项目时,系统会自动生成类似的汇编代码。

程序 3-12 简单的 C 语言项目初始化程序

```
Stack_Size        EQU          0x00000400
                  AREA         STACK, NOINIT, READWRITE, ALIGN = 3
Stack_Mem         SPACE        Stack_Size
__initial_sp
Heap_Size         EQU          0x00000200
                  AREA         HEAP, NOINIT, READWRITE, ALIGN = 3
__heap_base
Heap_Mem          SPACE        Heap_Size
__heap_limit
                  PRESERVE8
                  THUMB
;Vector Table Mapped to Address 0 at Reset
                  AREA         RESET, DATA, READONLY
                  EXPORT       __Vectors
                  EXPORT       __Vectors_End
                  EXPORT       __Vectors_Size
__Vectors         DCD          __initial_sp         ; Top of Stack
                  DCD          Reset_Handler        ; Reset Handler
                  DCD          NMI_Handler          ; NMI Handler
                  DCD          HardFault_Handler    ; Hard Fault Handler
……(此处省略了较多中断矢量定义)
__Vectors_End
__Vectors_Size    EQU __Vectors_End - __Vectors
                  AREA         |.text|, CODE, READONLY
;Reset handler
Reset_Handler     PROC
                  EXPORT       Reset_Handler [WEAK]
                  IMPORT       __main
                  IMPORT       SystemInit
                  LDR          R0, = SystemInit
                  BLX          R0
                  LDR          R0, = __main
                  BX           R0
                  ENDP
;Dummy Exception Handlers (infinite loops which can be modified)
NMI_Handler       PROC
                  EXPORT       NMI_Handler          [WEAK]
                  B .
                  ENDP
HardFault_Handler\
                  PROC
                  EXPORT HardFault_Handler          [WEAK]
```

```
                B .
                ENDP
    ……(此处省略了一些异常处理代码的定义)
    Default_Handler PROC
                EXPORT      WWDG_IRQHandler     [WEAK]
                EXPORT      PVD_IRQHandler      [WEAK]
    ……(此处省略了多个 EXPORT 语句)
    WWDG_IRQHandler
    PVD_IRQHandler
    ……(此处省略了多个标号)
                B .
                ENDP
                ALIGN
    ;*****************************************************
    ; User Stack and Heap initialization
    ;*****************************************************
                IF          :DEF:__MICROLIB

                EXPORT      __initial_sp
                EXPORT      __heap_base
                EXPORT      __heap_limit

                ELSE

                IMPORT      __use_two_region_memory
                EXPORT      __user_initial_stackheap

    __user_initial_stackheap
                LDR         R0, = Heap_Mem
                LDR         R1, =(Stack_Mem + Stack_Size)
                LDR         R2, = (Heap_Mem + Heap_Size)
                LDR         R3, = Stack_Mem
                BX          LR
                ALIGN
                ENDIF
                END
```

这个程序虽然看起来有点长，但是结构和程序并不复杂，主要进行初始化、调用 main 函数和提供给库代码调用的函数。

经过这样初始化的代码，可以调用 C 语言函数库，进行复杂的处理。

注意，在调用 main 函数之前，调用了 SystemInit 函数。这给函数系统提供了一个定义，但是使用了 weak 关键字，该关键字的含义是，当存在一个同名的函数时，舍弃这个 weak 定义而采用另外的同名定义。编写代码时，可以写一个自己的 SystemInit 函数用来在 main 函数之前进行一些初始化。

思考题

1. 汇编语言语句由哪几部分组成？

2. 什么是伪指令？为什么同样的汇编语言语句有时是伪指令，有时则可以编译成一条机器指令？

3. 什么是汇编语言的常量表达式？

4. 什么是程序的段？不同文件中相同名字的段有何关系？

5. 什么是裸机程序？有什么特点？

6. ARM架构过程调用标准的主要内容是什么？有何意义？

习题

1. 以下汇编程序中，哪些部分是标号、指令、伪指令、注释。

```
    AREA StrCopy, CODE, READONLY
    ENTRY                    ;Mark first instruction to execute
start
    LDR r1, = srcstr         ;Pointer to first string
    LDR r0, = dststr         ;Pointer to second string
    BL strcopy               ;Call subroutine to do copy
stop
    MOV r0, #0x18            ;angel_SWIreason_ReportException
    LDR r1, = 0x20026        ;ADP_Stopped_ApplicationExit
    B .
strcopy
    LDRB r2, [r1], #1        ;Load byte and update address
    STRB r2, [r0], #1        ;Store byte and update address
    CMP r2, #0               ;Check for zero terminator
    BNE strcopy              ;Keep going if not
    MOV pc, lr               ;Return
    AREA Strings, DATA, READWRITE
srcstr DCB "First string - source",0
dststr DCB "Second string - destination",0
    END
```

2. 画出下列指令定义的存储空间结构示意图。

```
mydata
    DCB 12,18,15
    DCB "ABCDEF"
    DCW 0x12,0x34
```

```
DCD 0x12345678,0x0
```

3. 下列汇编语句中,哪些是指令? 哪些是伪指令? 其中 label 为标号。

(1) LDR R0,#0x12

(2) LDR R0,=label

(3) MOV R0,R1

(4) BX LR

(5) ADR R0,#label

(6) ORR R0,R0,R0

(7) NOP

(8) B label

(9) MOVS R1,R1,LSR #1

4. 编写汇编语言函数 mADD,实现长整型数相加,其中,R0、R1 存放被加数,R2、R3 存放加数,结果存放于 R0、R1 中。

5. 用汇编语言编写函数 mABS,实现计算有符号整数绝对值,R0 为传入有符号数,结果也由 R0 传出,不需要保护 R0~R3 寄存器。

6. 用汇编语言编写函数 mCheck,实现计算存储于连续内存区域中的多个字节的异或值,内存区域的地址由 R0 传入,字节个数由 R1 传入,结果由 R0 传出。该函数满足用 C 语言调用的规范。

7. 用汇编语言编写可被 C 语言调用的 myStringLength 函数,功能与 C 语言库函数 strlen 类似。

第4章

异常和中断

计算机系统的异常和中断都可以归为意外事件,它们打断正常程序的执行,使得CPU转而执行特殊的程序去处理这些意外。异常和中断是计算机系统中最重要的概念之一,本章将以ARM Cortex-M0(以下简称ARM CM0)为例,介绍异常和中断的发生机制、响应过程和编程方法。

4.1 异常和中断概述

4.1.1 基本概念

计算机系统的异常(fault)和中断(interrupt)是两种不同的机制,用于处理系统运行过程中出现的意外情况和事件,异常和中断可以统称为例外(exception)。

异常通常指程序执行过程中发生的错误或非法操作,例如除以零、访问无效的内存地址、试图执行特权操作等。当发生异常时,CPU会中止当前程序的执行,并转而去执行异常处理程序来处理异常情况。异常处理程序通常是由操作系统提供的,可以根据不同的异常类型来执行特定的操作,例如打印错误消息、记录日志、重新启动程序等。

中断则是一种外部事件,可以由硬件设备(如磁盘驱动器、键盘、鼠标)或软件发起。当发生中断时,CPU会中止当前程序的执行,并跳转到中断处理程序中去执行。中断处理程序通常用于处理外部设备的输入/输出操作,例如读取键盘输入、向显示器输出信息等。

早期或较简单的CPU系统没有区分中断和异常,两者都称为中断,比如在Intel 8086或Intel 8051单片机中。CPU内部包含中断控制的逻辑部件,称为中断控制器,CPU中也有一些状态位用于控制对中断或异常的响应。

总之,异常和中断都是计算机系统中用于处理意外情况和事件的重要机制,可以用于保证系统的稳定性和可靠性,并确保系统能够正确、及时地响应用户的操作。

4.1.2 中断控制器、中断编号和优先级

在 ARM CM0 中，除了状态寄存器中包含一些控制中断和异常的位，还有一个称为嵌套矢量中断控制器(nested vectored interrupt controller，NVIC)的部件用于对中断的控制。NVIC 可以看成一种外设，通过内存地址对其寄存器进行读写，但在 ARM CM0 芯片的设计中，它被设计为 CPU 的一部分，与 CPU 紧密耦合。NVIC 负责对外设的中断信号进行逻辑处理，比如进行编号、排队等，从而帮助 CPU 响应这些中断。

异常是 CPU 内部产生的，异常发生时，直接把信号传递到 CPU。

每一个中断或异常都有一个编号，同时还有优先级。中断或异常的优先级用来确定 CPU 响应中断或异常时的优先级，优先级越低，级别越高。

在 ARM CM0 中，最多支持 16 个异常，其中有几个未使用，有待未来使用。异常编号为 0～15，如表 4-1 所示。

表 4-1 ARM CM0 中的异常

编　号	类　型	优先级	简　介
0	N/A	N/A	未使用
1	Reset	−3	上电复位或系统复位
2	NMI	−2	不可屏蔽中断，最高优先级且不能被禁止，用于高安全性事件
3	Hard Fault	−1	用于错误处理，系统检测到错误后被激活
4～10	保留	N/A	未使用
11	SVCall	可编程	请求管理调用，在执行 SVC 指令时被激活
12～13	保留	N/A	未使用
14	PendSV	可编程	可挂起服务(系统)调用
15	SysTick	可编程	系统节拍，由 NVIC 提供的定时器引起，用于操作系统等

由表 4-1 可知，0 号异常是不存在的，而 1 号异常是复位，就是把系统复位看成一种级别最高的异常，当复位发生时，系统无条件地从程序开始处执行。

ARM CM0 的 NVIC 最多支持 32 个中断，和异常加起来共 48 个，编号是连续的。由于 ARM 公司只出售 IP 而不生产芯片，一款芯片实际有多少中断，还是由生产芯片的公司自己决定。

每一个中断或异常发生时，系统都会自动调用一个程序去处理，这里统称中断服务程序(interrupt service routine，ISR)，其入口地址称为中断向量。所有中断向量组成一个表格，称为中断向量表。中断或异常发生时，CPU 从中断向量表中取出对应编号的中断向量，转而执行中断向量指向的中断服务程序。

一般情况下,CPU 的中断向量表有三种情况:①中断向量表是硬件固定的,存在于 CPU 硬件逻辑中,不可更改,如 MCS 8051 单片机。②中断向量表存在于内存的固定位置,如 TI 公司的 MSP 430 单片机。③中断向量表存在于内存的特定位置,可以改变。

ARM CM0 属于情况③,中断向量表在内存中的位置由向量表偏移量寄存器(VTOR,地址为 0xE000_ED08)给出,其复位时的值为 0x00000000,给出了复位后中断向量表的位置,因此,复位后中断向量表处于内存的起始位置。

4.1.3 向量表中的系统异常

中断向量表第一项为复位时的 SP,第二项是复位时入口程序的地址。因此,前文中汇编语言框架程序指出复位后程序的 SP 和 IP 总是放到从 0 地址开始的连续 8 个字节中。接下来是其他异常和中断的入口地址,由于当时没有启用任何异常和中断,所以就没有为之准备服务程序,即中断向量表只有前两项。

向量表中的 HardFault 异常是硬件错误引起的,作为最简单的处理方式,可以安装一个捕获程序作为处理程序,例如:

```
HardFault_Handler PROC
                EXPORT HardFault_Handler            [WEAK]
                B .
                ENDP
```

如果发生 HardFault 异常,则 CPU 进入上面这个死循环程序。

NMI 是不可屏蔽中断,是系统为响应严重的硬件错误和事件设计的,NMI 连接的信号根据芯片设计的不同而不同。

SVCall 和 PendSV 是软件引起的中断。SVC 指令后马上进入 SVCall 中断,SVCall 中断服务程序一般用来为执行 SVC 指令的程序服务,实现特定的功能。PendSV 和 SVCall 的区别在于 PendSV 可以推迟而 SVCall 不能,这两个系统异常对操作系统很重要,我们将在讲述操作系统的原理时详细讲解。

还有一个 SYSTick 异常,是 NVIC 中的一个定时器硬件引起的,起到为系统提供定时的作用。我们将在介绍 NVIC 定时器时给予介绍。

4.1.4 异常和中断的优先级

每个异常或中断都有优先级。优先级数值越小,优先级越高。复位事件、NMI 和 HardFault 的优先级是固定的−3、−2、−1,是所有中断异常中最高的。其他中断和异常的优先级都是可编程设置的,每个中断或异常有一个 8 位的优先级寄存器存储了对应的优先级,因此,优先级可以有 256 级。但是,为了节省资源,ARM

CM0 芯片只使用高 2 位的部分，可编程的优先级实际只有 4 级。优先级可编程的异常如图 4-1 所示。

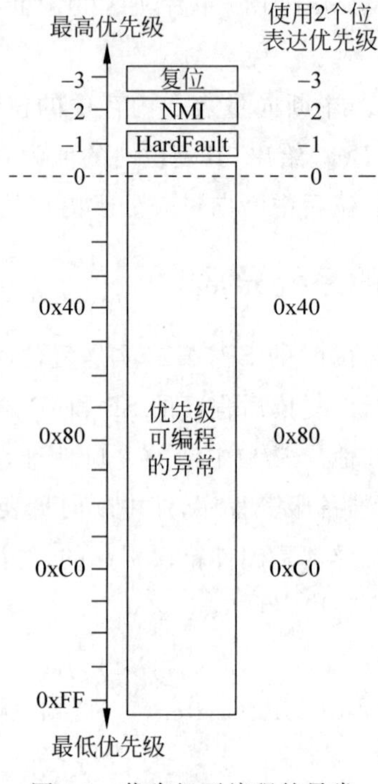

图 4-1 优先级可编程的异常

ARM CM0 中断的优先级机制只实现了 ARMv6-M 架构的一部分，但是足以满足作为微处理器的需求。

4.2 异常和中断的响应过程

当异常或中断发生时，系统会做出响应，其响应的过程与异常或中断的优先级、CPU 和 NVIC 的状态有关。

4.2.1 NVIC 对中断的响应

中断信号来源于芯片内部或外部的各个部件，当中断信号变活跃，NVIC 会对其进行逻辑处理，NVIC 中对应每一个中断和异常都有一个悬置位会变成 1。如果接下来 CPU 对此进行了响应，进入了中断服务程序，这时中断处于活跃状态，CPU 响应之后悬置位会变成 0。无中断发生时，NVIC 对中断的响应如图 4-2 所示。

但是，如果在 CPU 未来得及对中断响应之前，其悬置位状态被软件清除了，则中断被取消，如图 4-3 所示。

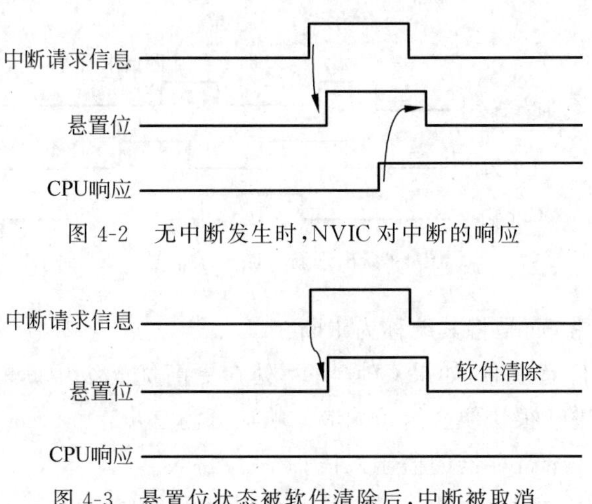

图 4-2　无中断发生时，NVIC 对中断的响应

图 4-3　悬置位状态被软件清除后，中断被取消

如果外部中断源咬住请求信号不放，该中断就会在其上次服务例程返回后，将悬置位再次置为悬置状态，如图 4-4 所示。

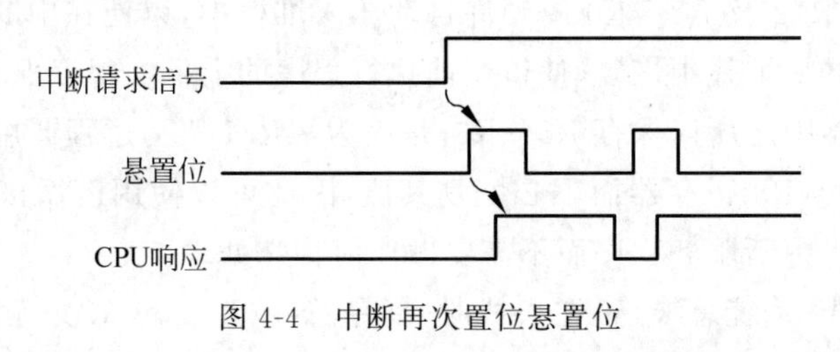

图 4-4　中断再次置位悬置位

如果某个中断在得到响应之前，其请求信号以若干脉冲的方式呈现，则被视为只有一次中断请求，多出的请求脉冲全部错失——这是中断请求太快，以至于超出 NVIC 和处理器反应限度的情况。多个中断请求信号的情况如图 4-5 所示。

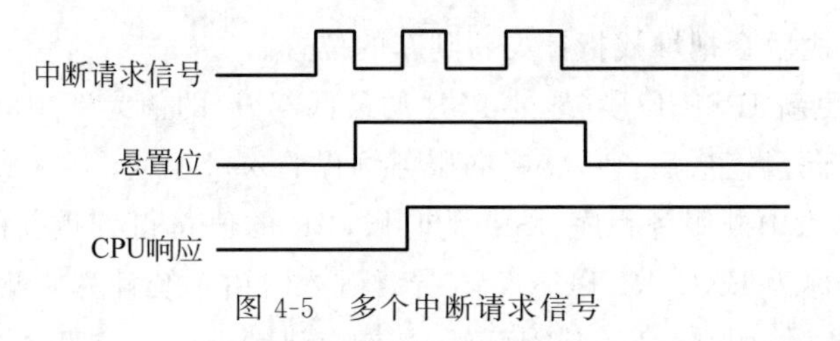

图 4-5　多个中断请求信号

如果在服务例程执行时，中断请求释放了，但是在服务例程返回前又重新被置为有效，则 NVIC 会记住此动作，该中断悬置位会重新设置为有效，进而引发 CPU 的响应，如图 4-6 所示。

4.2.2　CPU 对异常和中断的响应

中断和异常除了优先级不同，从编程角度看其实没有太大区别。因此，本节并

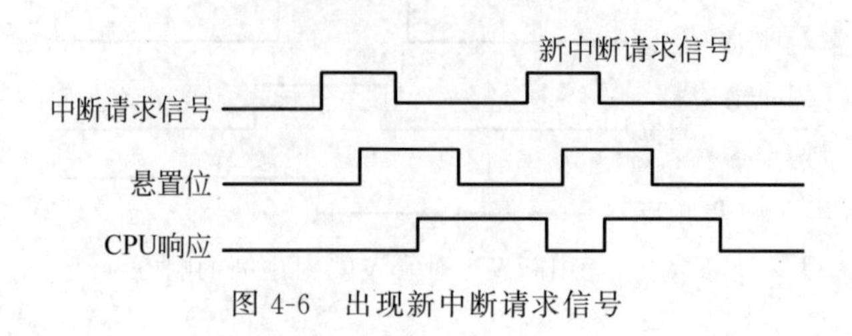

图 4-6 出现新中断请求信号

不区分中断和异常，而是将其统称为中断。

在中断悬置位有效时，如果 CPU 并不处在更高优先级中断的响应过程中，则中断悬置之后，CPU 很快便会给予响应。响应分为三步：

- 入栈，把 8 个寄存器的值压入栈。
- 取向量，从向量表中找出对应的服务程序入口地址。
- 更新连接寄存器 LR，更新程序计数器 PC。

CPU 响应异常的第一个行动就是自动保存上下文的必要部分：依次把 xPSR、PC、LR、R12 及 R3～R0 由硬件自动压入堆栈中，以便在中断程序返回时可以把这些寄存器从堆栈中恢复，使得当前执行程序的上下文得以保存。

通用寄存器中之所以保存 R0～R3，是因为 ARM 架构过程调用规范中规定函数可以使用 R0～R3 寄存器而不必恢复其值，因此可以使用遵循该规范的 C 语言编写的函数作为中断服务程序而不需要做任何特殊处理。

当数据总线（系统总线）正在入栈时，指令总线（I-Code 总线）正在为响应中断紧张有序地执行另一项重要的任务：从向量表中找出正确的异常向量，然后在服务程序的入口处预取指。

在入栈和取向量操作完成之后，执行服务例程之前，还要更新一系列的寄存器。

- SP：入栈后会把堆栈指针更新到新的位置。
- PSR：更新 IPSR 位段（地处 PSR 的最低部分）的值为新响应的异常编号。
- PC：取向量完成后，PC 将指向服务例程的入口地址。
- LR：出入中断服务程序（ISR）的时候，LR 的值将得到重新的诠释，这种特殊的值称为 EXC_RETURN，在异常进入时由系统计算并赋给 LR，并在异常返回时使用它。EXC_RETURN 的二进制值除了最低 4 位，其他位全为 1，而其最低 4 位则有另外的含义。

以上是响应异常时通用寄存器的变化。另外，在 NVIC 中，也会更新若干个相关寄存器。例如，新响应异常的悬置位将被清除，同时其活动位将被置位。

4.2.3 CPU 从中断服务程序中返回

有些处理器使用特殊的返回指令来表示中断返回，例如 8051 就使用 reti 指令返回中断。但是在 ARM CM0 中,是通过在 PC 中写入 EXC_RETURN 特殊值来识别返回动作的,因此可以使用常规返回指令,从而为使用 C 语言编写中断服务例程扫清了最后的障碍(在 C 语言中编程无须特殊的编译器命令,如__interrupt)。

ARM CM0 中断服务程序与普通的函数一样,返回的标准动作都是 BX LR 指令,这也是 C 语言函数返回的标准方法。因为中断服务程序进入时,LR 寄存器存储的是 EXC_RETURN 特殊值,而这个值装入 PC 就会触发中断返回的系列动作,因此 C 语言编写的函数能够作为中断服务程序。

启动了中断返回序列后,CPU 将进行下述处理。

(1) 出栈:先前压入栈中的寄存器在这里恢复。内部的出栈顺序与入栈顺序相对应,堆栈指针的值也改回先前的值。

(2) 更新 NVIC 寄存器:伴随异常的返回,它的活动位也被硬件清除。

PC 又回到了中断发生前本该的位置,所有寄存器都恢复了原状,在原来的程序看来,处理器只是延时了一小段时间,好像什么也没发生,程序又继续向下执行。

中断返回时,PC 中的特殊值 EXC_RETURN 是中断发生时系统自动计算产生的,编程时一般不用干预。合法的值是由 0xFFFFFFF0 加上后 4 位组成的,可能的结果只有 0xFFFFFFF1、0xFFFFFFF9 和 0xFFFFFFFD 三种,和 CPU 工作模式相关,现在先不考虑这些值的含义,只要遵从系统的计算就可以了。

4.2.4 中断嵌套

如果处理器已经在运行另外一个异常处理,而新异常的优先级大于正在执行的,这时就会发生抢占。正在运行的异常处理就会被暂停,转而执行新的异常,这个过程通常被称为中断嵌套。新的中断执行完毕并返回后,之前的中断处理会继续执行,并且在其结束后返回正常程序。

ARM CM0 内核及 NVIC 的深处已经内建了对中断嵌套的全力支持。事实上,我们要做的只是为每个中断适当地建立优先级。

第一,NVIC 和 CM0 处理器会根据优先级的设置来控制抢占与嵌套行为。因此,在某个异常正在响应时,所有优先级不高于它的异常都不能抢占之,而且它也不能抢占自己。

第二、有了自动入栈和出栈,就不用担心中断发生嵌套会使寄存器的数据损毁,从而可以放心地执行服务例程。

但是每发生一次中断,保存上下文环境至少需要 32 字节的堆栈空间,如果再加上中断嵌套,则需要仔细计算堆栈空间是否够用。

如果其他中断处理完成后,还有中断处于悬置状态,这时处理器不会返回中断前的程序,而是重新进入中断处理流程,以节省硬件开销,这也被称作联尾。当联尾中断发生时，处理器不必马上恢复栈的值，因为如果这时释放的话还得将它们重新压栈，而是等联尾中断都执行完毕再返回。

联尾中断的处理机制如图 4-7 所示。

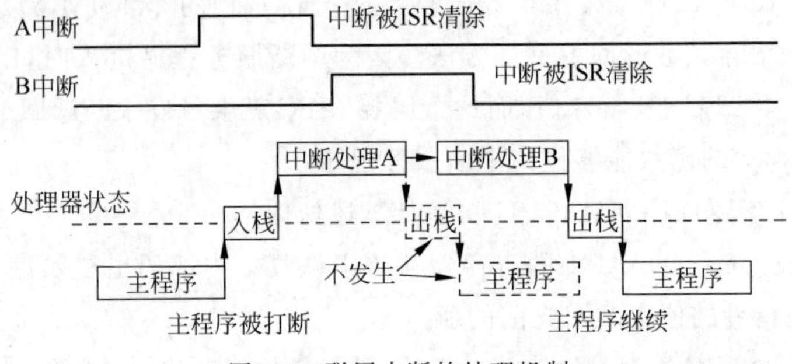

图 4-7 联尾中断的处理机制

联尾中断的处理机制是 ARM 比较有特色的处理方法，是提高 ARM 中断系统效率的强有力方法，在其他处理器中并不常见。

另外，ARM 系统高优先级中断发生抢占的时间窗口可以延续到 CPU 压栈之后，这样可以提高系统对高优先级中断的响应速度。

4.3 异常与中断的设置

NVIC 虽然是一种外设，其读写控制占用内存地址，但它和 CPU 紧密耦合，可以看成 CPU 的一部分。CPU 通过读写 NVIC 的寄存器，控制 NVIC 的行为，实现控制中断的目的。NVIC 占用从地址 0xE000_E000 开始的一段存储空间，CPU 可以方便地以字的形式访问 NVIC 寄存器。

异常发生在 CPU 内部，其大部分是通过 CPU 内部的寄存器控制，和中断不同。

4.3.1 中断的使能与屏蔽

对每个中断，NVIC 有一对寄存器控制使能或屏蔽该中断，这对寄存器是 SETENA 位/CLRENA 位，这 32 对寄存器组成两个字存储器。若要使能一个中断，需要写 1 到对应 SETENA 的位；若要屏蔽一个中断，需要写 1 到对应的 CLRENA 位，如果向它们中写 0，则不会有任何效果。传统的做法是使用一个比特控制中断的使能，缺点是对其中一位进行控制时，因为要整个字节才能读写，使得对其他位也需要谨慎，否则容易把其他位的值改变，非常烦琐。这里写 0 不会引起任何作用的设计使得操作变得非常简单。

对中断悬置位也可以通过软件写 SETPEND 位和 CLRPEND 位实现置位和清除，中断使能与清除寄存器如表 4-2 所示。

表 4-2　中断使能与清除寄存器

地　址	名　称	类　型	复 位 值	描　述
0xE000E100	SETENA	R/W	0x00000000	写 1 使能中断 0～31，写 0 无作用
0xE000E180	CLRENA	R/W	0x00000000	写 1 清除中断 0～31 使能位，写 0 无作用
0xE000E200	SETPEND	R/W	0x00000000	写 1 置位中断 0～31 悬置位，写 0 无效
0xE000E280	CLRPEND	R/W	0x00000000	写 1 清除中断 0～31 悬置位，写 0 无效
0xE000E300	ACTIVE	RO	0x00000000	只读，表示中断 0～31 的活动位

例如，使能或禁止编号为 n 的中断，可以用下面的 C 语言语句实现：

```
*((volatile unsigned long *)0xE000E100) = (0x1)<<n;
*((volatile unsigned long *)0xE000E180) = (0x1)<<n;
```

以上程序正是利用了写 0 无效，写 1 发生作用的特性。

4.3.2　中断的悬置位和活动位

中断发生后会有一个悬置位置 1，表明对应的中断等待响应。这个悬置位也可以通过指令设置和清零，从而支持用软件模拟中断的发生。同样是通过一对字寄存器 SETPEND、CLRPEND 来实现，其地址分别为 0xE000_E200、0xE000E280。例如以下代码可以几乎立即引起中断#2：

```
*(volatile unsigned long *)0xE000E100 = (0x1)<<2;
*(volatile unsigned long *)0xE000E200 = (0x1)<<2;
```

有些情况下，可能需要清除某个中断的悬置状态。例如，如果一个产生中断的外设需要重新编程，就得关闭这个外设的中断，重新设置控制寄存器，并且在重新使能外设以前清除中断悬置状态(在设置期间可能会有中断产生)。例如，要清除中断#n 的悬置状态，可以使用以下代码：

```
*(volatile unsigned long *)0xE000E280 = (0x1)<<n;
```

中断的活动状态位位于地址 0xE000E300，为只读寄存器。

4.3.3　优先级寄存器

每个外部中断都有一个对应的优先级寄存器，每个优先级寄存器占用一个字节，但是 ARM CM0 内核只使用最高 2 位。4 个相临的优先级寄存器拼成一个 32 位寄存器。优先级寄存器按字访问，这会带来一些不便。优先级寄存器的地址范围为 0xE000E400～0xE000E41C，如图 4-8 所示。实际存在的优先级寄存器数目由芯片厂商实现的中断数目决定。

0xE000E41C	IRQ31	IRQ30	IRQ29	IRQ28
0xE000E418	IRQ27	IRQ26	IRQ25	IRQ24
0xE000E414	IRQ23	IRQ22	IRQ21	IRQ20
0xE000E410	IRQ19	IRQ18	IRQ17	IRQ16
0xE000E40C	IRQ15	IRQ14	IRQ13	IRQ12
0xE000E408	IRQ11	IRQ10	IRQ9	IRQ8
0xE000E404	IRQ7	IRQ6	IRQ5	IRQ4
0xE000E400	IRQ3	IRQ2	IRQ1	IRQ0

图 4-8 优先权寄存器的地址

由于每次读写都涉及 4 个中断的优先级，如果只想改变其中的一个，需要都读出来，修改其中一个然后再写回。例如修改 #2 中断优先级为 0xC0，则可以用以下 C 语言代码：

```
volatile unsigned long * p = (unsigned long * )0xE000E400;
* p = ( * p)&0xFF00FFFF|(0xC0 << 16);
```

4.3.4 中断屏蔽寄存器

CPU 的 PRIMASK 寄存器用于禁止 CPU 响应 NMI 和 HardFault 之外的所有异常与中断，它有效地把当前优先级改为 0(可编程优先级中的最高优先级)。该寄存器并不影响 NVIC 对外部中断的处理。

PRIMASK 寄存器可以通过 MRS 和 MSR 以下列方式访问：

```
MOV     R0, #1          ;关中断,开中断为 0
MSR     PRIMASK, R0
```

此外，还可以通过 CPS 指令快速完成上述功能：

```
CPSID i         ;关中断
CPSIE i         ;开中断
```

4.3.5 系统异常的相关设置

除了外部中断，有些系统异常也有可编程的优先级和悬置状态寄存器。ARM CM0 处理器只有 3 个系统异常具有可编程的优先级，它们是 SVCall、PendSV 和 SysTick，而每个优先级只有高 2 位有效，和中断一样。其他像 NMI 和 HardFault 等系统异常的优先级则是固定的。图 4-9 给出了系统异常的优先级寄存器的分布。

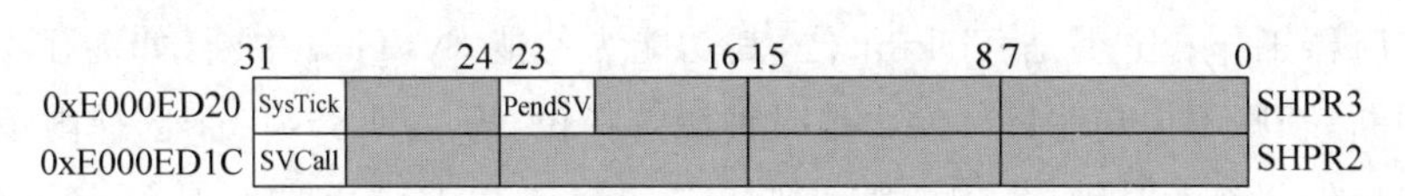

图 4-9　系统异常的优先级寄存器的分布

4.4　NVIC 中的 SysTick 定时器

SysTick 定时器被捆绑在 NVIC 中，用于产生 SysTick 异常（异常编号为 15），为操作系统或其他系统软件提供定时。

在其他系统上，操作系统或所有其他使用了时基的系统软件，都必须额外的硬件定时器来产生需要的滴答中断，作为整个系统的时基。滴答中断对操作系统尤其重要，例如，操作系统可以为多个任务赋予不同数目的时间片，确保没有一个任务能霸占系统，或者把定时器周期的某个时间范围赋予特定的任务等，还有操作系统提供的各种定时功能，都与这个滴答定时器有关。因此，需要一个定时器来产生周期性的中断，而且最好用户程序不能随意访问它的寄存器，以维持操作系统"心跳"的节律。

4.4.1　SysTick 定时器及其寄存器

SysTick 为 24 位的定时器，它对标准时钟递减计数。定时器的计数减至 0 后，就会重新装载一个可编程的数值，并且同时产生 SysTick 异常，该异常会触发 SysTick 异常处理程序的执行。

SysTick 共有 4 个控制寄存器，如图 4-10 所示。

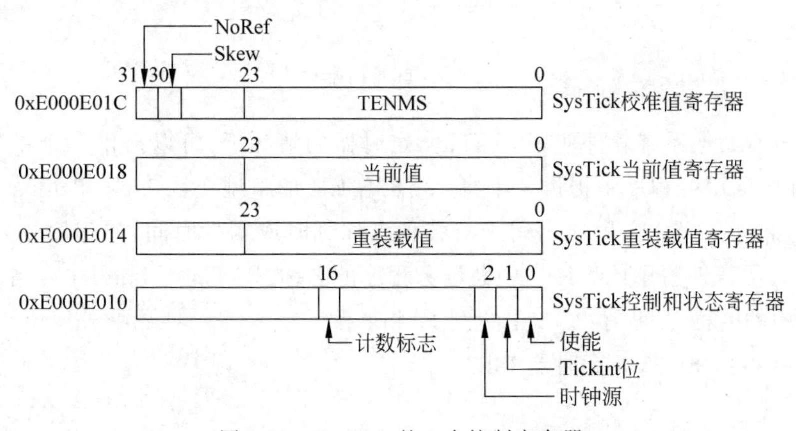

图 4-10　SysTick 的 4 个控制寄存器

SysTick 控制和状态寄存器（CTRL）位 0 为使能位，1 表示定时器工作，0 表示禁止定时器工作；位 1 是 Tickint 位，其功能为使能 SysTick 中断，如为 1，溢出则申请中断，否则不申请中断；位 2 是时钟源选择位，为 1 则 SysTick 选择内核时钟，否则选择外部参考时钟；位 16 为计数标志，当 SysTick 溢出时为 1，读取寄存器会自动清零该位。

SysTick 重装载值寄存器指定了 SysTick 重装载的值，因此只有低 24 位有效。

SysTick 当前值寄存器是定时器当前的计数值，因此只有低 24 位有效。

SysTick 校准值寄存器的低 24 位 TENMS 存储了一个校准值，当重装载该值时，溢出时间恰好为 10ms；31 位为 NoRef，如果读出值为 1，就表示由于没有外部参考时钟，SysTick 定时器总是使用内核时钟，如果为 0，则表示有外部参考时钟可供使用，该数值与 MCU 的设计相关；30 位为 Skew，如果为 1，表示 TENMS 数值是不可用的。

4.4.2 SysTick 定时器设置及编程

SysTick 定时器初始化应该按照一定的顺序进行，以保证其进入确定的工作状态。SysTick 初始化流程如图 4-11 所示。

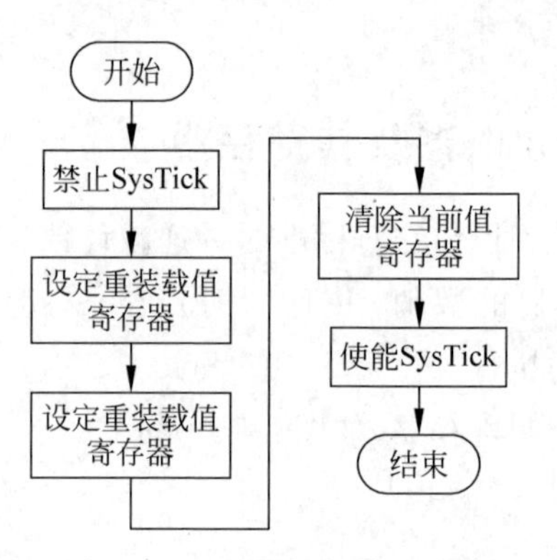

图 4-11 SysTick 初始化流程

在没有其他系统软件使用 SysTick 定时器的情况下，可以提供一个中断服务程序，在中断服务程序中提供一个每 10ms 增加 1 的整型变量 Tick_Tenms 与一个每秒增加 1 的变量 Tick_Sec，用于对各种事件延时或测量时间，如程序 4-1 所示，特地用 C 语言编写了该程序。中断服务程序的名称 SysTick_Handler 应当和初始化程序中的名称（如程序 3-12 中的例子）相匹配。

程序 4-1 SysTick 定时器 ISR

```
u32 Tick_Tenms = 0,Tick_Sec = 0;
void SysTick_Handler(void){
    Tick_Tenms++;
    if((Tick_Tenms % 100) == 0){
```

```
        Tick_Sec++;
    }
```

在应用程序中,可以随时通过读取 Tick_Tenms 和 Tick_sec 这两个变量获得复位以来的时间值。

思考题

1. 什么是异常？什么是中断？两者有何异同？
2. 在 ARM CM0 中,有哪几个有效异常？
3. ARM CM0 处理器的中断响应系统有何特点？
4. ARM CM0 处理器中断和异常的可编程优先级实际有几级？
5. 请简单描述 NVIC 的一次中断响应过程。
6. 请详细说明 ARM CM0 处理器响应一次中断的过程。
7. 为什么可以用 C 语言编写中断服务程序？
8. 请描述联尾中断的响应过程。
9. 如何用软件清除和设置中断的悬置位与活动位？
10. ARM CM0 处理器如何屏蔽和使能异常与中断？
11. NVIC 中,SysTick 定时器有何特点？

习题

1. 以下代码是 ARM CM0 汇编语言定义的中断向量表,请解释每一项的作用。

```
__Vectors
        DCD     __initial_sp            ;Top of Stack
        DCD     Reset_Handler           ;Reset Handler
        DCD     NMI_Handler             ;NMI Handler
        DCD     HardFault_Handler       ;HardFault Handler
        DCD     0                       ;Reserved
        DCD     0                       ;Reserved
        DCD     0                       ;Reserved
        DCD     0                       ;Reserved
        DCD     0                       ;Reserved
        DCD     0                       ;Reserved
        DCD     0                       ;Reserved
        DCD     SVC_Handler             ;SVCall Handler
        DCD     0                       ;Reserved
        DCD     0                       ;Reserved
```

```
    DCD    PendSV_Handler           ;PendSV Handler
    DCD    SysTick_Handler          ;SysTick Handler
__Vectors_End
```

2. 如果某中断信号是周期性的方波,周期为 T。请分析 T 不同时,NVIC 对该中断信号的响应有何不同?

3. 请画出进入中断服务程序后,堆栈中内存的结构示意图。

4. 描述发生两级中断嵌套的响应过程,画出进入第二个中断服务程序时堆栈内存的结构图。

5. 请详细描述联尾中断发生后 CPU 的响应及中断返回过程。

6. 用汇编语言或 C 语言编写函数 void NVIC_Enable(unsigned int n),实现在 NVIC 中使能编号为 n 的中断的功能。

7. 用汇编语言或 C 语言编写函数 void NVIC_Disable(unsigned int n),实现在 NVIC 中禁止编号为 n 的中断的功能。

8. 用 C 语言编写函数 void SetPri(unsigned int n,unsigned char p),实现为编号为 n 的中断设定优先级为 p 的功能。

9. 用汇编语言或 C 语言编写函数 void InitSysTick(),把 SysTick 定时器设定为 10ms 溢出一次,并开启中断。假定使用 72MHz 系统时钟作为 SysTick 定时器的时钟。

10. 用汇编语言或 C 语言编写 SysTick 中断的 ISR,当把 SysTick 中断设定为 10ms 一次时,全局变量 Tick_Tenms 每次中断增加 1,而全局变量 tick_sec 每秒增加 1。

11. 利用习题 10 中的全局变量 Tick_Tenms,实现在主程序中每 2.5s 输出一个字符串。

第5章 RP2040芯片的结构

从本章开始将具体介绍以 ARM CM0 为核心的芯片 RP2040，并以其为例介绍当前流行的微控制器系统的组成模块。RP2040 是树莓派公司的产品，该公司是全球著名的计算机教育企业，其设计的树莓派卡片式计算机风靡全球，该芯片是其唯一的单片机芯片产品。

5.1 RP2040 芯片的总体结构

5.1.1 RP2040 芯片的组成

RP2040 芯片采用 2 个 32 位 ARM Cortex-M0＋处理器，具有高性能和低功耗的特点。芯片内置 264KB 的 SRAM，用于存储程序和数据。RP2040 芯片具有多个通用输入/输出引脚(GPIO)，可用于连接外部设备和传感器。它还提供了多个 UART、SPI、I^2C、PWM 和定时器等通信与控制接口。RP2040 芯片集成了 USB 1.1 控制器，可用作 USB 设备或主机。这使得 RP2040 可以直接连接计算机或其他 USB 设备，实现数据传输和通信。RP2040 芯片具有优化的功耗管理功能，支持多种低功耗模式，可延长电池寿命。芯片具有 PIO(Programmable I/O)子系统，可以进行高速的并行 I/O 操作，支持 GPIO 位操作和 DMA 传输，可用于音频、视频和其他实时数据处理。RP2040 芯片的结构框图如图 5-1 所示。

RP2040 芯片有广泛的开发支持，包括基于 C/C++的编程接口和开发工具链，以及丰富的软件库和示例代码。

5.1.2 双核心系统

RP2040 处理器系统由两个 ARM Cortex-M0＋处理器组成，每个处理器都有其标准的内部 ARM CM0 外设和用于 GPIO 访问与内核间通信的外部设备。

RP2040 芯片的 CPU 子系统如图 5-2 所示。

CPU 内部的外设包括 NVIC 和 DAP。NVIC 前文已经说过，是 ARM CM0 标

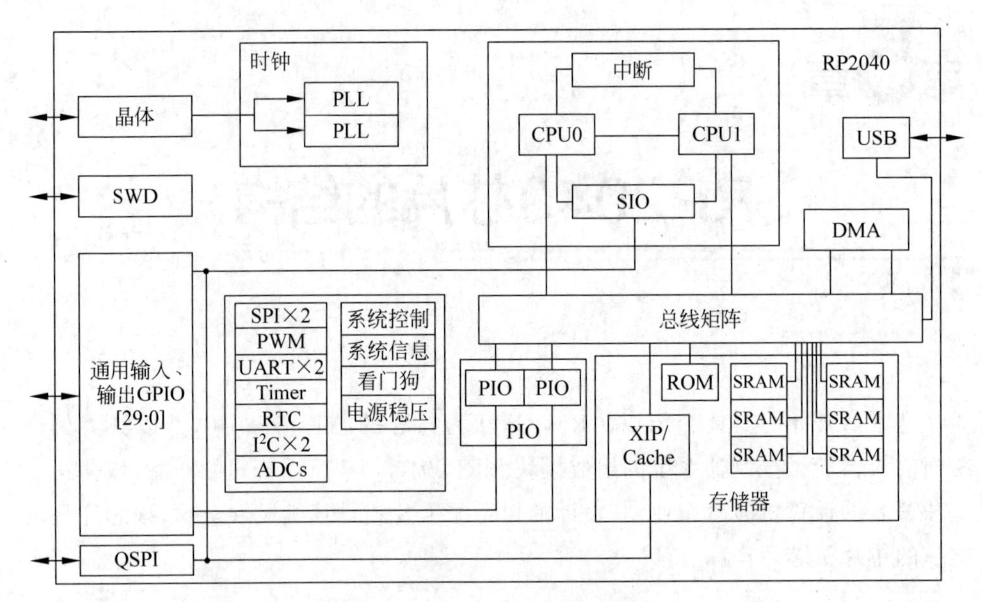

图 5-1 RP2040 芯片的结构框图

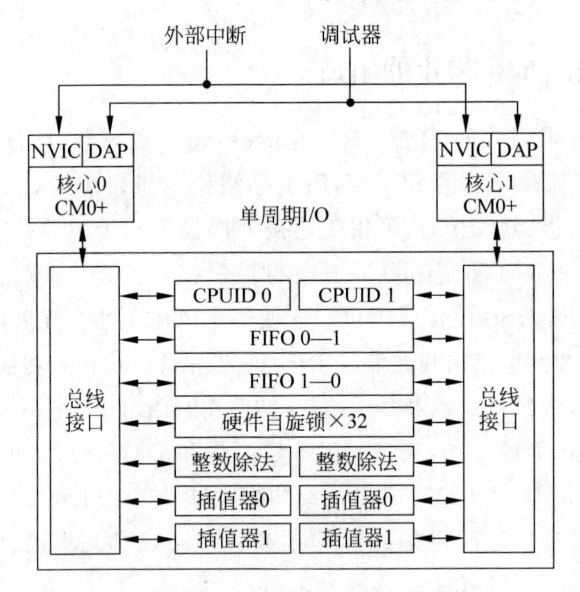

图 5-2 RP2040 芯片的 CPU 子系统

准结构之一；DAP 用于 ARM 系统的调试。

用于内核间通信的外设部件包括 CPUID 寄存器、先入先出(first in first out，FIFO)存储器、硬件自旋锁。CPUID 寄存器用来区分不同的 CPU 编号，两个核心分别读出 0 和 1。先入先出存储器是双口存储器，一个端口写入，另一个端口可以按顺序读出，可以实现两个核心之间的通信，有 0—1 和 1—0 两个 FIFO 存储器。

硬件自旋锁用于两个核心之间同步。

每个核心还包括一个整数除法器和两个整数插值器，用于加速整数复杂计算。

5.1.3 存储器系统

RP2040 内部具有嵌入式 ROM 和 SRAM，并且可以通过 QSPI 接口扩展 Flash 存储器。

容量为 16KB 的 ROM 只读存储器位于地址 0x0000_0000，由于 ARM CM0 启动时从 0 地址开始取得引导信息，因此，该 ROM 首先用于芯片的引导程序。另外，该 ROM 还用于存储厂家提供的 Flash 引导算法和其他辅助程序。该只读存储器称为 Boot ROM，出厂时已经烧写好程序，其内容后文会有专门介绍。

芯片内共有 264KB 静态存储器(SRAM)，分为 6 个区(bank)，这里的区可以理解为物理上不同的芯片，每个芯片有独立的地址和数据端口。其中 4 个大区为 16K×32b 容量，两个小区为 1K×32b 容量。由于不同的存储器区有独立的总线矩阵接口，因此，不同内核可以同时访问不同区的内存，这可以大大提高多核心系统内存操作的带宽。

4 个大区的内存地址在地址空间的分布有两种方案。如果从 0x2000_0000 开始，则 4 个大区地址按字(4 字节)交替排布，即起始地址 0x0 是 0 区，地址 0x4 是 1 区，以此类推，到了地址 0x10 则又是 0 区。如果从地址 0x2100_0000 开始访问，则 4 个大区的内存地址依次排布，而不是交替排布，这样就为不同考虑的软件内存操作提供了灵活的方案。两个 4KB 小区地址一直是在大区之后线性排布。

芯片还可以通过 QSPI 接口扩展 Flash 存储器，并且可以在系统中直接访问(execute in place，XIP)，无须专门编程控制。外扩的 Flash 存储器起始地址为 0x1000_0000。

5.2 复位和时钟

系统复位使得系统进入确定状态开始执行，复位可以分为冷复位和热复位，冷复位是指上电复位，热复位是指运行时通过内部或外部信号产生复位。

CPU 系统作为复杂的数字逻辑系统，需要时钟信号输入。一般来说，对时钟系统的要求是要有一定的灵活性：既能产生高频时钟使得系统得到高性能，又能产生低频时钟使得系统保持低功耗；既能采用简单电路使得系统硬件电路设计简单，又能采用复杂电路使得系统获得较高的稳定性和精确性。而这些有时是矛盾的，需要根据需求进行取舍。

5.2.1 RP2040芯片的复位

任何处理器系统在上电时都应该产生复位信号使系统处于初始状态，最廉价和常用的上电复位是阻容延时电路，图5-3所示为0电平复位的电路。上电之初，电容C上没有电荷，输出reset信号为0，随着V_{DD}通过R给C充电，输出reset变成1。当按下按钮SW时，reset为低，因此，SW为手动复位按钮。

还可以通过检测电源电压的上升过程输出上电复位信号，这种方法不需要电容，有利于集成电路实现。其核心是一个宽电压工作的比较器，当电源电压低于阈值V_{th}时，输出电源未准备好信号V_{por}；当电源电压高于V_{th}达到其他电路可以正常工作电压时，V_{por}失效。可以用V_{por}触发一个延时电路，作为系统的上电复位信号，以保证复位充分有效，电路如图5-4所示。

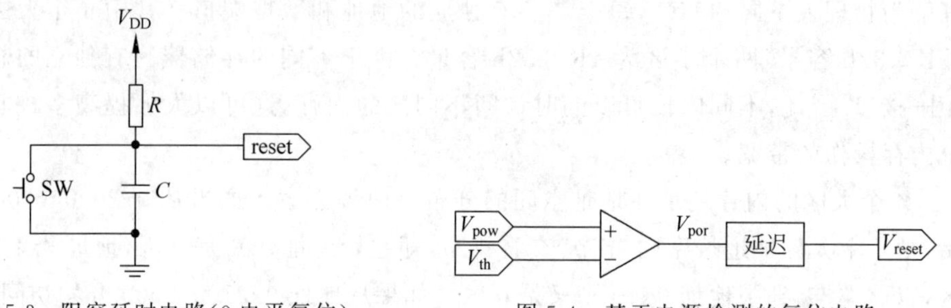

图5-3　阻容延时电路(0电平复位)　　图5-4　基于电源检测的复位电路

RP2040芯片的上电复位电路和电源失效检测电路结合起来，实现了更复杂、合理的电路，如图5-5所示。比较器经过延迟电路产生复位信号，该信号使能电源失效检测模块，当电源失效检测模块检测到电源失效时，重新产生复位信号。external_result(run)是外部复位信号，reset_n_dp是给全部电路复位的信号，包括调试接口。reset_n_psm是给调试模块之外的所有其他电路复位的信号，这样就可以通过来自调试模块的psm_restart信号重启系统。

5.2.2 RP2040时钟源

RP2040的时钟源有3个，如图5-6所示。其中，GPCLKO是外部时钟源，通过GPIO引脚输入，在介绍GPIO时会讨论其配置方法。

XOSC是晶体振荡器，需要外接石英晶体和配套电路才能工作，其震荡频率取决于晶体振荡器的额定频率。石英晶体振荡器是电子系统获得高精度时钟源的常见方法，精度一般能达到10^{-5}左右。

晶体振荡器系统如图5-7所示。反相器近似偏置为线性状态，晶体元件构成反馈回路，形成振荡，进一步的原理分析参见一般的电路教材。由于振荡需要一个

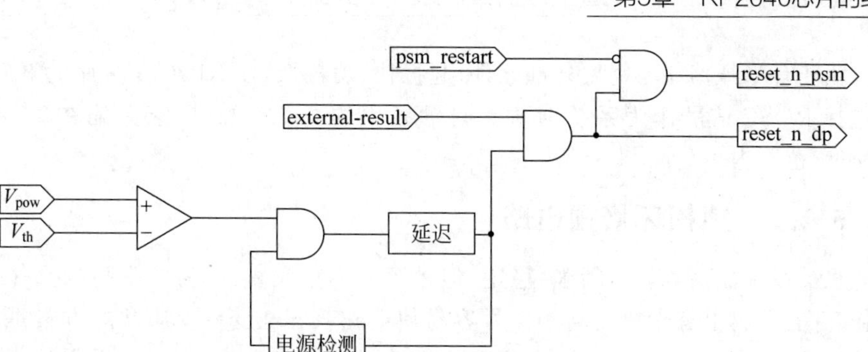

图 5-5　RP2040 芯片内部复位电路

建立过程，振荡输出需要经过一个启动延时模块，去掉开始的低质量振荡信号。对于 RP2040 芯片，它的 XOSC 设计的频率范围是 5M～15MHz。

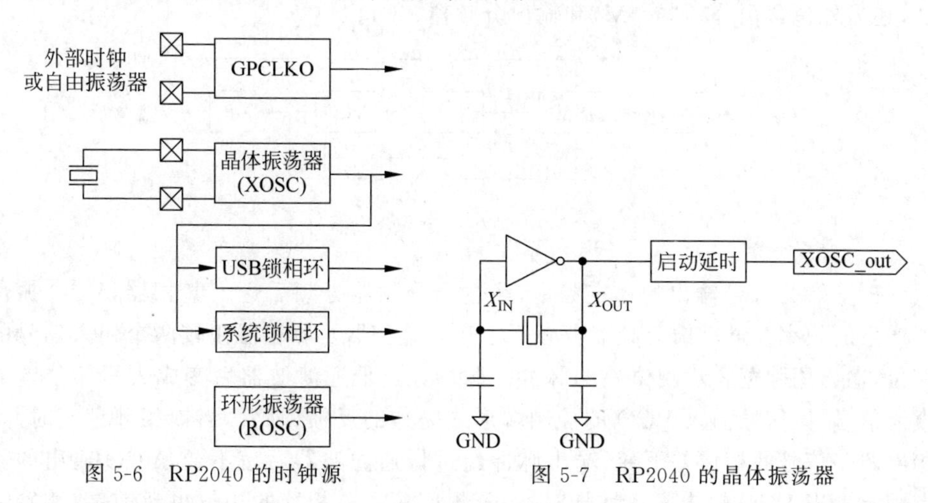

图 5-6　RP2040 的时钟源　　　　图 5-7　RP2040 的晶体振荡器

ROSC 是一个环形振荡器，环形振荡器由奇数个反相器（非门）和若干传输门串联成环路组成，其周期取决于信号在所有器件中传输一周所需要的时间。RP2040 的环形振荡器系统则更加复杂，如图 5-8 所示。首先，可以通过数据选择器选择由 2 个、4 个、6 个或 8 个门组成环路，从而改变信号传输的延时以改变环形振荡器的周期和频率；其次，为了降低输出频率，增加了分频器模块；最后，增加了相移电路获得相位不同的信号。

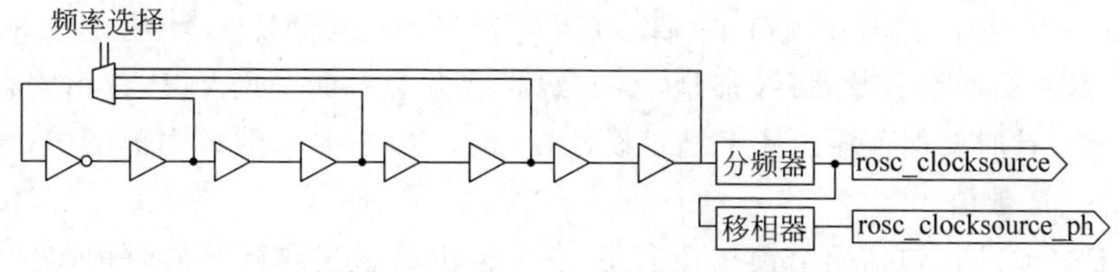

图 5-8　RP2040 的环形振荡器系统

由于环形振荡器不需要外部元件，起振快、功耗低，在 RP2040 芯片上电后，默认选择 ROSC 信号作为系统时钟。时钟频率约 6.5MHz，厂家保证在 1.8M～12MHz 范围内。

5.2.3 锁相环倍频电路

虽然晶体振荡器频率精确、稳定，但是频率不宜太高，因为频率高的晶体不易制作，并且引脚上有大幅度高频信号容易使电磁兼容性变差。通常的方案是晶体振荡器选择 50MHz 以下频率，在芯片内部再进行倍频和分频，得到需要的系统时钟频率。分频一般采用数字计数器，而倍频则采用锁相环(PLL)电路。

锁相环是一种频率控制系统，它的核心部件包括鉴相器、低通滤波器、压控振荡器(VCO)、反馈分频器(/N)等。图 5-9 是 RP2040 的锁相环部件，除了基本部件，还另外包含预分频器(/M)和输出分频器(/P)。

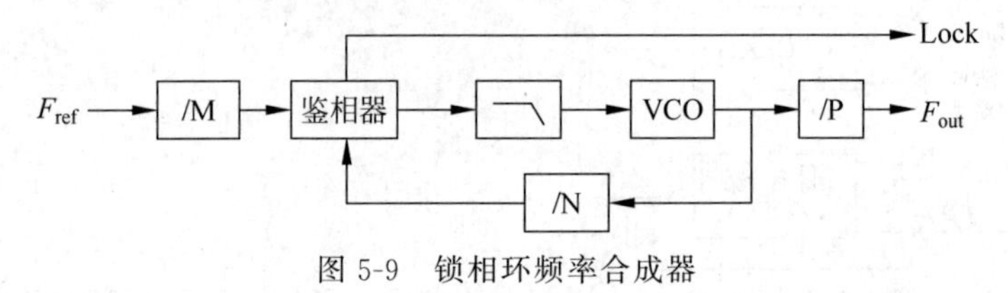

图 5-9　锁相环频率合成器

F_{ref} 是 XOSC 输出的稳定频率，经过预分频器分频后送入鉴相器，VCO 振荡器产生的频率经过反馈分频器分频后也送入鉴相器。鉴相器比较两个输入信号的相位，输出用脉宽表示相位差的脉冲。脉冲经过低通滤波器后变成表示相位差的直流信号，该信号输入 VCO 的控制端形成完整的反馈回路。当锁相环锁定时，鉴相器两路信号的相位差不变，输出脉冲经过低通滤波器后也不变，VCO 输出的频率固定。当 VCO 输出频率增加时，经分频后输入鉴相器的相位也超前，鉴相器输出脉冲变窄，输出脉冲经滤波后电压下降，VCO 频率下降，锁相环趋于锁定。同样道理，当 VCO 频率变低时，也会经过反馈的作用趋于锁定。当锁相环锁定时，鉴相器会输出 Lock 信号作为指示。

容易知道，当锁相环锁定时，由于鉴相器两路输入相位差固定，频率相等，所以，输出频率为

$$F_{out}=\frac{NP}{M}F_{ref}$$

对于 RP2040 芯片，VCO 的频率范围是 750M～1600MHz，M 为 1～63，N 为 16～320，P 为两级分频，每级都是 1～7，级联后为 1～49。M、N、P 都由寄存器控制，实际设计时要保证输出频率满足设计目标，VCO 在要求的频率范围内，合理选择 M、N、P 数值。

RP2040 芯片包括两个锁相环电路，一个输出给系统内核作为时钟，另一个给 USB 部件作为时钟。

5.3 RP2040 芯片引脚和功能

5.3.1 RP2040 芯片的封装和引脚功能

RP2040 芯片是方形扁平无引脚封装(quad flat no-leads package,QFN),56 个引脚隐藏于芯片底部四周边缘,它的引脚布局和名称如图 5-10 所示。

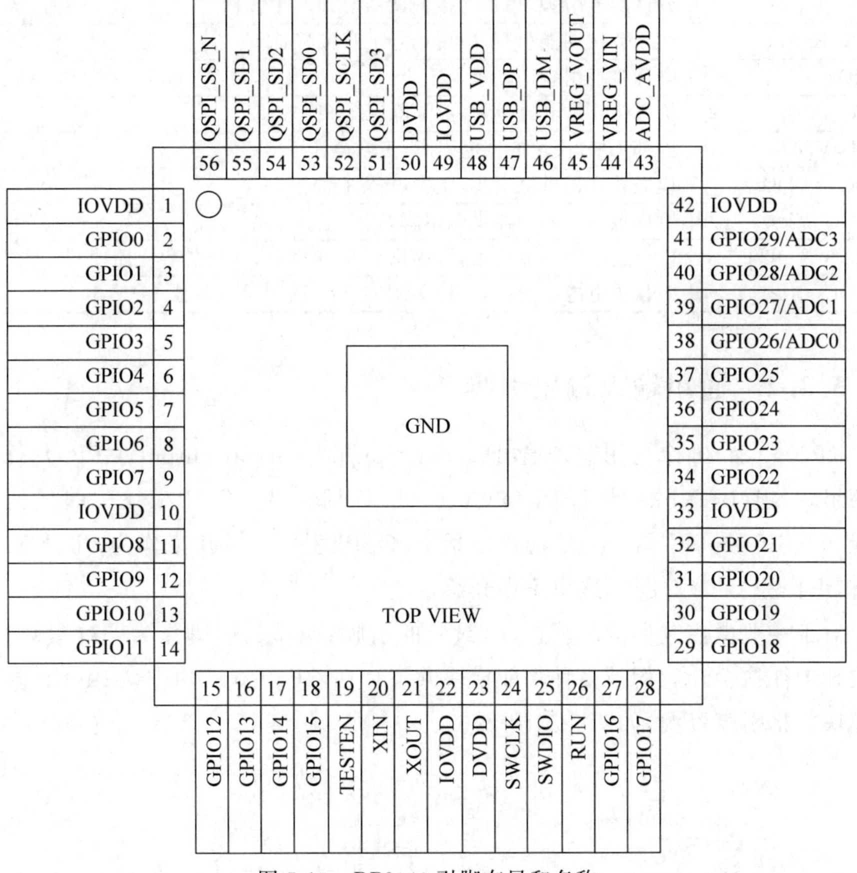

图 5-10　RP2040 引脚布局和名称

RP2040 的引脚分为电源引脚、复位引脚、振荡器引脚、USB 引脚、QSPI 引脚和 GPIO 引脚,其引脚功能如表 5-1 所示。

表 5-1　RP2040 引脚功能表

名　称	描　述
GPIOx	通用输入输出引脚,RP2040 也让内部其他外设共享这些引脚
GPIOx/ADCy	通用输入输出和 ADC 共用引脚,因为需要兼容模拟信号,与其他只兼容数字输入输出的 GPIO 电路结构有所不同

续表

名　称	描　述
QSPIx	支持 SPI、DSPI、QSPI 接口的 Flash 存储器，当没有 Flash 存储器时可以用作 GPIO
USB_DM、USB_DP	USB 接口信号，支持全速 USB 设备、全速/低速 USB 主机
XIN、XOUT	晶体振荡器外接晶体引脚，XIN 也可以外接信号源，这时 XOUT 空置
RUN	全局异步复位引脚，低电平复位。不用时直接接 IOVDD
SWCLK、SWDIO	调试功能引脚，用于连接调试器
TESTEN	厂家调试功能引脚，应用场景下直接接地
GND	电源接地引脚
IOVDD	给 GPIO 供电的引脚，正常电压 1.8～3.3V
USB_VDD	内部 USB 模块的供电引脚，正常电压 3.3V
ADC_AVDD	模数转换器供电引脚，正常电压 3.3V
VREG_VIN	给内核电压调整器供电引脚，正常电压 1.8～3.3V
VREG_VOUT	内核电压调整器输出，可提供 100mA@1.1V 给外界电路使用
DVDD	内核供电电压引脚，可接 VREG_OUT，也可接其他 1.1V 电源

5.3.2 通用输入输出引脚

RP2040 有 36 个通用输入输出(general purpose input output，GPIO)引脚，分成两组，一组(BANK1)是 QSPI 和 GPIO 共享引脚，另一组(BANK0)是其他数字功能和 GPIO 共享引脚。一般应用场景下，QSPI 引脚会专用来作为 Flash 存储器引脚，不作为 GPIO 使用，这里不做介绍。

对于一般微控制器的芯片设计，封装的引脚数有限，引脚作为一种紧缺资源，在设计中往往会让它们被多种功能模块共享。在 RP2040 芯片中，GPIO 和多种功能模块共享引脚资源，如图 5-11 所示。

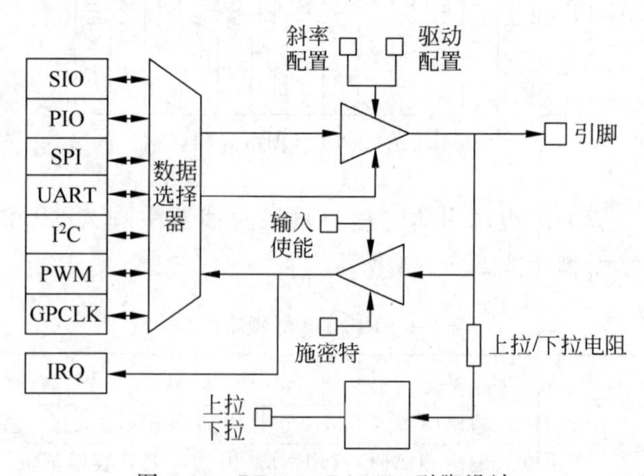

图 5-11　RP2040 BANK0 引脚设计

为了改变每个引脚的功能，可以配置数据选择器。每个引脚都可以配置输出的斜率和驱动能力、输入的施密特特性、是否上拉/下拉等。通用输入输出引脚的功能选择如表5-2所示。由表5-2可以看出，不仅每个引脚可以选择多个功能，而且同一个功能可以由多个GPIO口实现，为系统电路设计提供了最大的灵活性。

表5-2 RP2040通用输入输出引脚功能

GPIO	Function								
	F1	F2	F3	F4	F5	F6	F7	F8	F9
0	SPI0 RX	UART0 TX	I2C0 SDA	PWM0 A	SIO	PIO0	PIO1		USB OVCUR DET
1	SPI0 CSn	UART0 RX	I2C0 SCL	PWM0 B	SIO	PIO0	PIO1		USB VBUS DET
2	SPI0 SCK	UART0 CTS	I2C1 SDA	PWM1 A	SIO	PIO0	PIO1		USB VBUS EN
3	SPI0 TX	UART0 RTS	I2C1 SCL	PWM1 B	SIO	PIO0	PIO1		USB OVCUR DET
4	SPI0 RX	UART1 TX	I2C0 SDA	PWM2 A	SIO	PIO0	PIO1		USB VBUS DET
5	SPI0 CSn	UART1 RX	I2C0 SCL	PWM2 B	SIO	PIO0	PIO1		USB VBUS EN
6	SPI0 SCK	UART1 CTS	I2C1 SDA	PWM3 A	SIO	PIO0	PIO1		USB OVCUR DET
7	SPI0 TX	UART1 RTS	I2C1 SCL	PWM3 B	SIO	PIO0	PIO1		USB VBUS DET
8	SPI1 RX	UART1 TX	I2C0 SDA	PWM4 A	SIO	PIO0	PIO1		USB VBUS EN
9	SPI1 CSn	UART1 RX	I2C0 SCL	PWM4 B	SIO	PIO0	PIO1		USB OVCUR DET
10	SPI1 SCK	UART1 CTS	I2C1 SDA	PWM5 A	SIO	PIO0	PIO1		USB VBUS DET
11	SPI1 TX	UART1 RTS	I2C1 SCL	PWM5 B	SIO	PIO0	PIO1		USB VBUS EN
12	SPI1 RX	UART0 TX	I2C0 SDA	PWM6 A	SIO	PIO0	PIO1		USB OVCUR DET

续表

GPIO	Function								
	F1	F2	F3	F4	F5	F6	F7	F8	F9
13	SPI1 CSn	UART0 RX	I2C0 SCL	PWM6 B	SIO	PIO0	PIO1		USB VBUS DET
14	SPI1 SCK	UART0 CTS	I2C1 SDA	PWM7 A	SIO	PIO0	PIO1		USB VBUS EN
15	SPI1 TX	UART0 RTS	I2C1 SCL	PWM7 B	SIO	PIO0	PIO1		USB OVCUR DET
16	SPI0 RX	UART0 TX	I2C0 SDA	PWM0 A	SIO	PIO0	PIO1		USB VBUS DET
17	SPI0 CSn	UART0 RX	I2C0 SCL	PWM0 B	SIO	PIO0	PIO1		USB VBUS EN
18	SPI0 SCK	UART0 CTS	I2C1 SDA	PWM1 A	SIO	PIO0	PIO1		USB OVCUR DET
19	SPI0 TX	UART0 RTS	I2C1 SCL	PWM1 B	SIO	PIO0	PIO1		USB VBUS DET
20	SPI0 RX	UART1 TX	I2C0 SDA	PWM2 A	SIO	PIO0	PIO1	CLOCK GPIN0	USB VBUS EN
21	SPI0 CSn	UART1 RX	I2C0 SCL	PWM2 B	SIO	PIO0	PIO1	CLOCK GPOUT0	USB OVCUR DET
22	SPI0 SCK	UART1 CTS	I2C1 SDA	PWM3 A	SIO	PIO0	PIO1	CLOCK GPIN1	USB VBUS DET
23	SPI0 TX	UART1 RTS	I2C1 SCL	PWM3 B	SIO	PIO0	PIO1	CLOCK GPOUT1	USB VBUS EN
24	SPI1 RX	UART1 TX	I2C0 SDA	PWM4 A	SIO	PIO0	PIO1	CLOCK GPOUT2	USB OVCUR DET
25	SPI1 CSn	UART1 RX	I2C0 SCL	PWM4 B	SIO	PIO0	PIO1	CLOCK GPOUT3	USB VBUS DET
26	SPI1 SCK	UART1 CTS	I2C1 SDA	PWM5 A	SIO	PIO0	PIO1		USB VBUS EN

续表

GPIO	Function								
	F1	F2	F3	F4	F5	F6	F7	F8	F9
27	SPI1 TX	UART1 RTS	I2C1 SCL	PWM5 B	SIO	PIO0	PIO1		USB OVCUR DET
28	SPI1 RX	UART0 TX	I2C0 SDA	PWM6 A	SIO	PIO0	PIO1		USB VBUS DET
29	SPI1 CSn	UART0 RX	I2C0 SCL	PWM6 B	SIO	PIO0	PIO1		USB VBUS EN

5.3.3　外部中断

不论是通用输入输出引脚 BANK0 还是 BANK1,都可以作为外部中断的中断源,它们都连接中断 proc0、proc1 和唤醒中断,由各自的配置决定。唤醒中断用来唤醒 XOSC 和 ROSC,这里不做讨论。BANK0 和 BANK1 中断输入都分别进行或运算在一起,作为中断源连接到三个中断。

每个引脚的中断都可以配置为高电平中断、低电平中断、上升沿中断和下降沿中断,相当于 4 个中断源,分别记为 GPIOx_LEVEL_HIGH、GPIOx_LEVEL_LOW、GPIOx_EDGE_HIGH 和 GPIOx_EDGE_LOW。当配置为电平中断时(高或低),中断状态不锁存,这也就意味着中断发生过程中,如果引起中断的电平消失,则中断会消失。而边沿触发中断的状态存储在 INTR 寄存器中,该寄存器不仅可以由硬件设置,也可以由软件设置、清除和读取,可以灵活地控制。

三个目标中断都有对应的使能(enable)、强制(force)和状态(status)寄存器,用来对每一个引脚的输入进行控制。外部中断的逻辑如图 5-12 所示,左边输入为 4 个 INTR 寄存器,共 120 个位,右边或运算在一起成为申请中断的状态位。

INTRy(y=0～3)寄存器共 4 个,它的每个位存储了 30 个 GPIO 中断输入的状态。其中,INTR0 从 0～31 位依次是 GPIOx(x=0～7)的 GPIOx_LEVEL_LOW、GPIOx_LEVEL_HIGH、GPIOx_EDGE_LOW 和 GPIOx_EDGE_HIGH 状态,共 32 个位。同样,INTR1 存储的是 GPIOx(x=8～15)的 32 个状态位,INTR2 存储的是 GPIOx(x=16～23),而 INTR3 只有 0～23 位有效,存储了 GPIOx(x=24～29)的状态位。

PROCx_INTEy(x=0,1; y=0～3)则按上面顺序分别存储了 PROC0、PROC1 的使能控制位,PROCx_INTFy(x=0,1; y=0～3)存储了强制位,PROCx_INTSy(x=0,1; y=0～3)存储了状态位。

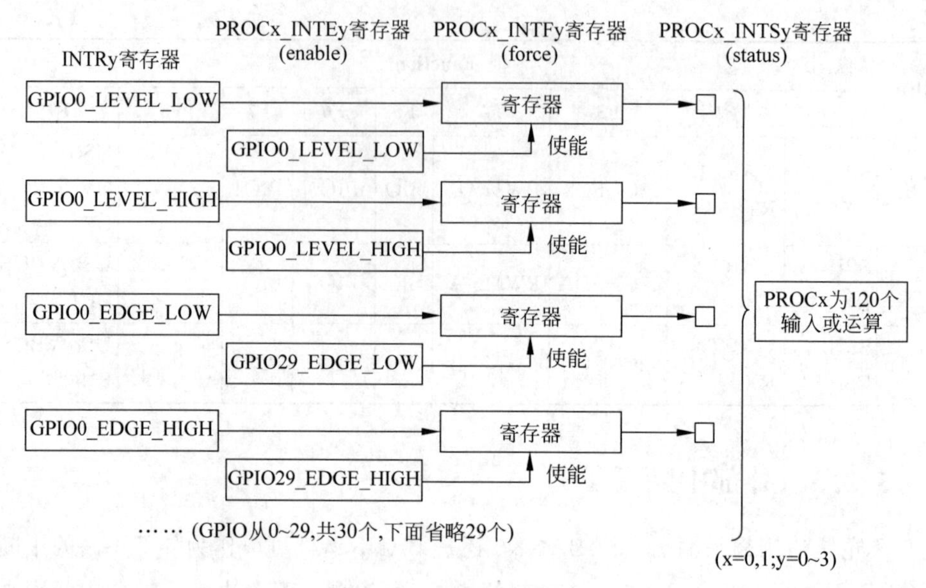

图 5 12　外部中断的逻辑

5.3.4　GPIO 状态、控制和外部中断配置

对于 GPIO BANK0 的 30 个引脚，每个引脚都有一个控制寄存器 GPIOx_CTRL(x=0～29)和一个状态寄存器 GPIOx_STATUS(x=0～29)，两者都是 4 字节寄存器，地址从 0x4001_4000(编程中定义为 IO_BANK0_BASE)开始顺序排列。例如 GPIO0_STATUS 地址偏移量为 0x0，GPIO0_CTRL 地址偏移量为 0x04，GPIO1_STATUS、GPIO1_CTRL 等以此类推。

状态寄存器 GPIOxx_STATUS 用来表示引脚的输入输出状态，其各位的含义如表 5-3 所示，其中所有有意义的位都是只读的，用来表示引脚状态。

表 5-3　GPIO BANK0 状态寄存器各位的含义

位　域	名　称	描　述	类　型	复 位 值
31:27	保留	—	—	—
26	IRQTOPROC	给处理器的中断信号	RO	0x0
25	保留	—	—	—
24	IRQFROMPAD	来自引脚的中断信号	RO	0x0
23:20	保留	—	—	—
19	INTOPERI	给外围部件的输入信号	RO	0x0
18	保留	—	—	—
17	INFROMPAD	来自引脚的输入信号	RO	0x0
16:14	保留	—	—	—

续表

位域	名称	描述	类型	复位值
13	OETOPAD	给引脚的输出使能信号	RO	0x0
12	OEFROMPERI	选中的外设的输出使能信号	RO	0x0
11:10	保留	—	—	—
9	OUTTOPAD	给引脚的输出信号	RO	0x0
8	OUTFROMPERI	选中外设的输出信号	RO	0x0
7:0	保留	—	—	—

控制寄存器 GPIOx_CTRL(x=0～29)用来对引脚的功能和特性进行配置,其各字段的含义如表 5-4 所示,其中所有位都是读写属性。IRQOVER 用来设定引脚信号提供给中断时的运算(反相、不反相、常高、常低,下同);INOVER 用来设定引脚信号到外设时的运算;OEOVER 用来设定外设控制输出驱动使能信号时的运算;OUTOVER 是外设输出到引脚之间信号的运算;FUNCSEL 用来设定引脚功能,参见表 5-2。

表 5-4 GPIO 控制寄存器各字段的含义

位域	名称	描述	类型	复位值
31:30	保留	—	—	—
29:28	IRQOVER	0x0:中断不反相;0x1:中断反相;0x2:中断总为低;0x3:中断总为高	RW	0x0
27:18	保留	—	—	—
17:16	INOVER	0x0:给外设输入不反相;0x1:给外设输入反相;0x2:给外设输入总为低;0x3:给外设输入总为高	RW	0x0
15:14	保留	—	—	—
13:12	OEOVER	0x0:从选定外设来的输出使能信号驱动输出 OE;0x1:从选定外设来的输出使能信号反相后驱动 OE;0x2:总是输出使能;0x3:总是关闭输出	RW	0x0
11:10	保留	—	—	—
9:8	OUTOVER	0x0:选定的外设信号输出;0x1:选定的外设信号反相后输出;0x2:输出常低;0x03:输出常高	RW	0x0
7:5	保留	—	—	—
4:0	FUNCSEL	功能选择,参见表 5-2	RW	0x1F

从偏移量 0xf0 开始是中断相关寄存器,即图 5-12 中提到的各个寄存器,其偏移量和名称如表 5-5 所示。

表 5-5 外部输入中断配置寄存器的偏移量和名称

偏 移 量	名 称
0xf0～0xfc	INTR0～INTR3
0x100～0x10c	PROC0_INTE0～PROC0_INTE3
0x110～0x11c	PROC0_INTF0～PROC0_INTF3
0x120～0x12c	PROC0_INTS0～PROC0_INTS3
0x130～0x13c	PROC1_INTE0～PROC1_INTE3
0x140～0x14c	PROC1_INTF0～PROC1_INTF3
0x150～0x15c	PROC1_INTS0～PROC1_INTS3
0x160～0x16c	DORMANT_WAKE_INTE0～DORMANT_WAKE_INTE3
0x170～0x17c	DORMANT_WAKE_INTF0～DORMANT_WAKE_INTF3
0x180～0x18c	DORMANT_WAKE_INTS0～DORMANT_WAKE_INTS3

5.3.5 引脚配置

引脚的特性可以由一组引脚控制寄存器实现，这组寄存器基地址为0x4001c000，在SDK中定义为PADS_BANK0_BASE。该组寄存器的偏移量和名称如表5-6所示。

表 5-6 引脚配置寄存器的偏移量和名称

偏 移 量	名 称
0x0	VOLTAGE_SELECT
0x4～0x78	GPIO0～GPIO29 引脚控制
0x7C	SWCLK 引脚控制
0x80	SWD 引脚

在这组寄存器中，VOLTAGE_SELECT 用来选择整个 BANK0 引脚的电压，只有 0 位有效，如为 1，则选择 DVDD 小于或等于 1.8V；为 0，则选择 DVDD 大于或等于 2.5V。

剩余的每个寄存器对应一个引脚，其中除了上面提到的 GPIO0～GPIO29，SWCLK 和 SWD 是调试器的对应引脚。所有引脚控制寄存器的各位功能是相同的，如表 5-7 所示。

表 5-7 引脚控制寄存器各位的功能

位 域	名 称	描 述	类 型	复位值
31:8	保留	—	—	—
7	OD	输出禁止，比 GPIO 设定权限高	RW	0x0
6	IE	输入使能	RW	0x1

续表

位 域	名 称	描 述	类 型	复位值
5:4	DRIVE	输出能力：0x0 为 2mA，0x1 为 4mA，0x2 为 8mA，0x3 为 12mA	RW	0x1
3	PUE	上拉使能	RW	0x0
2	PDE	下拉使能	RW	0x0
1	SCHMITT	施密特触发器使能	RW	0x1
0	SLEWFAST	输出电压摆率控制：1 为快，0 为慢	RW	0x0

5.3.6 通过 SIO 模块控制 GPIO 引脚

通过上面的介绍知道，GPIO 引脚可以通过对控制寄存器的功能选择位域进行编程选择哪个模块控制该引脚。如果希望 CPU 能直接读取引脚状态和通过引脚输出电平，则通过 SIO 模块非常合适。

SIO 是 CPU 能够直接操控的高速外设模块，包括 CPUID 寄存器、0—1 和 1—0 两个 FIFO、32 个硬件自旋锁、硬件整数除法器、2 个插值运算器，这些部件可以帮助实现两个内核之间的通信和加速数字处理的速度，大大提高芯片的性能。

SIO 部件寄存器的基地址是 0xd0000000，在 SDK 中定义为 SIO_BASE。对于希望直接操控 GPIO 的操作，可以通过 SIO 模块的一组寄存器 GPIO_IN、GOIO_OUT、GPIO_OUT_SET、GPIO_OUT_CLR、GPIO_OUT_XOR、GPIO_OE、GPIO_OE_SET、GPIO_OE_CLR、GPIO_OE_XOR 实现。这些寄存器都只有[29:0]位有效，对应 GPIO29～GPIO0，如表 5-8 所示。

表 5-8 SIO 引脚控制寄存器

偏移地址	名 称	描 述	类 型	复位值
0x0	GPIO_IN	引脚输入	RO	0x0
0x08	GOIO_OUT	引脚输出	RW	0x0
0x14	GPIO_OUT_SET	GPIO_OUT 对应位置 1，GPIO_OUT |= wdata	WO	0x0
0x18	GPIO_OUT_CLR	GPIO_OUT 对应位清 0，GPIO_OUT&= wdata	WO	0x0
0x1C	GPIO_OUT_XOR	GPIO_OUT 对应位取反，GPIO_OUT ^= wdata	WO	0x0
0x20	GPIO_OE	输出使能	RW	0x0
0x24	GPIO_OE_SET	GPIO_OE 对应位置 1，GPIO_OE |= wdata	WO	0x0

续表

偏移地址	名　称	描　述	类　型	复位值
0x28	GPIO_OE_CLR	GPIO_OE对应位清0，GPIO_OE &=wdata	WO	0x0
0x2C	GPIO_OE_XOR	GPIO_OE对应位取反，GPIO_OE ^=wdata	WO	0x0

5.3.7 GPIO编程实例

在pico-sdk中，头文件iobank0.h定义了用于操作GPIO的数据结构。在以下代码中，直接展开各种宏定义和类型定义(typedef)，可以看到结构体iobank0_status_ctrl_hw_t如下：

```
typedef struct {
    const volatile uint32_t status;
    const volatile uint32_t ctrl;
} iobank0_status_ctrl_hw_t;
```

该结构在内存中的布局恰好为连续两个32位字，与引脚的控制和状态寄存器一样。而io_irq_ctrl_hw_t结构定义如下(以下所有代码均为展开宏和类型定义的结果)：

```
typedef struct {
    const volatile uint32_t inte[4];
    const volatile uint32_t intf[4];
} io_irq_ctrl_hw_t;
```

在内存中的布局和外部中断enable、force寄存器结构相当。由此，可以定义iobank0_hw_t结构：

```
typedef struct {
    iobank0_status_ctrl_hw_t io[30];
    const volatile uint32_t intr[4];
    io_irq_ctrl_hw_t proc0_irq_ctrl;
    io_irq_ctrl_hw_t proc1_irq_ctrl;
    io_irq_ctrl_hw_t dormant_wake_irq_ctrl;
} iobank0_hw_t;
```

该结构和GPIO BANK0的寄存器布局相当。定义宏iobank0_hw(IO_BANK0_BASE定义为0x4001_4000)：

```
#define iobank0_hw ((iobank0_hw_t *)IO_BANK0_BASE)
```

通过上面的定义可以看出，iobank0_hw是一个指针，通过该指针可以访问

GPIO BANK0 的寄存器。

5.4 Boot ROM 程序

从地址 0 开始的 16KB 只读存储器存储了厂家的程序，这些程序提供上电复位后初始化、驱动 USB 口、运行程序等功能，并提供通用的程序服务，如浮点数计算、Flash 管理等。

5.4.1 引导程序

Boot ROM 首先提供了复位后的引导功能，复位后 CPU 从地址 0 取得 IP，不仅地址 0 在 Boot ROM 中，入口地址也在 Boot ROM 中，由 Boot ROM 提供。Boot ROM 提供的引导程序流程如图 5-13 所示。

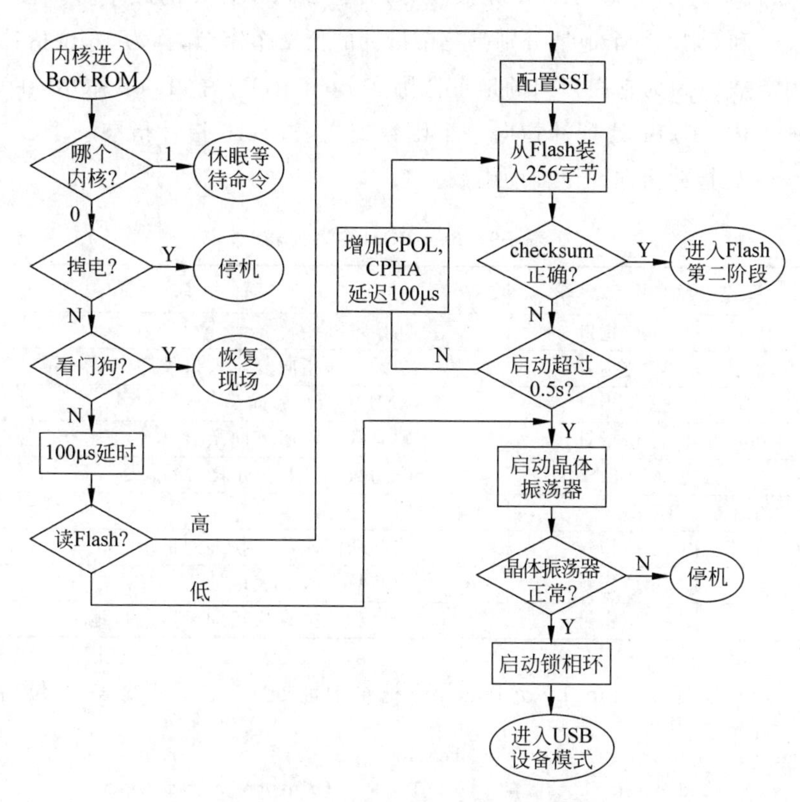

图 5-13 Boot ROM 引导程序流程图

复位后两个内核 core0 和 core1 都开始执行 ROM 中的程序，程序首先读取 CPUID，判断是哪个内核。对于 core1，CPU 进入低功耗状态，直到 core0 通过 FIFO 唤醒它。如果是 core0，则引导程序继续执行。接下来，core0 判断是否是看门狗或者电源失效复位，如果不是，程序检测是否需要从 Flash 引导，如果不从 Flash 引导或者 Flash 引导失败，则进入 USB 接口引导程序。如果进入 Flash 引导，则程序首先判断 Flash 程序是否有效，如果有效，则进入 Flash 引导的第二阶段。在第二阶段中，core0 从 Flash 中直接取指令执行程序。

Boot ROM 还提供大容量存储器烧录程序功能。当引导为大容量存储器时，检查到计算机 USB 接口 Pico 会把 Flash 模拟为一个大容量 U 盘，只要把 uf2 格式的文件复制到该 U 盘，Pico 就会把程序自动烧录到 Flash 中，实现程序的烧写功能。

5.4.2 Boot ROM 的内容

Boot ROM 中包含的引导程序、服务程序和数据入口地址都列于表 5-9 中，其中 0x0、0x4、0x8 和 0xc 构成中断向量表。0x10 地址三字节是签名字节，必须是'M'，'u'，0x01，否则表明 Boot ROM 无效。0x13 是 Boot ROM 的版本号。接下来的 0x14、0x16 和 0x18 三个地址分别是三个指针的低 2 个字节，称为 16 位指针，其高 2 字节固定是 0，因为它们指向的地址范围在 Boot ROM 中，Boot ROM 在 0 开始的 8K 地址内。0x14 处指针指向一个函数查找表，0x16 指针指向一个数据查找表，而 0x18 处指针指向一个辅助函数。

表 5-9　Boot ROM 内容列表

地　址	内　容	描　述
0x0000_0000	32 位指针	初始堆栈指针
0x0000_0004	32 位指针	初始 PC，指向复位入口程序
0x0000_0008	32 位指针	NMI 中断服务向量
0x0000_000c	32 位指针	硬异常中断服务向量
0x0000_0010	'M'，'u'，0x01	魔幻数，表明 Boot ROM 有效
0x0000_0013	字节	版本号
0x0000_0014	16 位指针	公共功能函数查找表地址
0x0000_0016	16 位指针	公共数据查找表地址
0x0000_0018	16 位指针	函数和数据查找辅助函数入口地址

可以通过宏定义 rom_hword_as_ptr 把某地址处 16 位指针变成 32 位指针：

```
#define rom_hword_as_ptr(rom_address)
        (void *)(uintptr_t)(*(uint16_t *)(uintptr_t)(rom_address))
```

可以定义 3 个指针变量用来存放 3 个入口地址，用以下表达式赋值：

```
prom_func_table = rom_hword_as_ptr(0x14)
prom_data_table = rom_hword_as_ptr(0x16)
prom_table_lookup = rom_hword_as_ptr(0x18)
```

可以方便地通过上面 3 个指针获得 ROM 中的函数和数据。

一般情况下，都是通过 SDK 实现对这些功能的使用，如果需要在程序中直接调用这些功能，也提供了原始的方法。如果要查找某项功能和数据，辅助函数 rom_table_lookup()特别重要，它提供了查找功能，只需要调用就可以得到功能和数据的入口，如程序 5-1 所示。

程序 5-1 Boot ROM 程序直接调用

```
typedef void * ( * rom_table_lookup_fn)(uint16_t * table, uint32_t code);
rom_table_lookup_fn rom_table_lookup =
                    (rom_table_lookup_fn)rom_hword_as_ptr(0x18);
popcount32_ptr = rom_table_lookup((uint16_t * )0x14, (uint32_t)'P' + '3');
cpstring = rom_table_lookup((uint16_t * )0x16, (uint32_t)'C' + 'R');
```

整型 code 是 2 字节的偏移量，用来检索 Boot ROM 提供的每个功能函数或数据，code 可以用 2 个字节表示，在下面的功能介绍中，只提供了 2 个字符的形式。

5.4.3 Boot ROM 中的功能函数

Boot ROM 的 V1、V2 和 V3 版本中，函数功能略有不同，这里只介绍 3 个版本都有的功能函数。

高度优化的位操作函数如表 5-10 所示。

表 5-10 位操作函数

代　码	V1 版本时钟数	V1/V3 版本时钟数	描　述
'P','3'	18	20	uint32_t _popcount32(uint32_t value) ；返回 value 中 1 的个数
'R','3'	21	22	uint32_t _reverse32(uint32_t value) ；返回 value 的反序
'L','3'	13	9.6	uint32_t _clz32(uint32_t value) ；返回 value 中连续高位 0 位的数目。如果值为零，则返回 32
'T','3'	12	11	uint32_t _ctz32(uint32_t value) ；返回 value 中连续低位 0 位的数目。如果值为零，则返回 32

内存填充复制函数如表 5-11 所示。

表 5-11 内存填充复制函数

代　码	描　述
'M','S'	uint8_t * _memset(uint8_t * ptr, uint8_t c, uint32_t n) ；用字符 c 填充 ptr 指向内存 n 字节，并返回 ptr
'S','4'	uint32_t * _memset4(uint32_t * ptr, uint8_t c, uint32_t n) ；功能同_memset，当地址 4 字节对齐时速度稍快一些

续表

代　　码	描　　述
'M','C'	uint8_t * _memcpy(uint8_t * dest,uint8_t * src,uint32_t n)　;从 src 复制 n 字节到 dest,返回 dest,如 dest 和 src 重叠结果不确定
'C','4'	uint8_t * _memcpy44(uint32_t * dest,uint32_t * src,uint32_t n)　;功能同_memcpy,只是目标和源都 4 字节对齐时效率更高

Flash 存储器操作函数可以帮助用户对 Flash 擦除、编程等,如表 5-12 所示。

表 5-12　Flash 存储器操作函数

代　　码	描　　述
'I','F'	void _connect_internal_flash(void)　;将所有 QSPI 引脚恢复到默认状态,并将 SSI 连接到 QSPI 引脚中
'E','X'	void _flash_exit_xip(void)　;首先为串行模式设置 SSI,然后发出固定 XIP 退出序列。请注意,Boot ROM 代码使用 IO 强制逻辑来驱动 CS 引脚,该引脚必须在将 SSI 返回到 XIP 模式之前清除(例如通过调用_flash_flush_cache)。此功能将 SSI 配置为具有固定的 SCK 时钟除 6
'R','E'	void _flash_range_erase(uint32_t addr,size_t count,uint32_t block_size,uint8_t block_cmd)　;擦除从 addr(从闪存开始的偏移量)开始计数字节。可以选择传递块擦除命令(例如 D8h 块擦除)和此命令擦除的块的大小——在可能的情况下,此功能将使用较大的块擦除以获得更高的擦除速度。addr 必须与 4096 字节的扇区对齐,并且 count 必须是 4096 字节的倍数
'R','P'	void flash_range_program(uint32_t addr,const uint8_t * data,size_t count)　;将 count 字节数据编程到从 addr 开始的闪存地址(从闪存开始偏移)。addr 必须与 256 字节的边界对齐,count 必须是 256 的倍数
'F','C'	void _flash_flush_cache(void)　;清除 XIP 缓存并使能,也清除 QSPI 对于 CSn 引脚的强制模式,使得 SSI 能够正常驱动 Flash 芯片
'C','X'	void _flash_enter_cmd_xip(void)　;配置 SSI 以在每次 XIP 访问时生成标准 03h 串行读取命令,其中包含 24 个地址位。这是一个非常缓慢的 XIP 配置,但得到了非常广泛的支持。调试器调用此功能,以便新编程的代码和数据对调试主机可见,而不必确切地知道连接了什么类型的 Flash 芯片

还有一些其他功能函数在实际中应用较少,这里从略。

Boot ROM 还有经过优化的浮点运算函数,但是作为用户程序不必直接调用,只要使用了树莓派公司提供的 SDK,并且用 pico_float 和 pico_double 库代替 ARM 公司提供的 EABI 库,则这些高性能的浮点运算函数就会自动调用。

5.4.4　Boot ROM 中的数据

Boot ROM 中含有指向某些数据的指针,如表 5-13 所示。

表 5-13　Boot ROM 中的数据

代　　码	数据描述(16 位指针指向内容)
'C','R'	const char * copyright_string　;版权字符串
'G','R'	const uint32_t * git_revision　;BootROM git 版本号最高 8 位十六进制数
'S','4'	fplib_start　;浮点库代码和数据的起始地址。如果需要,该指针和 fplib_end 以及 soft_float_table 中的可以用于将浮点实现的各个函数指针复制到 RAM 中
'S','F'	soft_float_table　;软件实现的浮点函数表
'F','E'	fplib_end　;浮点库代码和数据的结束地址
'S','D'	soft_double_table　;在 V2 中实现的双精度浮点库

思考题

1. ARM、ARM Cortex-M0、RP2040 之间是什么关系?

2. 结合数字电路相关知识,并查阅资料,解释什么是 FIFO? 在两个内核之间的通信中,FIFO 有何作用?

3. CPU 的复位电路有何作用?

4. 比较石英晶体振荡器、阻容振荡器、环形振荡器的异同。

5. 在数字芯片中,锁相环频率合成器有何作用?

6. 为何单片机芯片的数字输入输出引脚大多是多个功能模块复用?

7. 请详细说明 RP2040 芯片中 Boot ROM 的功能。

8. 请概要说明 RP2040 芯片 Boot ROM 中函数的分类、功能。

习题

1. 阻容复位电路中,已知电阻 $R=10\text{k}\Omega$,$C=4.7\mu\text{F}$,reset 信号高电平阈值为 $1/2V_{CC}$,计算按钮松开后多长时间 reset 复位完成?

2. 在 RP2040 芯片中,需要 102.4MHz 的系统时钟,已知石英晶体振荡器的频率为 12MHz,如何适当设置 M、N、P,利用锁相环频率合成电路获得系统时钟?

3. 用 C 语言或汇编语言编写函数 PinSetup(int dir,int drive,int pu,int pushpull,int fast),设置引脚功能:dir 为 1 表示输出,0 表示输入;drive 表示输出能力,0～3 代表 2～16mA;pushpull 表示是否上拉或下拉,用最后两个二进制位表示;fast 表示 slewrate。

4. 用 C 语言或汇编语言编写函数 FunSel(int n),用于 GPIO 设置寄存器,使得 GPIO 选择功能 Fn,而 input、output、IRQ、OE 等都不反相位,如 FunSelect(5)即选择 SIO 控制 GPIO 引脚。

5. 利用定义的 iobank0_hw 指针编写函数 PinInt1(int n)，功能是让引脚 n 输入状态，并开启中断功能，触发 Proc0 中断。

6. 利用 SIO 模块控制 GPIO0～7 输出，编写流水灯实验。

7. 利用 SIO 模块，设定一个引脚输入接入按钮，一个引脚输出接入 LED，编写一个按下按钮 LED 亮，放开按钮 LED 灭的程序。

8. 利用 Boot ROM 中的函数，通过直接调用 memcpy 功能，实现一个高效的字符串复制函数。

9. 编写函数，输出 Boot ROM 中的版权信息。

第6章

计算机系统总线

总线是计算机中各个部件连接的方式。在计算机系统中，核心部件之间通过建立直接连线实现互连是无法实现的，因为总的连线数量和部件数量之间是几何级数增长关系，随着计算机系统规模的增加，部件数量增大，连线数量会增加到天文数字，电子技术上无法实现。

总线是一个数据通道，各个部件都连接到这个通道上，实现互通。如果总线中只有一个主部件，其他部件都是从部件，则称为单总线，这种总线的数据传递都是由主器件发起的。如果总线中包含多个主器件，则这种总线复杂得多，需要有专门的冲突仲裁逻辑才能避免多主机之间的冲突，称为多总线。

前面讲过，总线分为数据总线、地址总线和控制总线，本章将介绍一些常见且流行的总线系统。

6.1 简单的存储器总线系统

为了实现 CPU 和各种存储器、外设之间的互连，简单的计算机系统把其他接口部件也设计成存储器的时序，基于三态逻辑形成总线系统。

6.1.1 存储器的接口信号

SRAM 是典型的存储器，如 Intel 公司的 62xx 等芯片，一般包含片选(chip select，CS)、读信号(read，RD)、写信号(write，WE)、地址(address)、数据(data)等信号。对于 ROM 来说，可以认为其读数据相关的信号和 SRAM 是一样的，另外包含特殊的烧写和擦除电路。

片选信号往往不只一个，如 CS1、nCS2 表示高有效和低有效两个片选信号，它们是逻辑与的关系，只有都有效，芯片才工作，因此，不用的片选信号要接成有效电平。当读信号(RD 或 nRD)又称输出使能(output enable，OE 或 nOE)有效时，芯片在数据端口输出地址端口给出地址对应的数据，这时数据端口为输出状态。当写信号(WR 或 nWR)有效时,数据端口为输入状态,这时外界应当给出有效的地址和数据,存储芯片在写使能的后沿把对应地址的数据存入。

RAM 芯片的读写时序如图 6-1 所示。

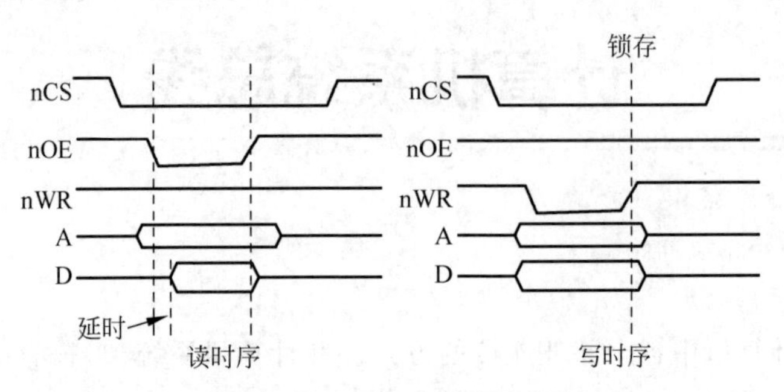

图 6-1 RAM 芯片的读写时序

地址端口 A 的宽度是由芯片的容量决定的,如宽度为 n,则芯片存储单元个数为 2^n。数据端口的宽度是由芯片存储单元的比特数决定,如芯片存储单元为字节,则 D 为 8 位。通常 D 为 8 位、16 位、32 位等,也可以由几片低宽度的芯片组合成高宽度的芯片,如用两片 8 位的芯片组成 16 位的数据宽度等。

6.1.2 基于三态逻辑的总线

为了实现 CPU 和 SRAM、ROM 等的互连,根据存储芯片存取时序的特点,设计了简单的总线系统,而让其他接口电路适合存储芯片的时序。这种简单总线系统是单主系统,只有一个主控器件,往往是 CPU,如 Intel 8051 芯片的总线、Intel 8086 系统的 PC 总线等。

地址总线的宽度决定了寻址空间的大小,数据总线的宽度决定了每次传输数据的最大位数。存储空间按字节编址,即数据总线的宽度最小也应该大于或等于 8 位。如 Intel 8051 芯片的数据总线,地址 16 位,数据 8 位,地址空间 64KB,每次传输 1 字节,它的控制总线完全满足存储芯片的时序要求,可以把存储芯片直接连接到总线上。

如果数据总线宽度大于 8 位,则以字节为单位的宽度会是 2 的幂次,如 16 位、32 位、64 位等。对于数据总线较宽的总线系统,每次传输除了可以传输整个数据总线宽度,也可以传输占数据总线宽度 1/2、1/4 直至 1 字节数据,因此,在数据总线宽度大于 1 字节时需要增加表示传输宽度的信号,如字选择信号(word select,WS)。

对于多字节的一次总线传输,绝大多数总线系统还要求地址是边界对齐的,如一次传输 4 字节,则要求给出的地址能够被 4 整除。如果总线设计为允许非对齐传输,则会带来极大的硬件复杂性,往往得不偿失。因此,在要求地址对齐的总线系统中,会忽略低地址对齐边界之外的地址位。

传统的工业标准总线(industry standard architecture,ISA)规定了PC-XT和PC-AT计算机的总线,包括机械结构、引脚定义、时序等,其扩展EISA一直到32位计算机时代还在广泛引用。ISA地址总线20位,数据总线16位,非常适合Intel 80x86系列计算机的应用,下面简单介绍其存储器传输时的时序过程。

ISA总线进行1字节存储器数据传输时,如果没有等待周期,其时序如图6-2所示。由于是字节传输,D8～D15被忽略。进行一次传输时,总是先给出地址A0～A19,之后给出读或写信号。如为读数据,数据总线由主器件给出高阻态,从器件驱动,从器件依据给出的地址和读信号,驱动数据总线,直到读信号后沿由主器件锁存数据。如为写数据,主器件给出写信号,同时驱动数据总线给出写数据,并一直保持到写信号结束,从器件在写信号的后沿锁存数据,完成写操作。nRDY信号由从器件驱动,表明数据操作已经准备好,可以结束读或写信号了。

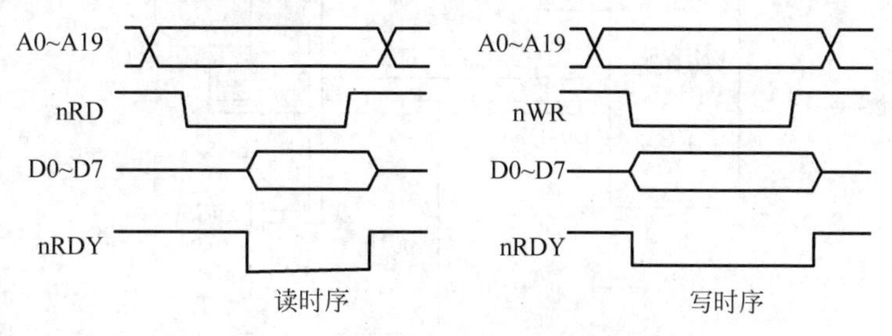

图6-2 ISA总线1字节数据传输时序

如果进行一次2字节传输,则nCS16信号有效,表明这次是2字节数据。这时A0应该是0,表明是2字节对齐,偶地址,如图6-3所示。

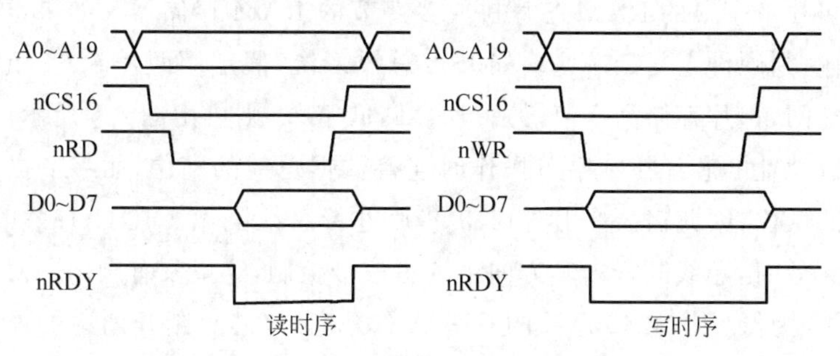

图6-3 ISA总线2字节数据传输时序

地址总线和控制信号是单向的,总是主器件驱动输出而所有从器件读入。而数据总线由主器件和所有从器件驱动,因此,不用时必须保持高阻态,当时序要求某器件输出时,则由该器件驱动,不得冲突。

6.1.3 简单总线电路组成实例

对于最小系统,由CPU、译码器和多片存储器组成。对于由8位数据总线组成的系统,如8031单片机系统,只需要考虑单字节传输。图6-4给出了一个8031单片机最小系统,存储器由两片6264芯片组成,其容量为8KB,地址线A0～A12。因此,16位地址中的低13位直接连接两片RAM的地址。而高地址A13～A15送入地址译码器,地址译码器输出CS信号控制2片RAM。当地址范围为0x0～0x1FFF时,高地址A13～A15始终为0,则图中上面一片6264的nCS信号有效,因此,这片存储器地址范围是0x0～0x1FFF。如地址是0x2000～0x3FFF时,高地址A13～A15始终为001b,则下面一片RAM被选中,这便是下面一片RAM的地址范围。

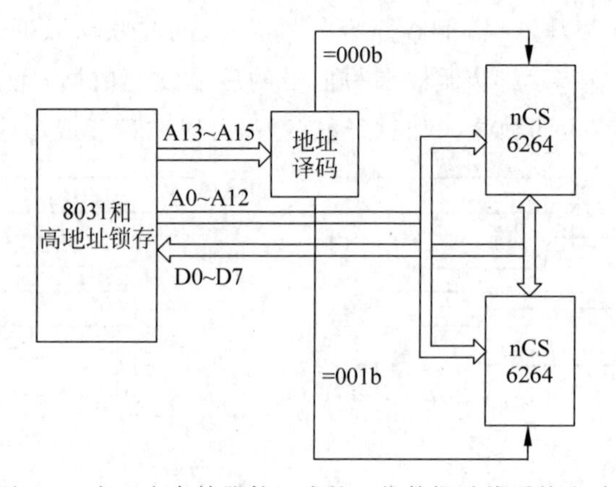

图6-4　由两个存储器件组成的8位数据总线系统电路

对于数据总线宽度大于1字节的总线系统,如果只支持整个总线宽度的传输,则可以由多片单字节的RAM芯片拼成多字节的RAM存储器。如果也希望支持单字节传输,则硬件上复杂一些。如ISA总线系统,假定用两片6264组成一个连续的地址空间,一片存储高字节,另一片存储低字节,则可由图6-5所示电路组成。由于存储奇地址的芯片在2字节操作时连接数据总线的高位,而字节操作时连接数据总线的低位,因此需要一片74245芯片进行总线隔离。在G有效时,总线连通;在G无效时,总线断开。其方向由读写信号控制,这里没有画出。对于2字节传输,nCS16为低,则74245芯片的G输入总是高,该芯片断开两边的连接,U2总是连接数据总线的D8～D15。当字节传输时,nCS16为高,则由A0控制U1、U2哪个芯片接入D0～D7数据总线。

6.1.4　简单总线接口电路

CPU通过挂接在总线上的接口器件读取或输出信号与外界电路建立连接。一种方式是接口器件和内存一样,都接到总线上,CPU通过内存读写指令用与存储芯片相同的时序操作接口器件,这种方式叫内存映射接口方式。还有一种方式

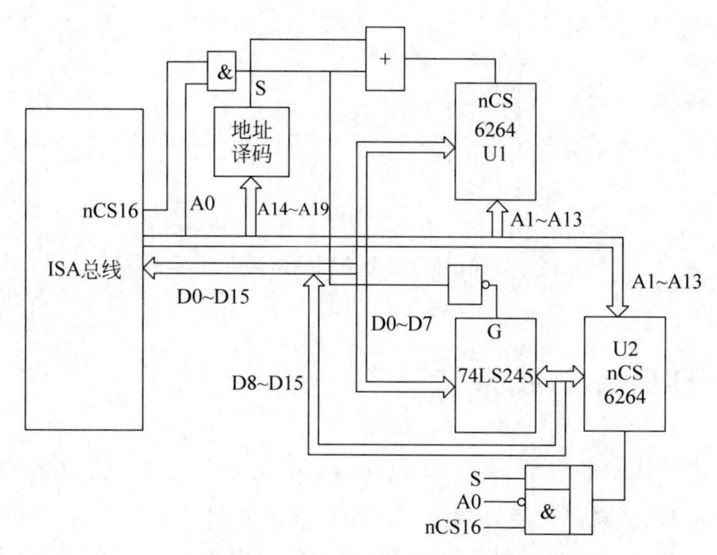

图 6-5 ISA 总线 RAM 扩展电路图

是总线系统有专门的 I/O 接口信号,CPU 通过专门的 I/O 指令输入输出。内存映射接口方式是当前的主流方式,如 8051 单片机的总线就是这种方式。

外界信号输入到数据总线上可以用三态门芯片,当地址符合并且读取信号有效时,三态门导通,否则三态门输出高阻态,这就形成了无锁存的输入接口电路,如图 6-6 所示。

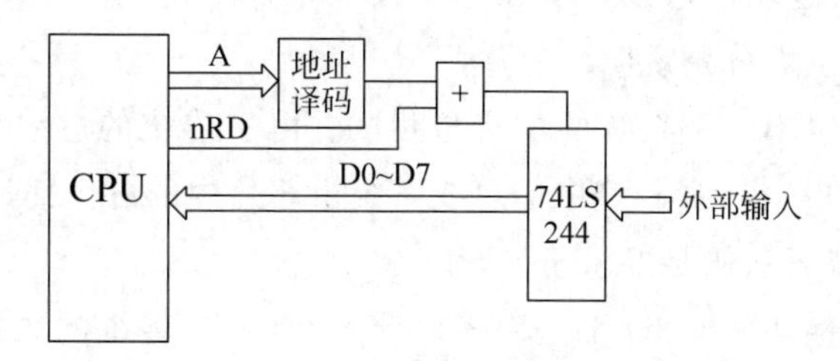

图 6-6 三态门组成的输入接口电路

输出接口电路则需要具有锁存功能,当写数据到该地址时,在写入信号的作用下,接口电路应当存储总线的数据,并输出给外电路,可以用 D 触发器实现,电路如图 6-7 所示。在写信号 nWR 和地址译码输出有效时,数据总线给出有效数据,在 nWR 后沿达到稳定。在 nWR 后沿作用下,8D 触发器 74LS373 锁存数据总线上的数据,形成有效的输出。

本小节介绍的总线都是基于通过三态逻辑共享数据总线而设计,是最早、最成熟的设计,经过了多年的应用,非常适合电路板级的应用,典型的如 ISA 总线。现在流行的各种总线都可以或多或少地看成这种类型总线的改进。

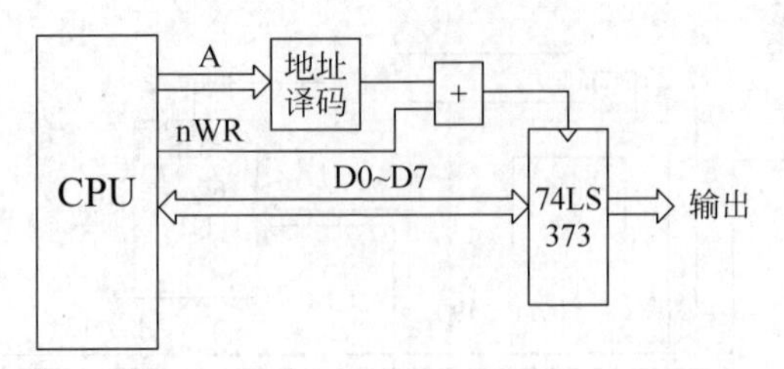

图 6-7　D 触发器组成的输出接口电路

6.2　AHB-Lite 总线系统

随着微电子技术的发展，片上系统（system on chip，SoC）成为芯片设计的主流。所谓片上系统，就是把电路板上的电路系统集成到一个芯片上，原来电路板上的总线也集成到芯片内部。为了满足 SoC 系统的需求，ARM 公司推出了高级高性能总线（advanced high performance bus，AHB）。又由于 AHB 总线的复杂性，在嵌入式系统中，又推出了 AHB 总线的轻型版本 AHB-Lite 总线，RP2040 芯片就是以 AHB-Lite 为核心的 SoC 系统。

6.2.1　简单总线存在的问题

虽然基于三态逻辑的总线系统在电路板级系统中得到很好的应用，但在 SoC 中存在各种问题，下面分别说明。

首先，三态逻辑不便于系统的仿真与测试。由于传统的总线在电路板上实现器件或电路板间的互连，而 SoC 中的总线系统由芯片内的各个部件组成，基于三态逻辑的总线系统就无法满足要求了。

其次，现代高性能的 CPU 都是由多级流水线组成，传统的总线系统没考虑适应流水线的机制。例如一个总线周期的地址无法表明和相邻周期的总线地址的关联，因此无法在存储器系统中实现高速缓存等高级技术。

再次，传统的总线缺少统一的时钟信号，无法进一步提高传输速率。

最后，传统总线系统在总线宽度、握手信号灯方面也缺少灵活性和可扩展性，因此，需要改进以满足 SoC 系统的需求。

6.2.2　AHB-Lite 总线系统的组成

AHB-Lite 总线设计目标仍为单主多从系统，有一个主器件和多个从器件。为了取消三态逻辑，采取了两个措施：一是把读写数据总线分开，写数据总线总是从主到从；二是读数据总线虽然为从器件共享，但是采用数据选择器而不是三态门来实现从器件的连接。各个从器件的控制与数据选择器选择信号由地址译码器译码输出。AHB-Lite 总线系统的组成如图 6-8 所示。

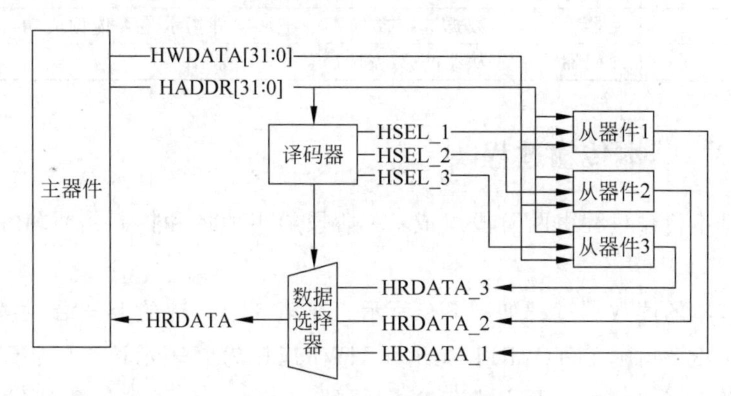

图 6-8 AHB-Lite 总线系统的组成

系统增加了全局复位信号与时钟信号,全局复位后,主从器件均在时钟作用下同步运行,系统成为同步时序逻辑电路,因此大大提高了总线系统的传输速率。

系统支持单次传输和连续传输模式,增加了传输类型、数据宽度选择、传输锁定等控制信号,使系统设计更加灵活方便。

AHB-Lite 总线系统的信号如表 6-1 所示。

表 6-1 AHB-Lite 总线系统的信号

名 称	源	目 标	描 述
HCLK	时钟源	各个模块	全局时钟信号
HRESETn	复位信号	各个模块	全局复位信号
HADDR[31:0]	主器件	从器件、译码器	32 位系统地址总线
HRDATA[31:0]	数据选择器	主器件	读数据总线,由数据选择器选择输出
HRDATA_x	从器件	数据选择器	只有选中地址的数据被数据选择器选中
HWDATA[31:0]	主器件	从器件	写数据总线
HBURST[2:0]	主器件	从器件	突发传输指示信号
HMASTERLOCK	主器件	从器件	锁定传输信号
HPROT[3:0]	主器件	从器件	提供给从器件额外的信息,如代码、数据、是否可以缓存或缓冲等
HSIZE[2:0]	主器件	从器件	传输数据宽度编码
HTRANS[1:0]	主器件	从器件	传输类型编码
HWRITE	主器件	从器件	读写指示信号
HREADY	数据选择器	主器件	传输等待,表示要求加入等待周期
HREADYOUT	从器件	数据选择器	从器件要求加入等待周期
HRESP	数据选择器	主器件	传输是否成功

续表

名　称	源	目　标	描　述
HRESPOUT	从器件	数据选择器	从器件指示是否传输成功
HSELx	译码器	从器件、数据选择器	译码输出

6.2.3 基本传输过程

一个基本传输过程由两阶段组成：A 阶段给出地址和控制信号，B 阶段进行读写。

一个基本的读数据过程如图 6-9 所示。在第一个时钟的上升沿，主器件给出地址 HADDR[31:0]和 HWRITE，并且 HWRITE 为 0 表示读，开启了 A 阶段。从器件在第二个时钟上升沿锁存这些信号，并为读操作准备数据输出，驱动 HRDATA 并通过数据选择器到达主器件。同时，从器件驱动 HREADY 信号，表示从器件准备好了数据。在 B 阶段接下来的时钟上升沿，主器件锁存数据，完成一次读操作。

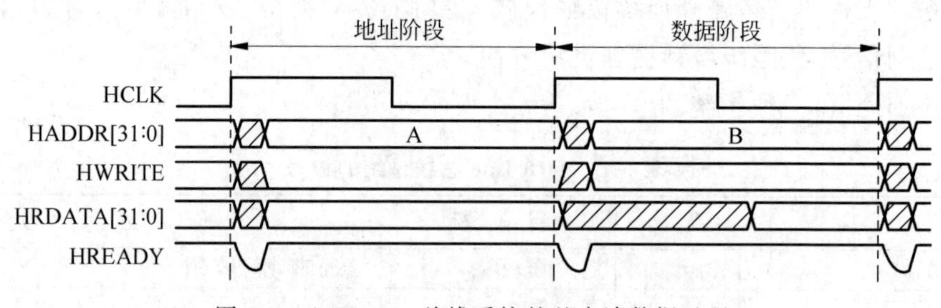

图 6-9　AHB-Lite 总线系统的基本读数据过程

对于写操作，时序过程是类似的，如图 6-10 所示。在 A 阶段，主器件给出地址的同时，给出 HWRITE 为 1，在 B 阶段，主器件给出写数据 HWDATA，从器件驱动 HREADY 表示准备好，并在接下来的时钟上升沿锁存数据。

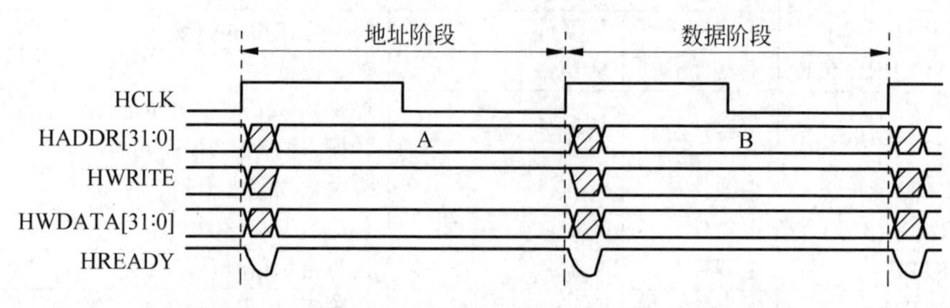

图 6-10　AHB-Lite 总线系统的基本写操作过程

如果在传输过程中从器件没有准备好，则可以通过拉低 HREADY 信号通知主器件延长传输过程，如图 6-11 所示，(a)为读数据传输过程，带有 2 个等待周期；(b)为写数据传输过程，带有 1 个等待周期。

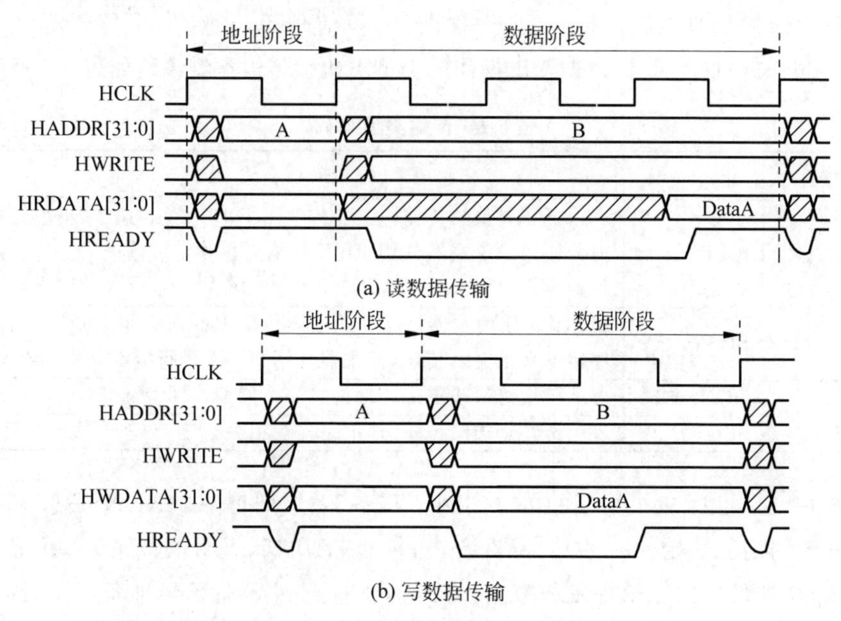

图 6-11　带有等待周期的传输过程

AHB-Lite 总线数据传输的常态是把基本传输过程组合起来，形成 2 级流水线，只有在个别情况下才有上面这种单次传输。图 6-12 给出一个多周期连续传输的实例。

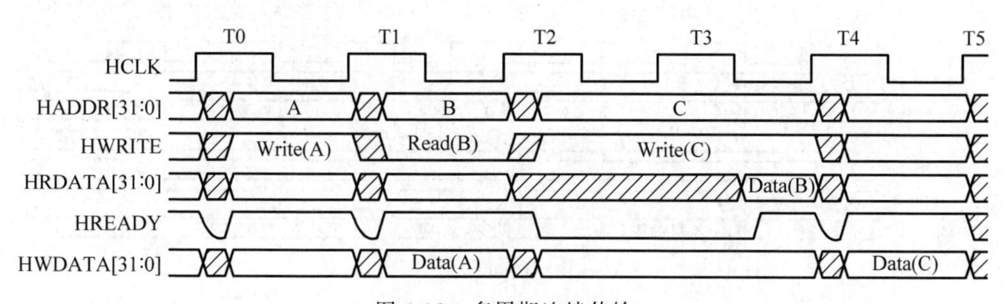

图 6-12　多周期连续传输

T0～T1 周期，主器件给出写操作信号和地址；T1～T2 周期，主器件给出写数据，从器件接收写数据，同时，主器件给出下一个阶段的读信号和读地址；T2～T3 周期，从器件没有准备好数据，因此在 T3 上升沿时拉低 HREADY 信号迫使主器件延长 T3 至 T4，主器件本来给出的写信号和地址也延长至 T4；T3～T4 周期，从器件给出数据，拉高 HREADY；T4～T5 周期，主器件给出写数据，完成了上一个周期给出的写操作。

6.2.4 传输类型、锁定传输、传输宽度和传输保护

每个传输周期，除了给出地址、数据、读写信号等，还会给出传输类型信号(HTRANS[1:0])，它是该周期给出操作的类型编码。传输类型编码如表6-2所示。

表 6-2 传输类型编码

HTRANS	类　型	描　述
b00	IDLE	表示不需要数据传输。主器件使用IDLE传输时表示不想完成数据传输。建议主器件用IDLE传输终止锁定传输进程。从器件必须始终为IDLE传输提供无等待的OKAY响应
b01	BUSY	BUSY传输为主器件在突发连续传输中插入空闲周期，表明主器件接下来是突发传输，但主器件不能马上进行接下来的周期
b10	NONSEQ	表示单次传输或突发传输的第一个周期
b11	SEQ	表示传输是连续传输，地址是连续相关的

图6-13给出了7个周期的传输实例。T0～T1周期是一个NONSEQ周期，表示4发读周期的开始；T1～T2周期是一个BUSY周期，表明主器件没有准备好第二发读，从器件给出了第一发的数据；T2～T3周期，主器件已经准备好了，因此给出SEQ连续传输信号，并忽略从器件给出的任何数据；T4～T5周期，主器件给出地址和SEQ连续传输信号，从器件无法按时准备好数据，拉低HREADY插入一个等待周期；T5～T6周期，从器件给出数据；T6～T7周期，从器件给出上一发的数据，结束本次连续传输。

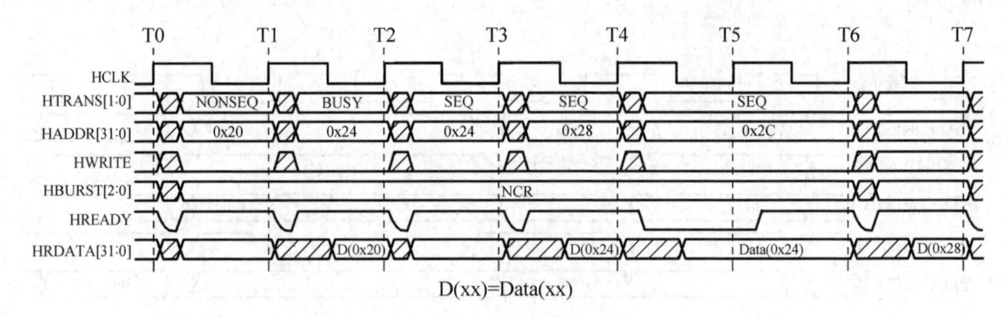

图 6-13　7个周期的传输实例

如果主器件在传输中不希望从器件插入等待周期从而引起相邻两次操作的不完整，则必须使用锁定传输信号(HMASTLOCK)。图6-14给出了锁定传输实例，在两个A之间，从器件不得插入等待周期。

每次传输的数据宽度用HSIZE编码，数据宽度必须小于或等于数据总线宽度。例如在32位数据总线情况下，HSIZE必须是b000、b001、b010。HSIZE的值在连续传输中不得改变，表6-3给出了可能的HSIZE编码。

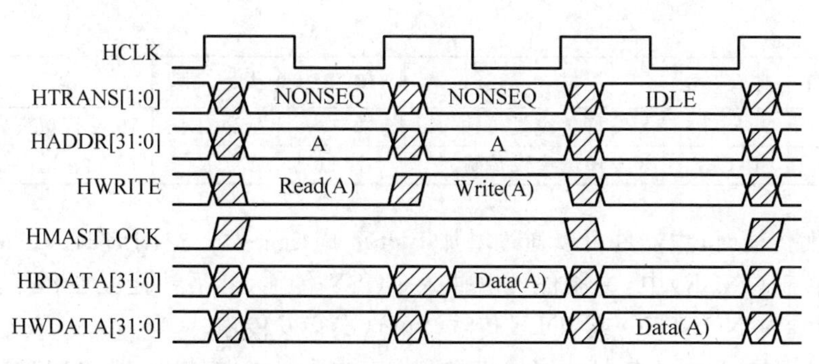

图 6-14 锁定传输实例

表 6-3 可能的 HSIZE 编码

HSIZE[2:0]	宽度/b	描述	HSIZE[2:0]	宽度/b	描述
b000	8	字节	b100	128	四字
b001	16	半字	b101	256	八字
b010	32	字	b110	512	—
b011	64	双字	b111	1024	—

传输保护信号(HPROCT[3:0])是主器件发出指示从器件当前数据传输的性质,为存储器系统操作提供信号。HPROCT[0]为 0 表示数据,为 1 表示指令;HPROCT[1]为 0 表示用户操作,为 1 表示特权操作;HPROCT[2]表示是否可缓冲;HPROCT[3]表示是否可缓存。

6.2.5 突发访问

突发访问定义了单次访问和关联在一起的连续多次访问,称为多发突发访问,多发突发访问分为递增突发访问和打包突发访问两种。递增突发访问每一发地址的增加都是上一次地址加上 HSIZE 编码的地址宽度,而打包突发访问除了地址递增,还应当在地址边界处回环。地址边界由多发突发的发数乘上 HSIZE 定义的字节数定义。例如 4 发打包突发访问,HSIZE 是 4 字节,则边界为 16 字节,如果起始地址为 0x34,则连续 4 个地址为 0x34、0x38、0x3c、0x30。

表 6-4 给出了突发传输信号编码,主器件一定不能给出跨越 1KB 边界的突发传输,而且突发传输中的所有传输地址都必须按传输尺寸对齐。主器件只能通过单次突发传输和无定义长度递增传输的传输次数为 1 来定义单次传输。

表 6-4 突发传输信号编码

HBURST	类　型	描　述	HBURST	类　型	描　述
b000	SINGLE	单次传输	b010	WRAP4	4 发打包突发传输
b001	INCR	无定长递增突发传输	b011	INCR4	4 发递增突发传输

续表

HBURST	类　型	描　述	HBURST	类　型	描　述
b100	WRAP8	8发打包突发传输	b110	WRAP16	16发打包突发传输
b101	INCR8	8发递增突发传输	b111	INCR16	16发递增突发传输

突发传输时，主器件可以通过增加BUSY周期来插入空闲周期。在递增无定长突发传输(INCR)中，主器件可以插入BUSY传输，然后决定是否继续传输，这时，可以通过NONSEQ或IDLE传输结束这次突发传输。

图6-15给出了4发打包突发传输实例。由于是4发且传输为32位宽，因此地址边界是16字节，所以从0x38开始的4个地址是0x38、0x3c、0x30、0x34。

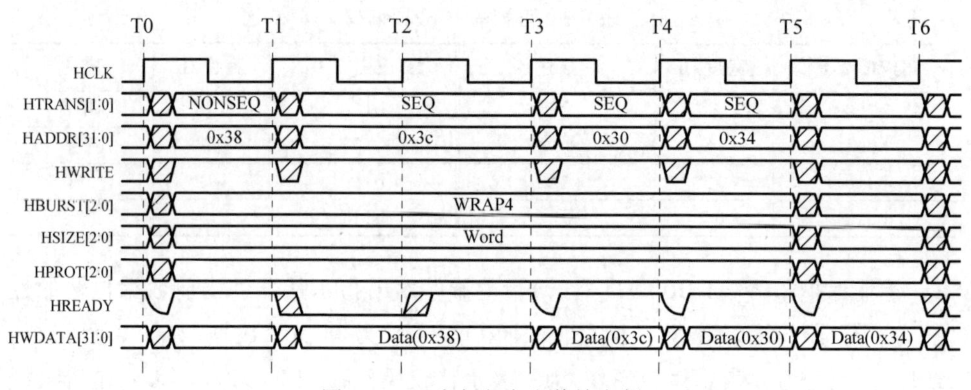

图6-15　4发打包突发传输实例

图6-16给出了8发递增突发传输实例，由于HSIZE定义总线数据宽度为2字节，因此地址每次增加2，并且不在边界回环。

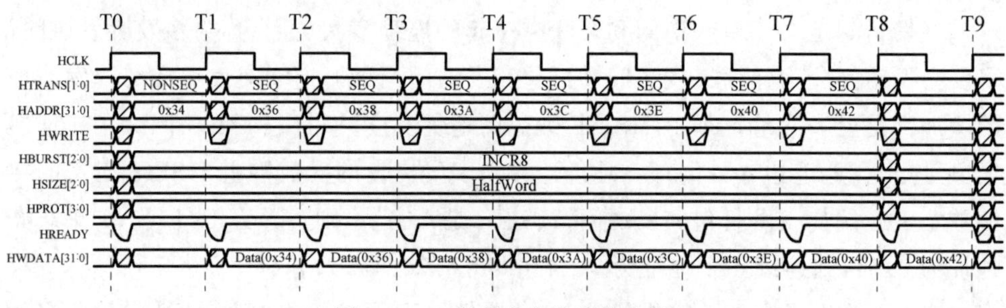

图6-16　8发递增突发传输实例

图6-17给出了两次递增无定长突发传输实例。图中，T0～T2是半字的无定长突发，T2～T3的NOSEQ开始了一个数据宽度是4的递增无定长突发传输，从器件在T4通过拉低HREADY插入了一个等待周期。

6.2.6　AHB-Lite总线层次化与互连

尽管AHB总线设计时是主从式的，但是仍然可以通过层次化设计实现多主

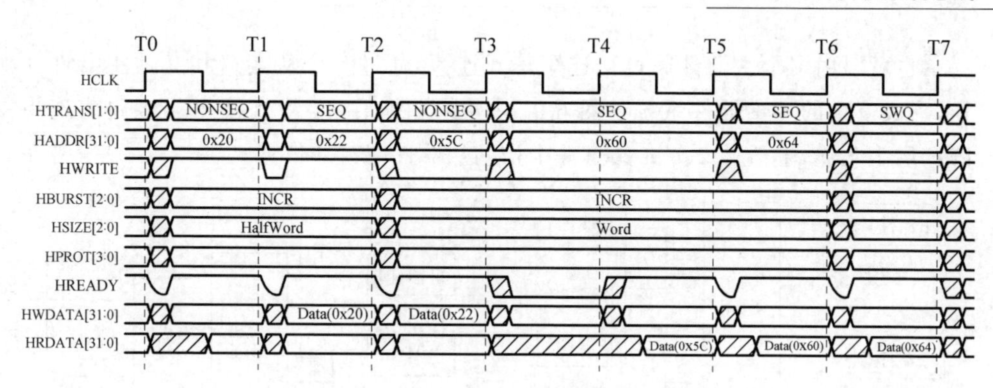

图 6-17 两次递增无定长突发传输实例

器件的系统，每个主器件在各自的层次中是唯一的，层次之间可以通过交连矩阵实现互连。这样做的好处有很多，所有原来的设计，包括主器件、从器件及其他总线部件都不用动，只需要插入交连矩阵即可。

图 6-18 给出两层互连的交连矩阵的机制，多层的原理是一样的，只是更复杂。每层都有自己的解码器，根据地址把请求信号送到对应的从器件。从器件增加了仲裁器，当两个主器件都需要访问同一个从器件时，仲裁器决定哪个主器件优先访问，而另外的主器件则通过拉低 HREADY 信号插入等待周期。

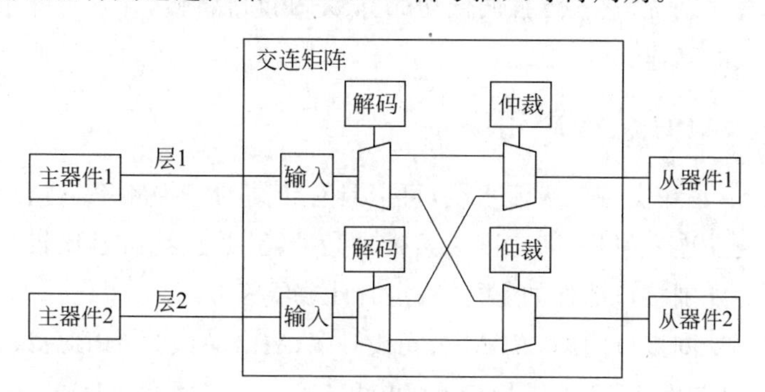

图 6-18 两层互连的交连矩阵

每层也可以增加自己的局部从器件，形成更复杂的拓扑结构。图 6-19 给出了一个包含局部从器件的实例，主器件 2 所在的层 2 包含从器件 4 和 5，只能主器件 2 访问。而从器件 1、2 和 3，则主器件 1 和 2 都可以访问。

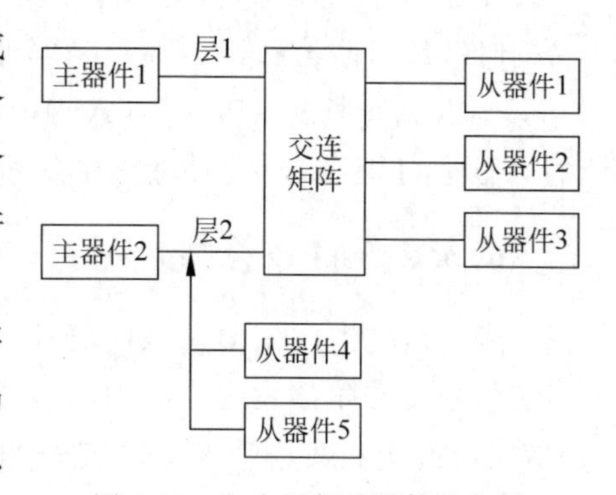

图 6-19 包含局部从器件的实例

图 6-20 给出了在一个从端口上连接多个从器件的实例，从端口在各自所在总线局部就相当于逻辑上的主器件，同一个局部总线上的从器件共享一个端口的带宽。

也可以由多个主器件通过交连矩阵互连，再通过一个从端口和其他主器件互连，形成复杂的多主器件系统。图 6-21 中，主器件 2、3、4 组成层 2，再通过交连矩阵和层 1 互连，主器件 2、3、4 共享一个访问从器件端口的带宽。

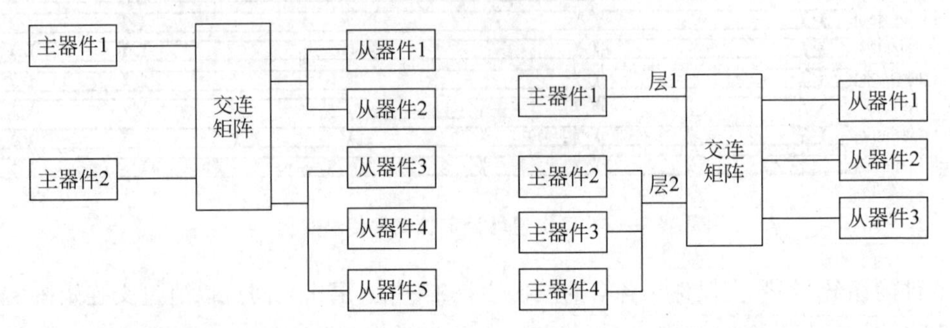

图 6-20　一个从端口上连接多个从器件的实例　　图 6-21　多个主器件共享一个端口的实例

6.3　高级外围总线

高级外围总线（advanced peripheral bus，APB）是专门为 SoC 系统的外围接口部件设计的总线系统，它重点强调低功耗、低复杂度等特性，并不一味追求高性能，因此适合外设的互连。

6.3.1　APB 总线应用场景

AHB-Lite 总线支持 2 级流水线，可以具有较高的时钟频率，适合系统核心部件之间的高速互连。但是，高速度必然带来高功耗，并且其信号比较复杂，并不适合较低速度的外围接口部件如串行口、定时计数器等应用。

为了解决外围接口问题，ARM 公司设计了 APB 总线。APB 总线的设计目标是低功耗、低复杂度，适合外围接口器件应用，通过桥接器和 AHB-Lite 总线相接。APB 总线不支持流水线，信号线数量也比较少，实现电路比较简单。APB 总线支持的时钟频率也比较低，可以有效降低功耗。

APB 总线通过 APB 桥与 AHB-Lite 总线相接，APB 桥就是其所在 APB 总线的主器件，也是 AHB-Lite 总线的从器件。

6.3.2　APB 总线信号

表 6-5 列出了 APB 总线的信号。PCLK 和 PRESET 是全局时钟和复位信号，所有信号的采样都发生在 PCLK 的上升沿。PADDR 是地址总线，PRDATA 和 PWDATA 组成数据总线，其他信号组成控制总线。总的信号数量较少，系统实现较简单。

表 6-5　APB 总线的信号

信　号	源	描　述
PCLK	时钟源	时钟,上升沿有效
PRESETn	系统复位	系统复位
PADDR	APB 桥	地址总线,由总线桥驱动
PSELx	APB 桥	选择信号,表明从器件已经被选定,可以传输数据了
PENABLE	APB 桥	使能信号,表明从器件可以进行下一阶段的数据传输
PWRITE	APB 桥	写信号,高为写,低为读
PWDATA	APB 桥	写数据总线
PRDATA	从接口	读数据总线
PREADY	从接口	准备好信号,从器件通过拉低该信号添加等待周期
PSLVERR	从接口	从器件读写错误信号

6.3.3　APB 总线的数据传输

图 6-22 给出了 APB 总线的读传输时序。传输过程从 T1 开始,主器件给出 PADDR、PSEL、PWRITE,PWRITE 为 0 表示读数据,T1～T2 周期称为建立周期。T2 时刻给出 PENABLE 信号,同时建立周期的信号也继续有效。从器件在

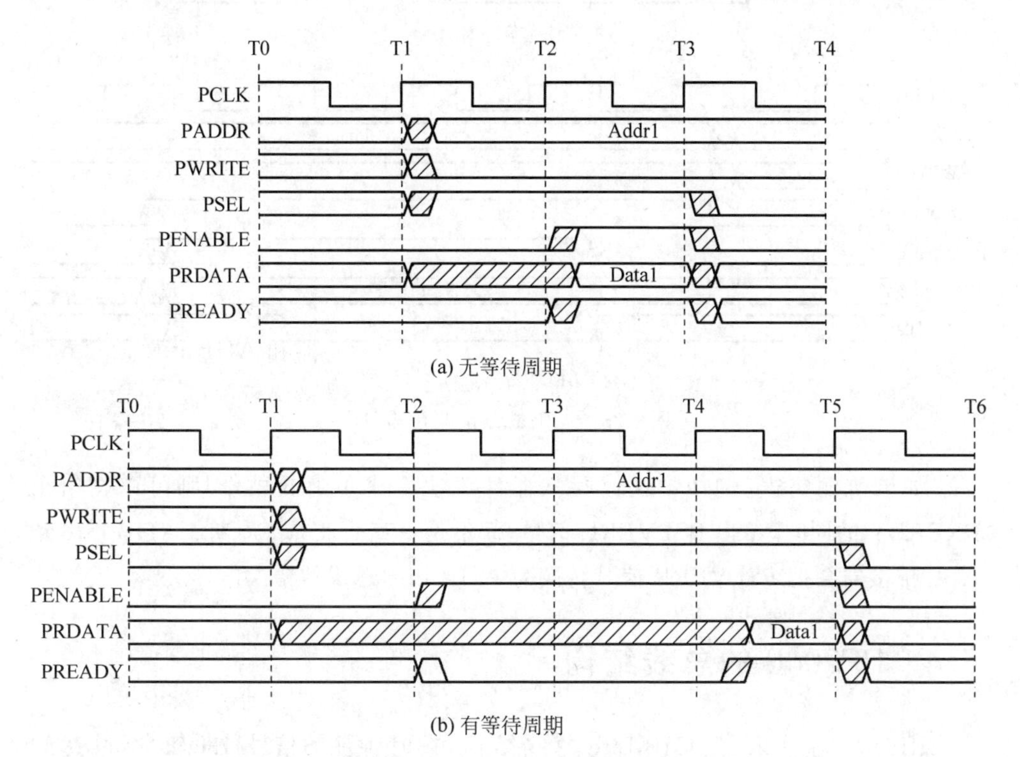

图 6-22　APB 总线的读传输时序

PENABLE 信号作用下，可以开始给出读数据。如果数据能够马上准备好，不需要插入等待周期，则在 T2～T3 周期输出数据和 PREADY 信号，否则，从器件通过拉低 PREADY 信号插入等待周期。在图 6-22(a)无等待周期中，T2～T3 周期是操作周期，而图 6-22(b)中则是有等待周期，操作周期延迟到 T4～T5。在等待周期完成后的时钟上升沿，主器件锁存读数据，完成一次读操作。

图 6-23 给出了 APB 总线的写传输时序。同样，所用信号开始于 T1 时刻，主器件同时给出 PADDR、PWRITE=1、PSEL、PWDATA，建立传输。在 T2 时刻给出 PENABLE 信号，开始传输周期。图 6-23(a)为无等待周期，图 6-23(b)中插入了 2 个等待周期。等待周期之后的上升沿，从器件锁存数据，完成一次写操作。

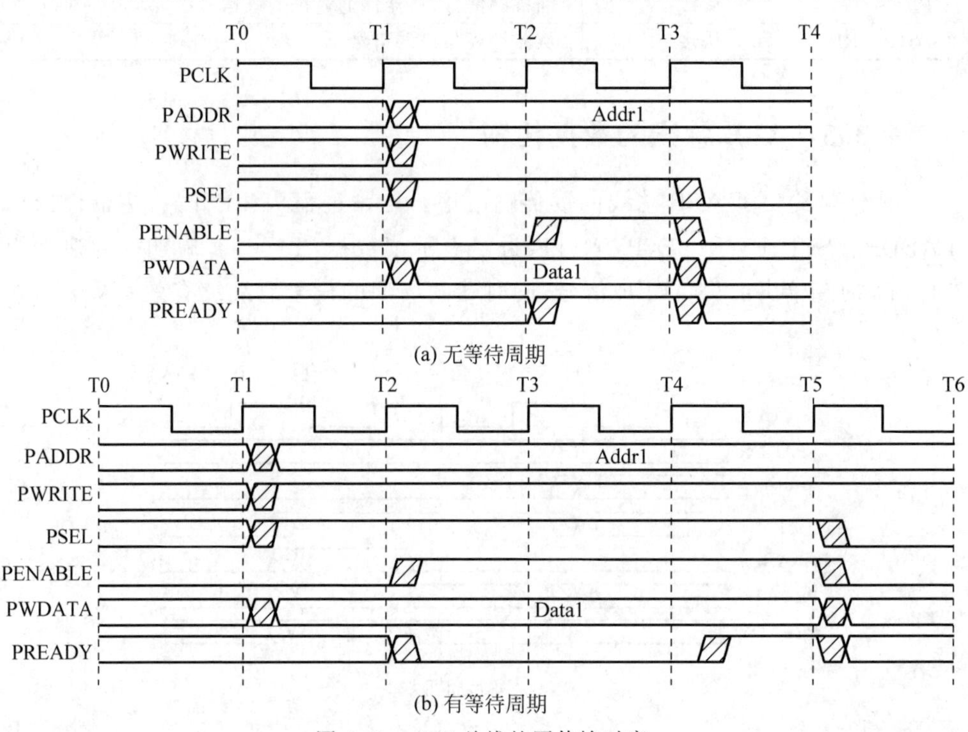

图 6-23　APB 总线的写传输时序

如果传输错误，例如本次读写从器件无法完成正确的操作，则可以在给出 PREADY 的同时，给出 PSLVERR 信号，而不是一直插入等待周期。AHB-Lite 到 APB 桥接器会把 PSLVERR 信号转换为 AHB-Lite 总线的错误信号。

6.4 RP2040 的总线结构

RP2040 芯片采用 AHB-Lite 总线结构，在时钟频率 125MHz 时可以达到 2.0GB/s 的传输性能，并适合任何软件体系使用。它的低速外设使用 APB 总线，具有低功耗、低复杂度的连接特性。

6.4.1　RP2040 总线概览

RP2040 的 AHB-Lite 总线中有 4 个主器件，其中两个是 CPU 核心 Core0 和 Core1，另外两个是 DMA 的上行和下行通道，通过交连矩阵连接。DMA 是直接内存操作的器件，它的功能是帮助 CPU 进行内存传输，因此其必须至少有两个通道，这里的两个通道是单向的，一个读，另一个写。

RP2040 的 AHB-Lite 总线中有 10 个从器件，其中 1 个 ROM 和 6 个 SRAM 形成最大的带宽需求，而且采取了一些措施，如奇偶地址间隔分配等，进一步提高系统带宽的可用性。可以在系统直接运行程序的 Flash 存储器是高速缓冲的，其读出也有高带宽需求，占用一个独立从端口。AHB-Lite 到 APB 总线的桥接器占用一个从端口，所有低速外设共享一个从端口带宽，其余的如各种配置寄存器、USB 口、PIO 等共享一个从端口的带宽。RP2040 芯片总线系统的结构如图 6-24 所示。

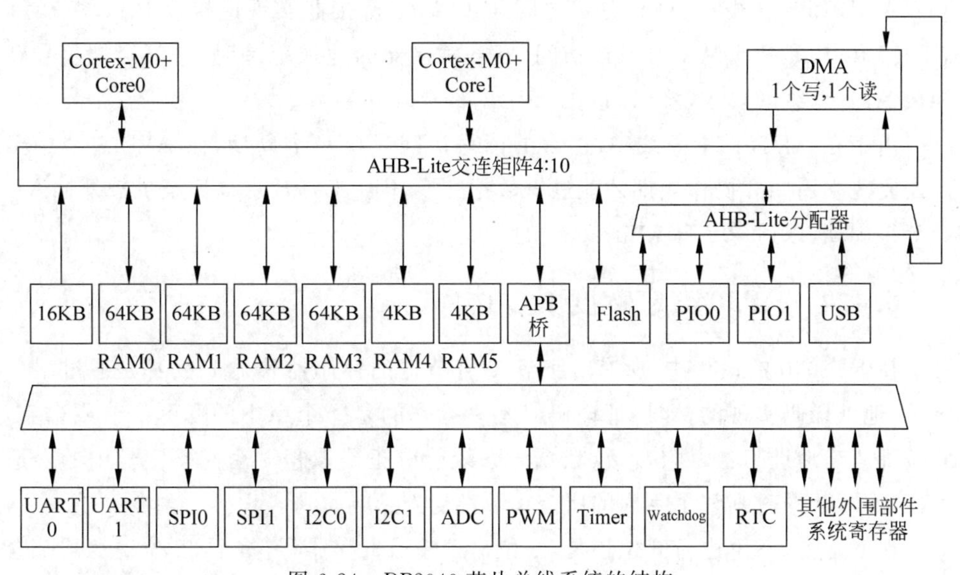

图 6-24　RP2040 芯片总线系统的结构

6.4.2　总线交连矩阵

RP2040 总线的核心是 4：10 交连矩阵，它由 4 个 1：10 分配器和 10 个 4：1 仲裁器组成，提供 40 个数据通道的交换，如图 6-25 所示。分配器完成地址译码、上下行数据总线分配的功能，仲裁器实现访问冲突时的仲裁。

仲裁器可以通过对 4 个主端口的优先级设定来确定优先级，地址 0x4003_

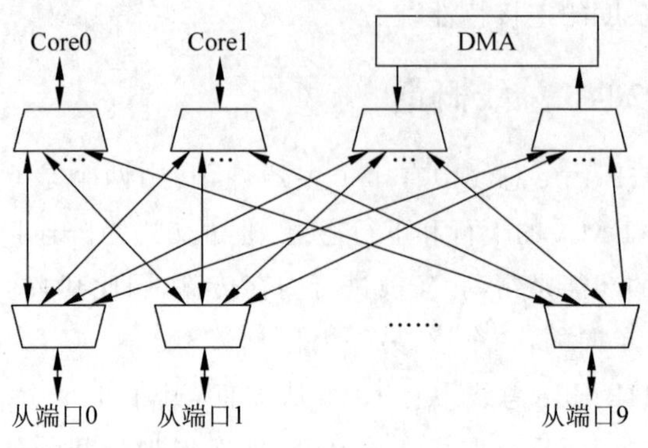

图 6-25　4：10 交连矩阵

0000 是总线优先级寄存器，其 0、4、8、12 位分别是 Core0、Core1、DMA 读、DMA 写的优先级，只有 0、1 两级优先级设置。

6.4.3　APB 桥接器

AHB-Lite 总线和 APB 总线之间通过 APB 桥接器实现连接，APB 桥接器在 AHB-Lite 中是一个从器件。当访问 APB 桥接器的地址范围时，它就会把信号转换成 APB 总线的要求，所以，它在 APB 总线中是主器件。

由于在 AHB-Lite 总线中，正常的读写访问只要一个周期，而 APB 总线中至少需要建立周期和操作周期才能进行数据交换，因此，APB 总线桥至少额外插入 2 个等待周期，以适应 AHB-Lite 总线的速度。

6.4.4　RP2040 窄宽度 I/O 访问

在 RP2040 的设计中，所有 1 字节、2 字节宽的存储器映射 I/O 都是通过字(4 字节)地址译码实现的，即地址译码时不论操作的是一个字中的哪个字节或半字，系统都忽略地址[1:0]两位。读数据时系统能够正确取得 1 个完整字长中的合适字段，而写数据时则整个字内的所有字节都受到影响。

也就是说，不论进行 8 位还是 16 位输入输出寄存器写，整个 32 位寄存器都会改变，重复写入的部分。为了进一步理解，以看门狗(Watchdog)部件的 scratch 寄存器为例，这是因为对它的操作没有任何副作用，如程序 6-1 所示。

程序 6-1　对看门狗 scratch 寄存器的读写实例

```
volatile uint32_t * scratch32 = &watchdog_hw->scratch[0];
volatile uint16_t * scratch16 = (volatile uint16_t *) scratch32;
volatile uint8_t * scratch8 = (volatile uint8_t *) scratch32;
printf("Writing 32 bit value\n");
*scratch32 = 0xdeadbeef;
```

```
printf("Should be 0xdeadbeef: 0x%08x\n", *scratch32);
scratch8[0] = 0xa5;
printf("Should be 0xa5a5a5a5: 0x%08x\n", *scratch32);
scratch8[1] = 0x3c;
printf("Should be 0x3c3c3c3c: 0x%08x\n", *scratch32);
scratch16[0] = 0xf00d;
printf("Should be 0xf00df00d: 0x%08x\n", *scratch32);
```

上面的例子充分展示了窄输入输出寄存器写的特性,这些特性对有些软件是有很大影响的。

思考题

1. 什么是计算机总线?计算机总线有何作用?
2. 在 ISA 总线系统中,三态逻辑起到什么作用?
3. 某总线系统由 18 位地址线、8 位数据线及其他控制总线组成,这样的系统最多可以有多少字节存储器?
4. 在 SoC 系统中,传统总线有何问题?能否应用?
5. AHB-Lite 总线采取了哪些措施满足 SoC 系统的要求?
6. AHB-Lite 的单次传输和连续传输是什么关系?为什么连续传输可以提高总线传输速度?
7. HTRANS 信号代表哪些传输类型?含义是什么?
8. 在 32 位数据总线宽度的情况下,HSIZE 有哪些合法的编码?
9. 在突发访问中,打包突发访问和递增突发访问有何不同?
10. 如何理解交连矩阵?与 AHB-Lite 总线的主从性矛盾吗?
11. APB 总线有何作用?与 AHB-Lite 总线有何不同?
12. 请描述 RP2040 芯片的总线整体结构。

习题

1. 图 6-26 所示的总线系统接口电路中,采用 16 组和异或门、或非门和 8D 触发器 74LS373 组成输出接口。请分析 CPU 写入 74LS373 芯片的地址是什么?

2. 请用 RP2040 芯片的 SIO 模拟图 6-26 中的总线系统主机,编写从某地址输出一个字节和读入一个字节的函数 void SbusWrite(uint16_t addr,uint8_t out)和 uint8_t SbusRead(uint16_t addr)。

3. 某系统总线采用 AHB-Lite 总线,时钟频率 120MHz。在其全速运行时,统

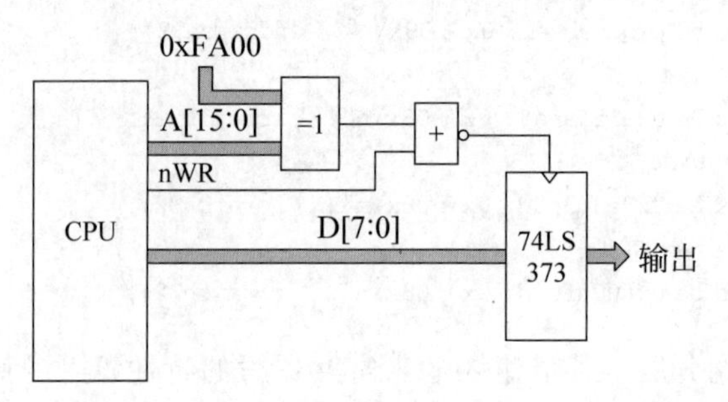

图 6-26　习题 1 图

计得到 8%周期是单次传输周期，剩余都是连续传输周期；12%周期是 2 字节传输周期，其余都是 4 字节传输周期。请估算该总线系统全速运行平均传输速率为多少 B/s?

4. 在某哈佛架构 CPU 中，程序总线采用 AHB-Lite 总线，CPU 是主器件。已知该 CPU 只有 32 位指令，指令存储 4 字节对齐。取指只有两种情况：连续取指和跳转。这两种情况分别对应哪两种 AHB-Litc 总线传输类型?

5. 在某哈佛架构 CPU 中，程序总线和数据总线都采用 AHB-Lite 总线，除此之外，系统包含 1 片 Flash 芯片、4 片静态 RAM 芯片、1 个 AHB-Lite 到 APB 的总线桥，所有其他低速外设都接到总线桥上。请画出该系统总线结构框图，要求所有主器件都对从器件具有访问能力。

第7章

直接内存操作

直接内存操作控制器用于在内存之间或内存与寄存器之间高效地批量传输数据,除了在初始时进行配置,整个过程不需要微控制器的干预,可以提高微控制器的效率,提高系统的综合性能。

7.1 直接内存操作概述

7.1.1 DMA及DMA控制器

如果希望把内存数据从一个地址复制到另一个地址,需要用LDR指令读取数据到寄存器,通过STR指令把寄存器内容存储到内存中,再加上每次传送前地址的设置,以及传送数量的控制,一次传送要四五条指令才能完成。

两个内存区域之间的复制在软件设计中经常出现。比如,在显示图像中填充一个图案,或者从Flash中初始化变量等。如果从R1指向的内存区域复制n个字到R0指定区域,可用汇编程序实现。

R0:目标地址;R1:原地址;R2:数量n。

```
CONT:
    LDR R3,[R1]
    STR R3,[R0]
    ADD R1,#4
    ADD R0,#4
    SUB R2,#1
    BNE CONT
```

可以看出,每个循环需要6条指令,如果大量复制数据,效率是比较低的。

如果希望在指定的外设寄存器和一段内存之间数据传送,这种情况经常发生在内存和特定外设之间需要传送大量数据的情况下,而每次传输经常需要满足特定条件的事件触发才能发生一次,比如,A/D转换完成时引起一次结果寄存器到内存的传送。这种情况下往往需要中断的配合,通常要在事件完成时触发一次中断,在中断程序中进行传送。不断地中断会大大降低 CPU 的工作效率,因此,需要设计一种机制提高效率。如果不用中断传输,则需要程序轮询判定条件,效率更低。

在前面的例子中,涉及某种数据传送,需要耗费大量的 CPU 时间。而操作本身非常机械,不需要复杂的条件判断,只须要传送固定数目的数据,递增传送的地址而已。因此,可以设计一种外设,代替 CPU 作为控制器完成这种数据传送操作,CPU 只须设定好源地址、目标地址、数目等参数,这个外设就能自动的完成内存数据的操作。

因为这种外设能够完成内存的直接操作,因此称这种操作为直接内存存取(direct memory access,DMA),而外设部件称为 DMA 控制器。

DMA 控制器能自动实现内存的连续操作,大大提高了数据传输的效率,把 CPU 从简单的事务性操作中解放出来。可以看出,DMA 控制器也是总线的主器件,需要取得总线的控制权,因此,需要和 CPU 竞争总线。这也是 DMA 控制器设计的核心问题之一。

在实际设计中,需要考虑竞争的仲裁逻辑,使得 CPU 和 DMA 操作之间取得平衡。对于哈佛架构 MCU 而言,由于指令总线和数据总线等各自分开,因此,更容易实现 DMA 控制器和 CPU 对总线占用的协调,实现高性能的 DMA 传送。

7.1.2 DMA 控制器的一般结构

从 DMA 的功能可以看出,DMA 控制器是总线中的主器件,至少应具有读和写 2 个总线通道。DMA 控制器还应该具有按照设定自动产生传输的地址、对传输次数进行计数、控制传输启停等功能。一般 DMA 控制器的结构如图 7-1 所示。

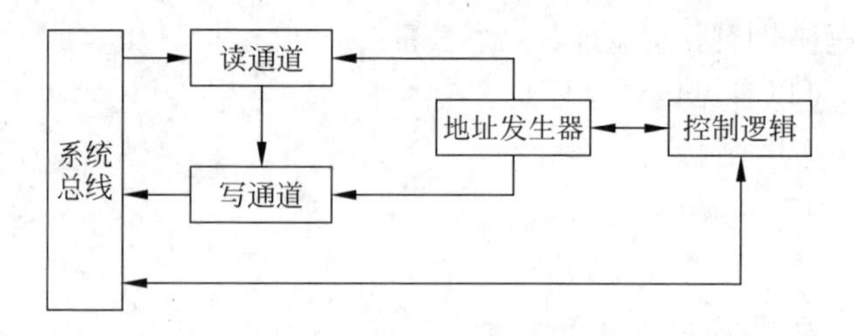

图 7-1 一般 DMA 控制器的结构

读写通道直接挂接在总线上,应该完全满足总线时序的要求。读写通道可以有多个,哪些通道起作用可以由软件配置。地址发生器按照设定自动产生下一次传输的地址,如果是内存之间的传输,如每次传输字节数为 SIZE,则一般读写地址都应该增(或减)SIZE 字节。如果是内存和外设之间传输,则一般外设地址不需要变化。控制逻辑负责启停等控制,在传输完成(或完成一半)时向系统发出中断等。

7.2　RP2040 的 DMA 控制器

RP2040 芯片具有一个高性能的 DMA 控制器，能够满足内存之间、内存和外设之间数据传输的需求，使得微控制器核心可以解放出来完成其他任务或进入休眠状态减少电源消耗，提高总体性能，下面详细介绍。

7.2.1　RP2040 的 DMA 控制器结构

DMA 控制器具有读写两个总线主器件，连接到 AHB-Lite 总线，每个时钟周期可以完成一次读写，每次传输宽度可以为 1、2、4 字节，可编程选择。RP2040 芯片的 DMA 控制器的结构如图 7-2 所示。

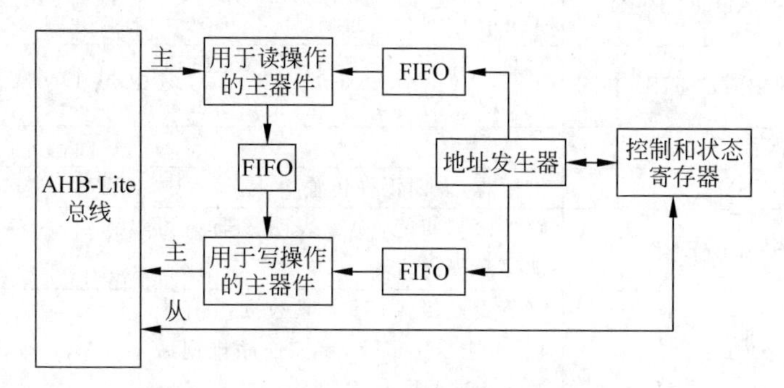

图 7-2　RP2040 芯片的 DMA 控制器的结构

为了提高传输效率，在读写部件之间、地址发生器和读写部件之间插入了 FIFO 存储器，这是一种双端口数字存储器，有两个数据端口，一个用于写入，另一个用于读出。先写入的数据会被按顺序先读出。这种器件通常用来作为数字部件通信的缓存使用，可以参见普通数字电路教材。

DMA 控制器总共有 12 个通道可以供读写器件选择，每个通道独立配置读写数据格式，甚至可以一个传输完成后自动选择另一个接续传输。DMA 传输有以下三种情况。

- 内存到外设：一般内存数据地址是递增的，外设需要向固定地址的寄存器中连续写入。DMA 首先控制读通道把数据尽量多地放到 FIFO 寄存器，外设需要数据时要求 DMA 通过写通道写入寄存器，写入不连续。
- 外设到内存：从固定的外设寄存器地址读取数据到地址连续递增的内存中，外设准备好时启动一次传输。
- 内存到内存：一般情况下地址都是递增的，DMA 会以最快的传输速度传输。

每个传输通道都有自己的控制和状态寄存器(control and status register，CSR)组，包括读地址寄存器 READ_ADDR、写地址寄存器 WRITE_ADDR、传输计数器 TRANS_COUNT 和控制寄存器 CTRL，它们都是可以软件读写的。READ_ADDR 和 WRITE_ADDR 给出下一次传输的地址，每一次传输完成后，DMA 将根据设置自动更新。TRANS_COUNT 存储剩余传输次数，每次传输完成后自动递减，直至为 0 时停止传输。

CTRL 寄存器最为复杂，如表 7-1 所示。

表 7-1　CTRL 寄存器

位　域	名　称	描　述	类　型	复位值
31	AHB_ERROR	总线读写错误，会引起中断	RO	0x0
30	READ_ERROR	读总线错误，写 1 清除。READ_ADDR 中保存地址	WC	0x0
29	WRITE_ERROR	写总线错误，写 1 清除。WRITE_ADDR 中有地址	WC	0x0
28:25	保留	—	—	—
24	BUSY	忙标志，表明正在传输	RW	0x0
23	SNIFF_EN	硬件探测使能，为 1 表明该通道可被探测硬件检测	RW	0x0
22	BSWAP	字节交换传输，对字节数据没有影响，对于半字或字，字节逆序排列后送到 DMA 控制器	RW	0x0
21	IRQ_QUIET	在安静模式，通道传输完成不触发中断，但在具有触发功能的寄存器写入 0 时触发中断，表明链式传输结束	RW	0x0
20:15	TREQ_SEL	数据要求信号选择，通道用该信号控制传输速率：0x0～0x3a，选择 DREQx；0x3b～0x3e，选择 Timer0～Timer3；0x3f，以最快速度传输	RW	0x00
14:11	CHAIN_TO	如果该域不等于自身通道号，则表明该通道传输完成后自动触发该域指定的通道	RW	0x0
10	RING_SEL	选择传输地址是否打包。当打包时，地址只有低 RING_SIZE 位才会变化，即地址在(1<<RING_SIZE)边界处打包	RW	0x0
9:6	RING_SIZE	地址打包的长度	RW	0x0

续表

位 域	名 称	描 述	类 型	复位值
5	INCR_WRITE	如果为1，写入地址自动增加DATA_SIZE，否则不变。0一般用于内存到外设传输	RW	0x0
4	INCR_READ	如果为1，读出地址自动增加DATA_SIZE，否则不变。0一般用于外设到内存传输	RW	0x0
3:2	DATA_SIZE	设定总线传输的数据尺寸：0x0，字节，SIZE_BYTE；0x1，半字，SIZE_HALFWORD；0x2，字，SIZE_WORD	RW	0x0
1	HIGH_PRIORITY	通道在DMA内部的优先级，不改变外部总线优先级	RW	0x0
0	EN	使能信号，0则关闭该通道，1则打开该通道	RW	0x0

在这些位域中，最常用的功能如下：

- 利用CTRL.DATA_SIZE设定传输尺寸；
- 利用CTRL.CHAIN_TO设定本通道传输结束后自动触发的通道；
- 利用CTRL.TREQ_SEL设定通道的外设触发信号；
- 可以通过CTRL.BUSY查询通道是否空闲；
- 可以通过CTRL.AHB_ERROR、CTRL.READ_ERROR或CTRL.WRITE_ERROR查看通道是否发生错误。

7.2.2 开启DMA通道

开启一个DMA通道传输有三种方法：

- 写入CSR组中具有触发功能的寄存器；
- 一个通道传输完成，如果其CHAIN_TO指向某通道，则其自动开启；
- 用MULTI_CHAN_TRIGGER寄存器，同时开启多个通道。

为了方便、灵活地通过CSR写入来触发通道，每一个通道的CSR都有4种地址排列，每种地址排列最后一个寄存器地址写入非0值具有触发功能，如图7-3所示。每个通道base不同，地址分布都是相同的。可以选择4个寄存器中的任何一个放到最后写入，并同时触发开始通道传输。也可以只写个别CSR触发通道传输，其他未写入的寄存器会自动更新。

如果一个通道传输结束时，其CTRL.CHAIN_TO指向其他的通道，则该通道会被触发，和写入寄存器触发一样，会使得TRANS_COUNT寄存器恢复初始值，开始一个传输过程。CHAIN_TO不能指向自身，否则表示该域无效。如果指向的

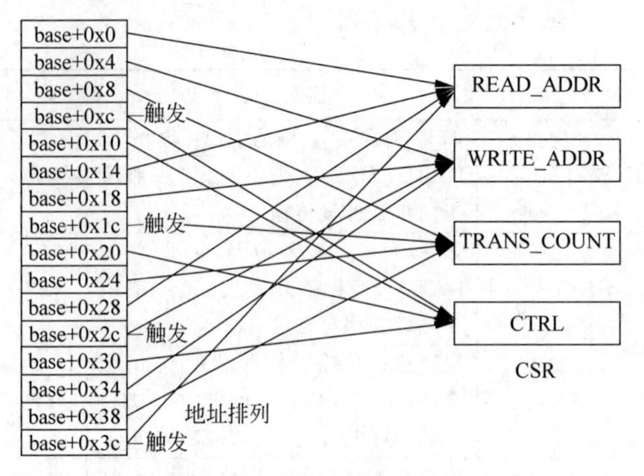

图 7-3　通道 CSR 地址分布

通道正在运行，该动作也会被忽略。

该功能可以产生复杂且有用的传输，如一个通道通过启用另一个通道给自己重新配置，即第二个通道传输的目标就是第一个通道的 CSR，然后通过写入 CSR 使得第一个通道在新参数下继续传输。或者实现双缓冲区，即第一个通道使用一个缓冲区进行传输，完成后启用第二个通道使用第二个缓冲区，第二个通道完成后再自动触发第一个通道，如此反复，实现双缓冲区传输。

7.2.3　外设对 DMA 的数据请求

由于外设通常是较慢的部件，如果任由 DMA 以高速不断读写外设部件，必将造成数据的过载或缺失。因此，每个 DMA 通道都可以和外设连接，当连接的外设需要数据传输时，向 DMA 通道发起申请，DMA 才发起一次传输。

外设发起数据传输请求的信号是 DREQ，每个外设都有一个或多个 DREQ，通道可以通过 CTRL. TREQ 选择哪个外设的 DREQ 和通道连接，DREQ 的编号与源如表 7-2 所示。TREQ 除了可以选择相应编号的 DREQ 作为触发源，也可以选择内部定时计数器，或者不选择任何触发源（TREQ＝0x3f），表示 DMA 以最快的速度传输，用于内存到内存的数据传送。

表 7-2　DREQ 的编号与源

DREQ 编号	DREQ 源	DREQ 编号	DREQ 源	DREQ 编号	DREQ 源
0	DREQ_PIO0_TX0	4	DREQ_PIO0_RX0	8	DREQ_PIO1_TX0
1	DREQ_PIO0_TX1	5	DREQ_PIO0_RX1	9	DREQ_PIO1_TX1
2	DREQ_PIO0_TX2	6	DREQ_PIO0_RX2	10	DREQ_PIO1_TX2
3	DREQ_PIO0_TX3	7	DREQ_PIO0_RX3	11	DREQ_PIO1_TX3

续表

DREQ 编号	DREQ 源	DREQ 编号	DREQ 源	DREQ 编号	DREQ 源
12	DREQ_PIO1_RX0	18	DREQ_SPI1_TX	24	DREQ_PWM_WRAP0
13	DREQ_PIO1_RX1	19	DREQ_SPI1_RX	25	DREQ_PWM_WRAP1
14	DREQ_PIO1_RX2	20	DREQ_UART0_TX	26	DREQ_PWM_WRAP2
15	DREQ_PIO1_RX3	21	DREQ_UART0_RX	27	DREQ_PWM_WRAP3
16	DREQ_SPI0_TX	22	DREQ_UART1_TX	28	DREQ_PWM_WRAP4
17	DREQ_SPI0_RX	23	DREQ_UART1_RX	29	DREQ_PWM_WRAP5

对于简单的以较慢的速度每 n 个时钟周期传输一次的 DMA 传输，可以选择定时计数器作为触发源，RP2040 的 DMA 控制器有 4 个定时计数器可供选择，TREQ 对应 0x3b～0x3e。每个定时器都有一个 32 位分频寄存器，其高位和低位分别为 X、Y，则触发频率为（X/Y）* sysclk，因此，该定时器是一个分数分频器。4 个定时计数器分频寄存器地址为 0x420、0x424、0x428、0x42c。

7.2.4 DMA 的中断

每个通道都有产生中断的功能，RP2040 芯片的 DMA 通道产生中断的条件如下：

- 当 CTRL.IRQ_QUITE 为 0 时，数据序列传输完成时；
- 当 CTRL.IRQ_QUITE 为 1 时，具有触发功能的寄存器写入 0 时。

前面讲过，当向具有触发功能的寄存器写入 0 时不触发传输过程。当一个通道通过 DMA 配置另一个通道时，如果配置的控制寄存器全 0，虽然不触发传输过程，但可以通过中断通知系统。

DMA 系统有两个对外中断 INT0 和 INT1。当任何通道满足中断产生条件时，INTR 寄存器对应位被置 1，INTR 寄存器是中断状态的原始值。INTR 值和 INTE0 对应值相与得到 INTS0，所有 INTS0 各个位或运算得到 INT0，INTE0 是 INT0 的中断使能寄存器。同样，INTE1 是 INT1 中断的使能寄存器，而 INTS0、INTS1 称为中断状态寄存器。在 INTS0 或 INTS1 中某位写入可以清除对应的位的中断状态，例如，把 INTS0 的值读入再写回去，就会清除 INT0 的所有中断位。还有 INTF0 和 INTF1 寄存器，用来强制产生 DMA 中断。

7.3 RP2040 的直接内存操作编程

用 C/C++语言对 RP2040 的 DMA 编程最好基于 SDK 系统，它定义了头函数和重要的例程，方便使用，下面基于 SDK 进行介绍。

7.3.1 寄存器定义

SDK 中首先对各种寄存器进行了定义。DMA 中有 12 个通道，每个通道有 4 个 CSR，但实际占用 16 个字地址，如图 7-3 所示。第一组 4 个地址定义为 CHx_READ_ADDR、CHx_WRITE_ADDR、CHx_TRANS_COUNT、CHx_CTRL_TRIG，因为最后一个寄存器具有触发功能，所以名称中含有 TRIG。第二组寄存器定义为 CHx_AL1_CTRL、CHx_AL1_READ_ADDR、CHx_AL1_WRITE_ADDR、CHx_AL1_TRANS_COUNT_TRIG，即第二组是别名(alias)，所以名称含有 AL1。根据同样的规则定义第三组、第四组 CSR 地址。上面定义中，x 代表通道数，为 0～11。总共占用 192 个字地址。

接下来是中断相关寄存器和定时计数器等，定义如表 7-3 所示，其中偏移量指相对于 DMA_BASE 的偏移地址，DMA_BASE 为 0x50000000。

表 7-3 寄存器名称和地址对应表

偏移量	名称	说明
0x000～0x2fc	CHx_READ_ADDR、CHx_WRITE_ADDR、CHx_TRANS_COUNT、CHx_CTRL_TRIG、CHx_ALy_CTRL、CHx_ALy_READ_ADDR、CHx_ALy_WRITE_ADDR、CHx_ALy_TRANS_COUNT_TRIG 等，x=0～11，y=1～3	12 组 CSR 定义，命名规则见正文中的说明
0x400	INTR	中断的原始状态寄存器，低 16 位每位代表一个通道
0x404	INTE0	INT0 的中断使能寄存器，低 16 位每位代表一个通道
0x408	INTF0	INT0 中断强制寄存器，低 16 位每位代表一个通道
0x40c	INTS0	INT0 中断状态寄存器，低 16 位每位代表一个通道
0x414	INTE1	INT1 的中断使能寄存器，低 16 位每位代表一个通道
0x418	INTF1	INT1 中断强制寄存器，低 16 位每位代表一个通道
0x41c	INTS1	INT1 中断状态寄存器，低 16 位每位代表一个通道
0x420	TIMER0	TIMER0 分频寄存器
0x424	TIMER1	TIMER1 分频寄存器
0x428	TIMER2	TIMER2 分频寄存器

续表

偏移量	名称	说明
0x42c	TIMER3	TIMER3 分频寄存器
0x430	MULTI_CHAN_TRIGGER	同时触发多个通道寄存器，低16位每位代表一个通道
0x444	CHAN_ABORT	中断多个通道的传输，低16位每位代表一个通道
0x448	N_CHANNELS	DMA控制器中装备的通道数，最多16个。因为有可能不同型号中实现的数量不同，因此设立该寄存器

表7-3中并未包含所有寄存器定义，因为有些寄存器较少使用，这里没有列出。

7.3.2 用中断重新配置DMA

当一个DMA通道传输完成，它变得空闲，可以启动另一次传输。软件可以通过监测CTRL中的BUSY来查看是否传输完成，但是查询模式的监测会浪费CPU时间，使得DMA的价值大大降低。通常会设计一个中断服务程序，当传输完成时会触发中断，在中断服务程序ISR中重新启动下一次传输。这样，可以让CPU提高效率，降低系统能耗。

这里以一个数据采集系统为例，利用RP2040内的ADC部件采集外部电压，并用DMA进行数据传输，每传输完成1024字节，换用另外一个缓冲区继续采集，并启动对完成的缓冲区的数据处理。

程序7-1 用中断配置DMA

```
uint32_t chan;
uint32_t bufindex = 0;
uint16_t adbuff[2][bufsize];

void initContinuedSampleDMA(){
    chan = dma_claim_unused_channel(true);
    dma_channel_config c = dma_channel_get_default_config(chan);
    channel_config_set_transfer_data_size(&c, DMA_SIZE_16);
    channel_config_set_read_increment(&c, false);
    channel_config_set_dreq(&c, DREQ_ADC);
    dma_channel_configure(chan,
        &c, (void * )adbuff[0],
            ADC_BASE + ADC_RESULT_OFFSET,
                    bufsize, 1);
    dma_channel_set_irq0_enabled(chan, true);
```

```
    irq_set_exclusive_handler(DMA_IRQ_0, DMAHandler);
    irq_set_enabled(DMA_IRQ_0, true);
}

void DMAHandler(void){
    dma_hw->ints0 = 1u << chan;
    if(bufindex == 0){
        bufindex = 1;
        dma_channel_set_write_addr(chan, adbuff[1],1);
    }else{
        bufindex = 0;
        dma_channel_set_write_addr(chan, adbuff[0],1);
    }
}
```

在程序 7-1 中，全局变量 chan、bufindex 和 adbuff 分别是 DMA 通道、内存缓冲区索引和内存缓冲区。首先假设 ADC 模块已经初始化为连续转换，函数 initContinueSampleDMA 用来对 DMA 初始化，其中 dma_channel_configure 函数配置了主要的参数，其最后一个参数为 1(TRUE)表示配置后立即触发通道。然后配置并打开中断，等待传输完成触发中断执行。

DMAHandler 函数配置为中断处理函数，首先清除通道 chan 的中断标志位，然后根据缓冲区是 0 还是 1 来切换并触发新的传输。

程序的其他部分可以监测 bufindex 的变化，如果发生变化，表示有一个缓冲区满了，可以进行进一步的处理。除了处理数据，CPU 在其他时间可以处于低功耗状态，以节约能源。

7.3.3 DMA 控制块

一般情况下，多个数据源传输到同一个外设地址，应该把数据源集中到一个内存区域然后启用 DMA 传输。但是，RP2040 的 DMA 设计支持通过 CHAIN_TO 在一个通道传输完成后自动触发另一个通道，从而实现复杂的多通道协同传输时序过程，以此实现多个数据源相继通过 DMA 通道传输，这是 RP2040 芯片 DMA 模块的特色功能。

如图 7-4 所示，配置通道 1 的控制寄存器的 CTRL. IRQ_QUITE 为 1 并等待写入数据块，通道 2 的源为连续存储的 n 个控制块，每个控制块中至少包含通道 1 下一个数据块的地址和字节数，通道 2 的目标地址为通道 1 的 CSR。每个通道块的最后一个字传输完成自动触发通道 1，根据图 7-3，最后一个字和寄存器的数量都可以灵活选择，以提高效率。由于通道 2 地址递增，源地址也自动指向了下一个控制块。首先触发通道 2 把控制块 0 写入通道 1 的 CSR，触发通道 1 传输。通道 1

在数据块 0 传输完成后触发通道 2，这时不触发中断。通道 2 接着传输控制块 1，控制块 1 传输完成后自动触发通道 1，两个通道反复作用，直到通道 1 最后一块数据传输完成，触发通道 2，通道 2 最后一个控制块为空触发的控制块，传输到通道 1 的 CSR 后，由于通道 1 配置为 CTRL.IRQ_QUITE 为 1，因此空触发写入触发中断，在这个中断中，结束总的传输时序过程。

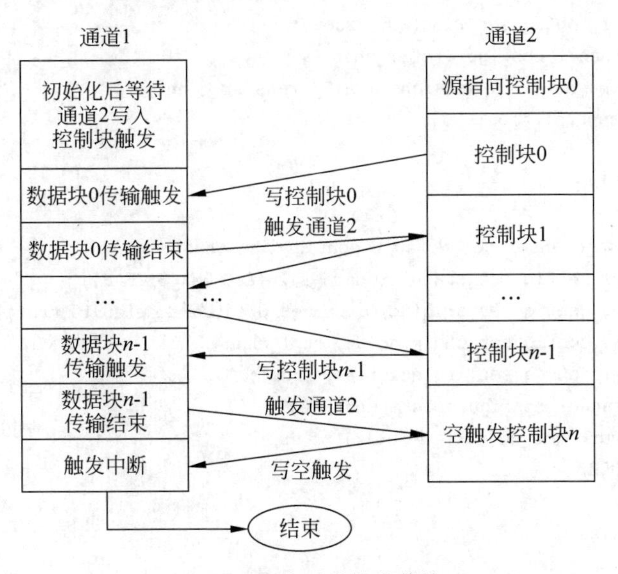

图 7-4 两个通道链式传输

下面以一个串口多个字符串传输为例，给出一个应用实例。

程序 7-2 两个通道连续传输实例

```
#include "pico/stdlib.h"
#include "hardware/dma.h"
#include "hardware/structs/uart.h"
char string0[] = "test0";
char string1[] = "test1";
char string2[] = "test2";
char string3[] = "test3";
char string4[] = "test4";

struct {uint32_t len; const char * data;} control_blocks[] = {
        {count_of(string0) - 1, string0},
        {count_of(string1) - 1, string1},
        {count_of(string2) - 1, string2},
        {count_of(string3) - 1, string3},
        {count_of(string4) - 1, string4},
        {0L,NULL}
};
```

```
int main(){
    int ctrl_chan = dma_claim_unused_channel(true);
    int data_chan = dma_claim_unused_channel(true);
    dma_channel_config c = dma_channel_get_default_config(ctrl_chan);
    channel_config_set_transfer_data_size(&c, DMA_SIZE_32);
    channel_config_set_read_increment(&c, true);
    channel_config_set_write_increment(&c, true);
    channel_config_set_ring(&c, true, 3);
    dma_channel_configure(ctrl_chan, &c,
        &dma_hw->ch[data_chan].al3_transfer_count,
        &control_blocks[0],
        2,
        false
    );
    c = dma_channel_get_default_config(data_chan);
    channel_config_set_transfer_data_size(&c, DMA_SIZE_8);
    channel_config_set_dreq(&c, uart_get_dreq(uart_default, true));
    channel_config_set_chain_to(&c, ctrl_chan);
    channel_config_set_irq_quiet(&c, true);
    dma_channel_configure(data_chan, &c,
        &uart_get_hw(uart_default)->dr,
        NULL,
        0,
        false
    );
    dma_start_channel_mask(1u << ctrl_chan);
    while (!(dma_hw->intr & 1u << data_chan));
    dma_hw->ints0 = 1u << data_chan;
}
```

在程序7-2中，需要发送的独立字符串是string0～string4，为此建立了由6个控制块组成的数组control_blocks，前面5个控制块中源地址寄存器为string0～string4，最后一个是空控制块。每个控制块由2个寄存器组成：TRANS_COUNT和READ_ADDR，根据CSR地址分配，采用0x38和0x3c地址，可以完成传输完成自动触发和只传输这两个寄存器。

在main函数中，data_chan用来传输数据，而ctrl_chan用来传输控制块。通道ctrl_chan设置为传输宽度DMA_SIZE_32、读写地址增加、写地址为dma_hw->ch[data_chan].al3_transfer_count的地址、读地址为control_blocks的地址。data_chan配置为传输宽度DMA_SIZE_8、写地址uart_default、CTRL.QUITE为1，读地址和传输次数由通道ctrl_chan自动配置。接下来启动ctrl_chan通道传输，采用了查询方式查询中断标志，等待传输结束。

如果考虑系统效率，可以通过设置系统进入低功耗或者在循环中处理其他任务并等待中断等方式，使得系统效率提高。

思考题

1. 什么是 DMA 控制器，它起什么作用？

2. RP2040 芯片的 DMA 控制器由哪些部分组成？各部分起什么作用？

3. RP2040 芯片的 DMA 传输源和目的存储器有哪三种情况？

4. 为什么 RP2040 芯片的 DMA 控制器通道的 CSR 有四种地址排列方式？

5. RP2040 芯片的 DMA 通道触发源有哪些选择？

6. RP2040 芯片的 DMA 通道什么情况下触发中断？

7. RP2040 芯片的 DMA 有几个中断？如何禁止、清除这些中断？

习题

1. 在 RP2040 芯片中，设计一个内存复制函数 void memcpy(void * source, void * dest,int n)，实现利用 DMA 通道实现从 source 到 dest 复制 n 字节内存的功能，假定源和目标地址空间没有重叠。

2. 在 RP2040 芯片中，假定数组 uint8_t wave[256]中存放着正弦波一个周期的数据，引脚 GPIO0～7 外接一个 D/A 转换器的数据输入 D7～D0。请设计一个函数 void SetWaveCH(int n)，实现由定时器触发的 DMA 传输，源为数组 wave，目标为 GPIO0～7 的 SIO 地址，定时器的分频系数为 n，并正确配置 GPIO0～7 为 SIO 输出，使得最终在 D/A 输出端出现连续正弦波。

3. 编写程序，实现通过 RP2040 的 DMA 连续采集 GPIO0～7 的连续 256 个输入，每次采集用 DMA 定时器触发，定时常数可以编程。

第8章

定时计数器

定时计数器是 CPU 系统的重要外设部件，其所起的作用正如其名称，就是定时和计数。定时的作用是产生周期性的信号作为 CPU 的时间参考；计数的作用是对外部信号进行计数，这两种功能从硬件上说都是计数器实现的。本章对典型定时计数器的结构进行分析，并对 RP2040 芯片定时计数器和 PWM 模块进行详细介绍。

8.1 通用定时计数器

定时计数器的核心是计数器，如果计数脉冲信号是系统标准时钟，则其溢出具有周期性，作为定时器使用；如果计数脉冲是外部信号，则作为计数器使用，用来计数外部信号的数量。

8.1.1 通用定时计数器的结构

定时计数器的核心是计数器，图 8-1 给出了一个典型的通用定时计数器的简单结构设计。计数器可以分为加计数器和减计数器，实际设计时可以让计数器实现加计数、减计数或加减(先加后减)计数，芯片设计者可以根据功能需求进行取舍。

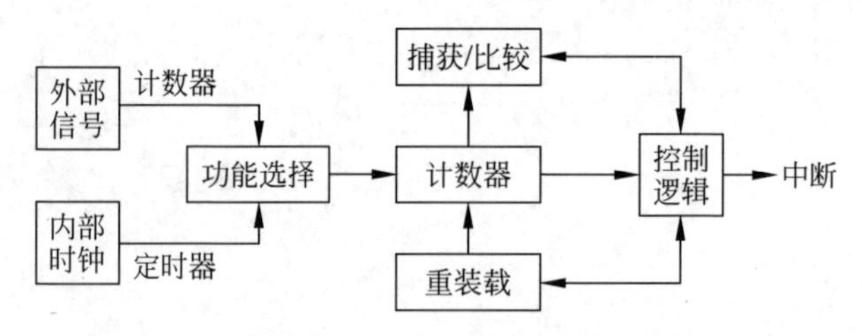

图 8-1　一个通用定时计数器的实例

功能选择模块用来选择计数脉冲源，如果选择外部信号作为计数源，则为计数器；如果选择内部时钟作为计数源，则为定时器。捕获/比较模块实现两种功能，可以共享一组寄存器。捕获功能是在控制逻辑输出的捕获信号的触发下，把计数器当前值储存到捕获/比较寄存器中,使程序读取计数器的值具有完整性,可以更精确、及时。比较功能是把计数器的值和捕获/比较寄存器中的值进行比较,如果两者相符则输出信号并触发中断。如果捕获/比较共用捕获/比较寄存器,则这两个功能不能同时应用。重装载是在控制信号的触发下,把重装载寄存器中的值装载到计数器中,避免用软件直接写入计数器带来的不完整更新和额外的延迟。

控制逻辑用来实现上述功能的控制,比如可以设定计数器溢出时重装载,或者两者相符时复位计数器等,芯片设计者根据功能需求进行设计。

8.1.2 定时计数器的功能实现

一般设计通用定时计数器的功能具有可编程性,可以通过对通用定时计数器的结构进行重新编程设定,实现各种定时、计数功能。

图 8-2 是 N 位减计数定时器的结构。功能选择定时器采用内部时钟,其周期为 T_{sys}。计数器为 N 位减计数器,当减到 0 时控制逻辑产生中断,并把 N 位重装载值装入计数器中作为计数器的初始值。如果 N 位重装载值是 M,则中断重复发生的周期为 MT_{sys}。

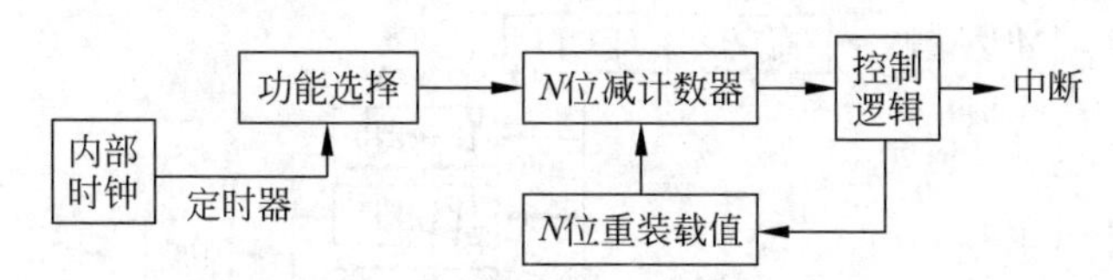

图 8-2 N 位减计数定时器的结构

定时器也可以用加计数器,这时需要溢出后触发重装载,重装载寄存器的值是 M,则加到 2^N 时定时器溢出,进行重装载。定时周期 T 为 2^N-M。从另一个角度看,如果希望定时时间是 P 个时钟周期,则重装载值 $M=2^N-P=(-P)$为 N 位补码。这就是为什么用 C 语言编程时可以用 $-T$ 给重装载寄存器赋值。

还有一种情况是从 0 加计数,计数到捕获/比较寄存器的值触发清零,这时的周期是 M 个时钟周期。

图 8-3 给出一种计数器的应用情形,计数器模块对外部信号进行计数,控制逻辑把触发信号变成捕获信号,在某些条件触发下对计数器进行捕获,就可以给出捕获时刻的外部脉冲计数。

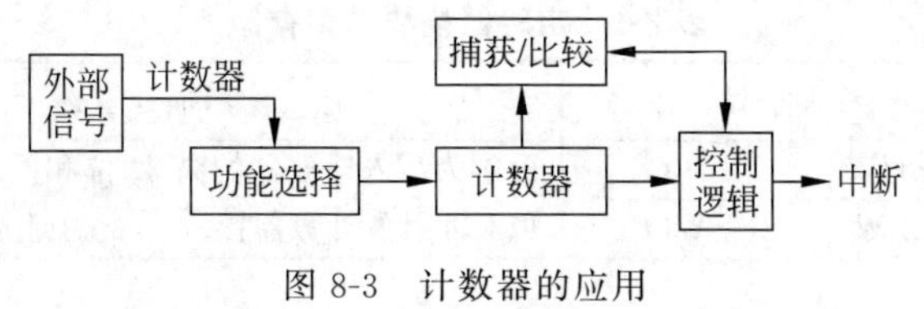

图 8-3 计数器的应用

这里介绍的是一种简单的定时计数器的基本设计，不同的芯片往往采用不同的设计实现，有的要远比介绍的复杂。

RP2040 芯片包含多种定时器单元，每一种都不是特别复杂，但能充分满足设计目标，下面对 RP2040 的各种定时器单元进行介绍。

8.2 RP2040 通用定时器

8.2.1 通用定时器的组成与结构

图 8-4 给出了 RP2040 芯片通用定时器的结构，它由 1 个 64 位的计数器作为核心，包含 4 个 32 位比较器，当计数器低 32 位和比较器数值匹配时触发中断。计数器的读出通过 64 位的读出寄存器完成，当低位发生读操作时，高位和低位同时锁存到读寄存器，因此，如果先读低位再读高位，则读到的是同一时刻的计数值，而且不会发生逻辑竞争。

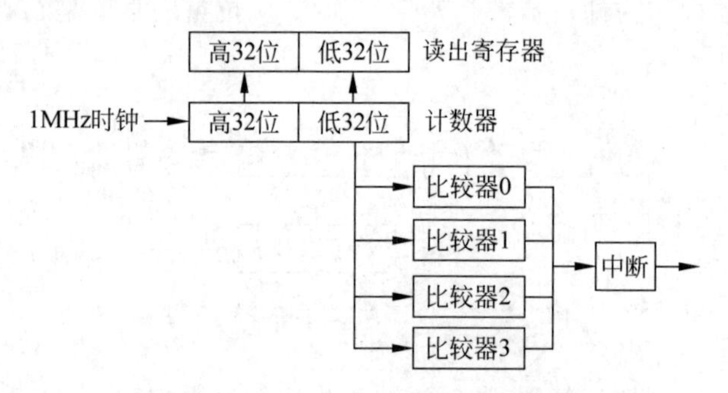

图 8-4 RP2040 芯片通用定时器的结构

1MHz 时钟是看门狗定时器模块提供的，实际编程时不用考虑定时器溢出，因为在 1MHz 时钟下溢出需要约 58 万年。

8.2.2 通用定时器的编程

定时器模块的寄存器基地址为 0x40054000，SDK 中定义为 TIMER_BASE，定时器模块的寄存器如表 8-1 所示。这些寄存器在 SDK 中已经定义为 timer_hw 结构体，可以通过它进行引用。

表 8-1 定时器模块的寄存器

偏移量	名称	读写	描述
0x00	TIMEHW	WO	分别为写入计数器的高 32 位和低 32 位，因为写入高位时才触发计数器置入，因此总是先写低位后写高位
0x04	TIMELW	WO	

续表

偏移量	名称	读写	描述
0x08	TIMEHR	RO	分别为读出寄存器的高位和低位，读出总是先低后高
0x0c	TIMELR	RO	
0x10	ALARM0	RW	分别为比较寄存器 0～3，当 ALARMx == TIMELR 时，触发一次 ALARM，并同时禁止自身的 ALARM。也可以通过 ARMED 寄存器禁止 ALARM
0x14	ALARM1	RW	
0x18	ALARM2	RW	
0x1c	ALARM3	RW	
0x20	ARMED	WC	低 4 位[3:0]分别对应 ALARMx，当写入 ALARMx 时对应位变 1，表示使能 ALARM，触发后自动清空。写入 1 可以立刻清空对应位
0x24	TIMERAWH	RO	计数器的原始计数值，要通过读寄存器读出
0x28	TIMERAWL	RO	
0x2c	DBGPAUSE	RW	内核进入调试状态时是否停下定时器，DBGPAUSE[2,1]分别对应核心 core1 和 core0
0x30	PAUSE	RW	PAUSE[0]设置为 1 停止定时器，其他位保留
0x34	INTR	WC	INTR[3:0]为 4 个中断的发生标志位
0x38	INTE	RW	INTE[3:0]为 4 个中断的使能位
0x3c	INTF	RW	INTF[3:0]写入 1 强制中断发生
0x40	INTS	RO	INTS[3:0]是经过使能逻辑和强制中断逻辑后的状态

读取计数器的值要通过读取寄存器，并且按照先低后高的顺序。在读取过程中，还应该禁止另一个核心进行相同的操作，避免造成冲突。读取代码如：

```
static uint64_t get_time(void) {
    uint32_t lo = timer_hw->timelr;
    uint32_t hi = timer_hw->timehr;
    return ((uint64_t) hi << 32u) | lo;
}
```

程序 8-1 给出了一个简单单次触发中断的示例。函数 alarm_irq()是中断服务程序，函数中通过 hw_clear_bits()函数清除中断标志，设定 alarm_fired 变量为 1。函数 alarm_in_us()设定定时器使之每个指定的 us 数触发中断。函数中首先通过 INTE 使能中断，通过函数 irq_set_exclusive_handler(ALARM_IRQ,alarm_irq)设定中断服务程序为 alarm_irq()函数，然后通过调用 irq_set_enabled(ALARM_IRQ,true)使能所在核心的定时器中断，然后把 ALARM 寄存器加上 delay_us 后写回去，使得经过 delay_us 后触发中断。

程序 8-1 简单单次中断定时程序示例

```
//用 alarm 0
```

```
#define ALARM_NUM 0
#define ALARM_IRQ TIMER_IRQ_0

//定时器中断发生标识
static volatile bool alarm_fired;

static void alarm_irq(void) {
    //清除中断标志
    hw_clear_bits(&timer_hw->intr, 1u << ALARM_NUM);
    printf("Alarm IRQ fired\n");
    alarm_fired = true;
}

static void alarm_in_us(uint32_t delay_us) {
    //使能中断
    hw_set_bits(&timer_hw->inte, 1u << ALARM_NUM);
    //设定中断服务程序
    irq_set_exclusive_handler(ALARM_IRQ, alarm_irq);
    //使能定时器中断
    irq_set_enabled(ALARM_IRQ, true);
    uint64_t target = timer_hw->timerawl + delay_us;
    timer_hw->alarm[ALARM_NUM] = (uint32_t) target;
}

int main() {
    stdio_init_all();
    printf("Timer lowlevel!\n");

    //设定每两秒中断一次
    while (1) {
        alarm_fired = false;
        alarm_in_us(1000000 * 2);
        //等待中断发生
        while (!alarm_fired);
    }
}
```

main()函数中首先调用 stdio_init_all()函数初始化 SDK 的环境，在循环中调用 alarm_in_us()设定 2s 后中断，然后等待中断发生后继续循环调用。该程序只用了最原始的寄存器操作，没有使用 SDK 中的高级函数。

8.3 RP2040 的 PWM 发生器

8.3.1 脉冲宽度调制概述

脉冲宽度调制(pulse width modulation，PWM)是由数字信号产生模拟电压的常见且廉价的方法。假定数字信号的高电平电压为 V_H，D 为占空比（一个周期中高电平时间的比例），则数字输出电压 V_O 经过傅里叶级数分解为

$$V_O(t)=V_H\cdot D+\sum_{n=1}^{\infty}\left(V_{an}\cos\frac{2n\pi t}{T}+V_{bn}\sin\frac{2n\pi t}{T}\right),$$

$$(V_{an})^2+(V_{bn})^2=V_H\left(\frac{\sin(n\pi D)}{n\pi}\right),$$

如果输出经过一个低通滤波器，滤掉交流分量，则输出电压的直流分量取决于占空比 D。频率或周期的选择取决于滤波器的特性，如果选择使用廉价的无源滤波器（RC 或 LC），则可以选择频率高一些，有利于电容和电感元件的选择。

8.3.2 PWM 部件

RP2040 芯片含有一个 PWM 部件，共有 8 个 PWM 通道，核心是一个 16 位计数器，每个通道可以产生一对相位相关的 PWM 输出。每个通道不仅可以用来产生 PWM 波形，而且可以用来测量周期、频率等。PWM 部件的一个通道的结构如图 8-5 所示。

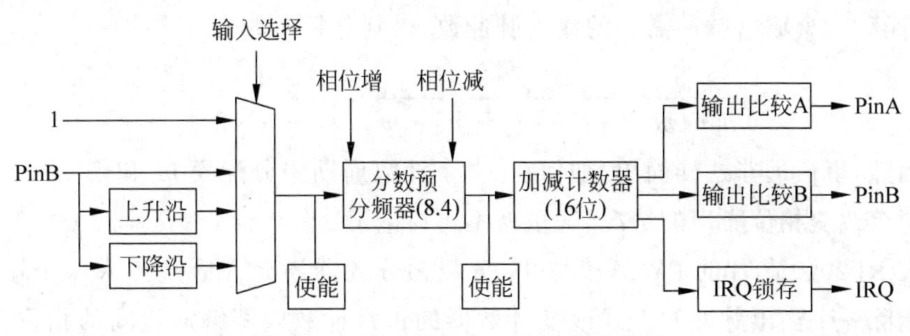

图 8-5 PWM 部件的一个通道的结构

从图 8-5 中可以看出，每个通道由时钟源选择模块、预分频模块、加减计数器、中断申请模块、2 个输出比较器组成。每个通道都应用 2 个引脚：PinA 和 PinB，当 PinB 用作输入时，输出将无效。每个通道的 PinA 和 PinB 对应的 GPIO 引脚是固定的，如表 8-2 所示。如果某引脚用作 PWM 模块功能，则应当在 GPIO 相关寄存器中配置。

表 8-2 PWM 模块通道引脚

GPIO	0	1	2	3	4	5	6	7	8	9	10	11	12	13	14
PWM 通道	0A	0B	1A	1B	2A	2B	3A	3B	4A	4B	5A	5B	6A	6B	7A
GPIO	15	16	17	18	19	20	21	22	23	24	25	26	27	28	29
PWM 通道	7B	0A	0B	1A	1B	2A	2B	3A	3B	4A	4B	5A	5B	6A	6B

8.3.3 分数预分频器

分数预分频器为计数器产生计数脉冲，其分频系数 $m.n$ 分为整数部分和小数部分，RP2040 芯片 PWM 的分数预分频器的分频系数是 8.4，即整数部分 m 为 8 位二进制整数，小数部分 n 为 4 位二进制小数。

整数分频是由计数器实现的，如为 m 分频，即用模 m 的计数器对输入时钟进行计数，进位即为 m 分频，即 m 个输入脉冲对应输出一个进位脉冲。分数分频是在整数分频基础上实现的。要实现分数分频，首先需要设计一个模在 m 和 $m+1$ 之间随时切换的计数器，然后控制计数器在 2^4 个输出中，有 n 个输出由模 $m+1$ 计数产生，其余的 2^4-n 个由模 m 计数产生，如图 8-6 所示。

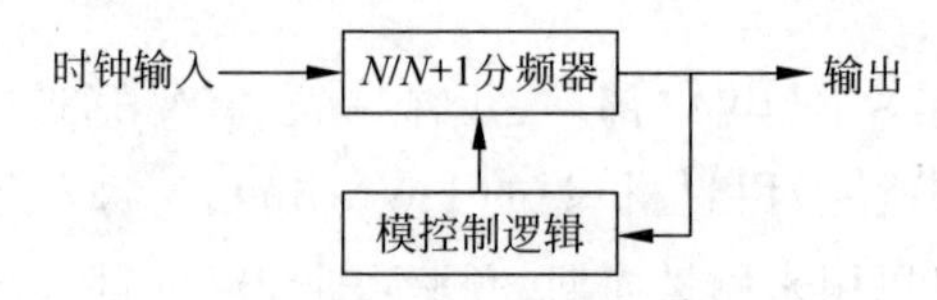

图 8-6 分数分频器的结构

计算 2^4 个输出脉冲需要的输入脉冲数，得到分频系数为

$$\frac{2^4}{n\cdot(m+1)+(2^4-n)\cdot m}=\frac{1}{m+n\cdot 2^{-4}}$$

当然，事情远非这样简单，如何在 2^4 个计数周期中分配模 m 和模 $m+1$ 分频的位置会改变相位噪声的情况，这里就不再讨论了。

在 RP2040 芯片的 PWM 模块中，分数预分频器还允许通过插入一个输出脉冲或删除一个输出脉冲的方式改变计数器的正常计数以调解通道间的相位关系。插入一个输出脉冲由 CSR_PH_ADV 写 1 实现，删除一个输出进位脉冲由 CSR_PH_RET 写 1 实现，即图 8-5 中的“相位增”和“相位减”。

8.3.4 PWM 波形的产生

通常情况下，计数器工作在加计数模式，模由 TOP 寄存器设定。计数器的输出作为输出比较单元的输入，输出比较单元的比较值由 CC 寄存器设置。与计数器相同，TOP 和 CC 寄存器都是 16 位的。对 PinA 或 PinB 任意输出，计数器溢出时输出置位，当计数值达到比较值时输出清零，波形如图 8-7 所示。容易知道，输出波形周期由 TOP 中的模值决定，高电平时间由 CC 寄存器决定，两者比值即为占空比。

与普通模式不同的是相位矫正模式，只要设定 CSR 中的 CSR_PH_CORRECT 为 1 就可以进入该模式。该模式每个高电平的中间都对准周期中的同一个位置，和占空比等无关。它的实现是计数器加计数到 TOP 不清零，减计数到

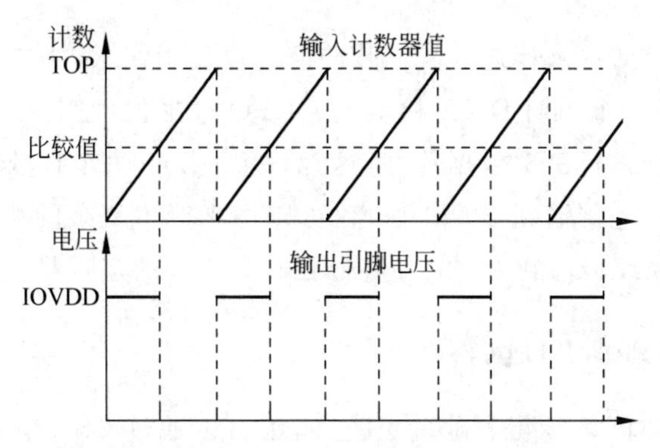

图 8-7　PWM 通道加计数模式下的输出波形

0,然后再加计数,如此反复。输出比较模块在加计数到 CC 时复位输出,在减计数到 CC 时置位输出,产生的波形如图 8-8 所示。

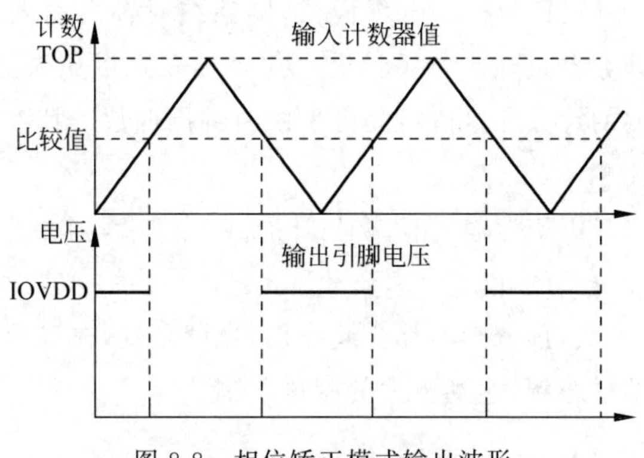

图 8-8　相位矫正模式输出波形

8.3.5　PWM 模块的中断

PWM 模块每个通道都能触发中断,但是共享单个中断输出。中断相关联的寄存器 INTR、INTS 和 INTE 都是只有[7:0]有效,每个位对应一个通道。作用如前面所讲,它们允许软件控制哪个通道可以触发中断,或者当中断发生时,软件检查哪些通道是中断的原因,并清除和确认中断。

在加计数模式下,每次计数器溢出时或者在相位矫正模式下计数器达到 0 时都会触发中断,这将在原始中断状态寄存器 INTR 中置位与该通道相对应的位。如果这个通道的中断在 INTE 中使能,则该标志将导致 PWM 模块的中断触发,并且该标志也将出现在中断状态寄存器 INTS 的对应位中。

通过将 1 写回 INTR 来清除标志,即把读到的 INTR 写回去,则 INTR 被清零。

该方案允许多个通道同时生成中断,并由系统中断处理程序来确定哪些通道导致了最近的中断,并进行适当的处理。通常情况下,需要重新加载通道的 TOP 或 CC 寄存器,但 PWM 模块也可以用作非 PWM 相关的常规中断请求源的目的。

在 INTR 中设置中断标志的同一脉冲信号也可用作 RP2040 系统的一个周期信号请求 DMA。每个周期 DMA 检测到 DREQ 被触发，它将以尽可能及时的方式向其寄存器地址进行一次数据传输，这允许 DMA 以每个计数器周期一次传输的速率将数据有效地传输到 PWM 通道，可以用来产生复杂的波形。或者，PWM 通道可以用作 DMA 传输到一些其他存储器映射外设的定时器。

8.3.6 时钟源的选择

计数器的时钟正常情况下是系统时钟，也可以通过 CSR 中的 DIVMODE 选择其他时钟源。除了系统时钟，还可以通过 DIVMODE 设定时钟为由输入选通的系统时钟、输入的上升沿和输入的下降沿。当需要输入信号作为时钟控制信号时，信号从 PinB 引脚输入，这时 PinB 的输出失效，CC_B 被忽略。

如果选择 DIVMODE 为输入电平模式，则系统时钟由输入信号高电平选通，低电平无信号，即计数器只在高电平计数。这种模式可以用来测量输入信号的占空比，把一段时间内的计数和这段时间内系统时钟周期数(因为一直为系统时钟频率)相除就是占空比。

如果选择 DIVMODE 为输入信号上升沿或下降沿，则相当于前面说的计数器，实现对外部脉冲信号的计数。

无论选择哪种模式，预分频器都会起作用，也就是说，在计数器是 16 位的情况下，可以通过有效的预分频，达到更大的测量范围。

8.3.7 PWM 部件的编程

对 PWM 部件编程通过对相关寄存器编程实现。PWM 寄存器的基地址是 0x40050000，在 SDK 中定义为 PWM_BASE。表 8-3 给出了 PWM 寄存器的描述，其中 $i=0\sim7$，为 PWM 通道号。

表 8-3　PWM 寄存器

偏移量	名称	描述
i * 0x14＋0x0	CHi_CSR	CHi_CSR[31:8]：保留；CHi_CSR[7]：PH_ADV，写 1 使得预分频器多输出一个脉冲，然后自清零；CHi_CSR[6]：PH_RET，写 1 使得预分频器删除一个输出脉冲，然后自清零；CHi_CSR[5:4]：DIVMODE，0 表示计数器自由运行，1 表示时钟被输入选通，2 表示输入上升沿，3 表示输入下降沿；CHi_CSR[3]：B_INV，置 1 表示 B 输出取反；CHi_CSR[2]：A_INV，置 1 表示 A 输出取反；CHi_CSR[1]：PH_CORRECT，置 1 表示相位矫正模式；CHi_CSR[0]：EN，使能 PWM 通道 i

续表

偏 移 量	名　称	描　述
i * 0x14＋0x04	CHi_DIV	预分频器分频系数，是 8.4 定点数
i * 0x14＋0x08	CHi_CTR	计数器的计数值，低 16 位有效
i * 0x14＋0x0c	CHi_CC	输出比较模块的比较值，高位为 B，低位为 A
i * 0x14＋0x10	CHi_TOP	计数器的模，低 16 位有效
0xa0	EN	EN[7:0]分别对应通道 7 到 0
0xa4	INTR	中断的原始标志，[7:0]分别对应通道 7 到 0
0xa8	INTE	中断使能，[7:0]分别对应通道 7 到 0
0xac	INTF	强制中断，[7:0]分别对应通道 7 到 0
0xb0	INTS	中断状态，[7:0]分别对应通道 7 到 0

如果只需要产生 PWM 波形，则可以简单地按以下步骤设置：首先用 gpio_set_function()函数设定 GPIO0、GPIO1 为 PWM 功能，然后得到这两个引脚对应的通道数，并赋值给 slice_num。pwm_set_wrap(slice_num，ta)函数设定计数器模为 ta，pwm_set_chan_level(slice_num，PWM_CHAN_A，da)函数设定 A 输出比较值为 da，pwm_set_chan_level(slice_num，PWM_CHAN_B，db)函数设定 B 输出比较值为 db。最后调用函数 pwm_set_enabled(slice_num，true)开始 PWM 通道 0 的工作。产生 PWM 波形的程序如程序 8-2 所示。

程序 8-2　产生 PWM 波形的程序

```
gpio_set_function(0, GPIO_FUNC_PWM);
gpio_set_function(1, GPIO_FUNC_PWM);
uint slice_num = pwm_gpio_to_slice_num(0);
pwm_set_wrap(slice_num, ta);
pwm_set_chan_level(slice_num, PWM_CHAN_A, da);
pwm_set_chan_level(slice_num, PWM_CHAN_B, db);
pwm_set_enabled(slice_num, true);
```

可以通过设定系统时钟输入信号门控，用来测量输入信号的占空比。如程序 8-3 所示，首先设定 DIVMODE 模式为 PWM_DIV_B_HIGH，然后让 PWM 模块通过 sleep_ms(10)函数运行 10ms，这时 PWM 模块计数值和系统时钟在 10ms 内的周期数之比就是占空比。

程序 8-3　测量占空比的函数

```
float measure_duty_cycle(uint gpio) {
    //只有 B 引脚才能为输入
    assert(pwm_gpio_to_channel(gpio) == PWM_CHAN_B);
    uint slice_num = pwm_gpio_to_slice_num(gpio);
    //预分频系统为 100
    pwm_config cfg = pwm_get_default_config();
```

```
    pwm_config_set_clkdiv_mode(&cfg, PWM_DIV_B_HIGH);
    pwm_config_set_clkdiv(&cfg, 100);
    pwm_init(slice_num, &cfg, false);
    gpio_set_function(gpio, GPIO_FUNC_PWM);
    pwm_set_enabled(slice_num, true);
    sleep_ms(10);
    pwm_set_enabled(slice_num, false);
    float counting_rate = clock_get_hz(clk_sys) / 100;
    float max_possible_count = counting_rate * 0.01;
    return pwm_get_counter(slice_num) / max_possible_count;
}
```

8.4 RP2040 看门狗定时器

8.4.1 看门狗定时器概述

看门狗定时器的目的是保证软件失控之后能迅速复位并恢复执行。

看门狗定时器可以是加计数器或减计数器,当计数器向上或向下溢出时,溢出信号可以复位微处理器。正常软件运行时,为了避免看门狗溢出导致系统复位,需要经常清除看门狗定时器使之不产生溢出,俗称"喂狗"。一般把清除看门狗的操作安排在一些重要的关键程序之处,当程序失控(俗称"跑飞")时,不能及时清除看门狗计时器,导致系统复位,从跑飞状态恢复。

看门狗复位时,由于是热启动,系统一般会通过一些看门狗溢出复位中不被清除的寄存器获取特定的执行信息,从而执行不同的复位恢复程序。比如,一个控制系统,复位前的控制状态是仍然可用的,利用这一点可以使系统尽快恢复正确的控制状态。

软件设计中,要保证看门狗定时器的清除和软件的正常状态明确一致。比如,有的人把复位看门狗定时器放到周期性定时器中断服务程序中,这样导致即使系统跑飞了,周期性定时器很大概率依然有效,看门狗仍然及时清除,起不到保护的作用。

如果 CPU 系统中不包含看门狗定时器,也可以增加专门的看门狗定时器芯片,如 DS1232 等,能够起到同样的作用。

8.4.2 看门狗定时器的组成

RP2040 芯片包含一个看门狗定时器模块,该模块主要由一个减计数器组成,当计数器减到 0 时,复位处理器内核。为了避免复位,需要及时装入新计数值,由 LOAD 寄存器实现。

看门狗定时器的时钟信号 clk_tick 由 clk_ref 分频获得,通常情况下,clk_ref

配置为由晶体振荡器提供精确的时钟。经过正确的配置，分频后获得1MHz的时钟供给看门狗定时器。处于经济性的考虑，该时钟也提供给定时器模块。

看门狗定时器溢出时，WDSEL寄存器控制除了核心，哪些外设也会被复位。WDSEL寄存器位于基地址为0x4000c000的RESETS_BASE寄存器区域，偏移量为0x04，表8-4给出了WDSEL寄存器各位域和外设的对应关系。

表8-4 WDSEL寄存器各位域和外设的对应关系

位　域	外　设	位　域	外　设	位　域	外　设
8	PADS_BANK0	17	SPI1	31:25	保留
7	JTAG	16	SPI0	24	USBCTRL
6	IO_QSPI	15	RTC	23	UART1
5	IO_BANK0	14	PWM	22	UART0
4	I2C1	13	PLL_USB	21	TIMER
3	I2C0	12	PLL_SYS	20	TBMAN
2	DMA	11	PIO1	19	SYSINFO
1	BUSCTRL	10	PIO0	18	SYSCFG
0	ADC	9	PADS_QSPI		

RP2040的看门狗模块提供8个32位草稿寄存器(scratch register)，用于存储临时性的信息，供启动过程使用。看门狗复位时，草稿寄存器中存储的信息不会改变，而上电复位和硬复位这些寄存器会被清除。

8.4.3 看门狗定时器的编程

看门狗定时器的编程，仍然是通过对寄存器的读写实现。其寄存器基地址0x40058000，在SDK中定义为WATCHDOG_BASE。看门狗定时器寄存器如表8-5所示。

表8-5 看门狗定时器寄存器

地　址	名　称	描　述
0x00	CTRL	CTRL[31]：TRIGGER，写1触发复位；CTRL[30]：ENABLE，使能看门狗；CTRL[29:27]：保留；CTRL[26]：PAUSE_DBG1，内核1进入调试时是否停止看门狗；CTRL[25]：PAUSE_DBG0，内核0进入调试时是否停止看门狗；CTRL[24]：PAUSE_JTAG，jtag调试接口操作总线交换矩阵时是否停止看门狗；CTRL[23:0]：计数器值，每个时钟减2
0x04	LOAD	LOAD寄存器，[23:0]有效，写入即更新计数器
0x08	REASON	复位原因寄存器，只读，低2位有效。1位表示强制复位，0位表示看门狗复位
0x0c～0x28	SCRATCHx	x=0～7，8个32位草稿寄存器

续表

地　　址	名　　称	描　　述
0x2c	TICK	时钟发生器控制寄存器。[31:20]：保留；[19:11]：COUNT，分频计数器当前数值，只读；[10]：RUNNING，运行标识位，只读；[9]：ENABLE，使能时钟发生器；[8:0]，CYCLES，时钟分频计数器剩余周期

为了使用看门狗定时器，需要对其初始化，程序 8-4 给出的函数_watchdog_enable()可以实现。

程序 8-4　看门狗定时器初始化

```
void _watchdog_enable(uint32_t delay_ms, bool pause_on_debug) {
    hw_clear_bits(&watchdog_hw->ctrl, WATCHDOG_CTRL_ENABLE_BITS);
    //除了 ROSC、XOSC,其余外设都复位
    hw_set_bits(&psm_hw->wdsel,
        PSM_WDSEL_BITS & ~(PSM_WDSEL_ROSC_BITS | PSM_WDSEL_XOSC_BITS));
    uint32_t dbg_bits = WATCHDOG_CTRL_PAUSE_DBG0_BITS |
                        WATCHDOG_CTRL_PAUSE_DBG1_BITS |
                        WATCHDOG_CTRL_PAUSE_JTAG_BITS;
    if (pause_on_debug) {
        hw_set_bits(&watchdog_hw->ctrl, dbg_bits);
    } else {
        hw_clear_bits(&watchdog_hw->ctrl, dbg_bits);
    }
    if (!delay_ms) {
        hw_set_bits(&watchdog_hw->ctrl, WATCHDOG_CTRL_TRIGGER_BITS);
    } else {
        //每个时钟减 2
        load_value = delay_ms * 1000 * 2;
        if (load_value > 0xffffffu)
            load_value = 0xffffffu;
        watchdog_update();
        hw_set_bits(&watchdog_hw->ctrl, WATCHDOG_CTRL_ENABLE_BITS);
    }
}
```

8.5　实时时钟

8.5.1　实时时钟概述

实时时钟(real-time clock，RTC)是一种用于计算机系统的实时计时部件。它是一种独立于计算机的硬件电路或芯片，用于产生当前时刻的日期和时间，也是以计数器为核心实现的。

RTC电路通常由一个稳定而精确的晶体振荡器和多个计数器电路组成，它们提供了高精度的时间计数。RTC电路会独立运行，即使微处理器系统关闭或处于待机状态，也能继续提供准确的时间。

单独的RTC芯片如DS1302等，具有完整、全面的实时时钟功能，而且具有宽电压、低功耗特性，满足一旦电源中断由电池供电的需求。在现在的微处理器系统设计中，也常把RTC电路设计为微处理器芯片的一部分，同样具有宽电压、低功耗和满足电池供电的要求。

RTC的主要功能是记录实时时间，并在需要时提供时间信息给微处理器系统，可以用于以下几个方面。

系统时间记录：RTC提供微处理器系统所需的准确时间和日期。操作系统和其他软件可以通过与RTC通信获取当前时间，进行时间戳标记或执行计划任务。

启动和唤醒功能：RTC可以在计算机系统关闭时继续运行，并且能够在预定时间唤醒系统。这在需要按计划执行某些任务或自动启动系统的场景中非常有用。

电池备份：RTC通常设计为与电池相连，以提供持久的时间记录。即使主电源断开或微处理器系统关闭，RTC仍可保持时间数据，确保系统重新启动时能够准确恢复。

事件记录：某些RTC部件还具有事件记录功能，可以记录系统的关键事件，如电源故障、重启事件等。这些记录对于故障排除和系统监控非常有用。

总体来说，RTC是一种提供准确时间记录和保持的电路器件，它在微处理器系统中起着重要的作用，尤其对于需要时间敏感操作和时间同步的应用场景非常重要。

8.5.2 RP2040芯片RTC的结构

在RP2040系统中，RTC设计为芯片的一部分。RP2040芯片的RTC设计比较简单，由预分频器、秒计数器、分计数器、小时计数器、日计数器、月计数器、年计数器、周计数器和配置寄存器等组成。图8-9给出了RP2040芯片RTC的结构。

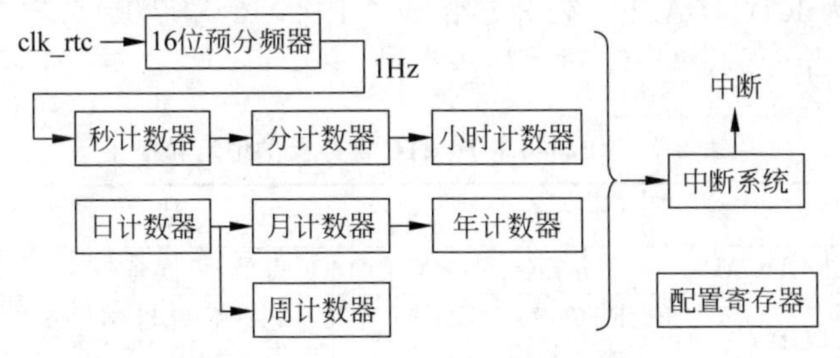

图8-9 RP2040芯片RTC的结构

各个计数器是二进制计数器，计数器各字段的位数和有效值的范围如表 8-6 所示。

表 8-6 RP2040 芯片 RTC 计数器各字段的位数和有效值

字 段	位 数	合 法 值
年	12	0～4095
月	4	1～12
日/月	5	1～[28,29,30,31]，依赖于月份
日/周	3	0～6
小时	5	0～23
分钟	6	0～59
秒	6	0～59

每周的计日只是简单的计数，并不检测是否和日历相合。每月的记日除了满足通常的要求，还应该通过计算闰年来得到 2 月的天数。但是，这里的设计只是通过计算年份是否能够被 4 整除来判断闰年，显然是不合理的，因此可以通过设置 CTRL.FORCE_NOTLEAPYEAR 为 1 取消闰年的计算。这时，可以通过当年变化时让软件介入修正。

时钟源 clk_rtc 由时钟模块提供，可以选择 XOSC、ROSC 或其他引脚输入作为最初的时钟驱动，但必须分频得到 1～65 536Hz 的信号。因为预分频器是 16 位，其位数决定了最大分频系数。

可以设定一个闹钟时间，当时间符合时 RTC 产生中断信号。由总的中断使能 MATCH_ENA 控制总体的中断，也可以按时间字段（年、月、日、时、分、秒、周日）分别设定使能位，使得中断可以按照一定周期重复。如果只设定某时、分、秒符合即产生中断，不管其他字段，则每日的同一时间产生中断，实现每日重复，同样可以实现每周、每月重复等。

8.5.3 RP2040 芯片 RTC 编程

RP2040 芯片 RTC 寄存器存在于基地址为 0x4005c000 的内存区域，基地址在 SDK 中定义为 RTC_BASE。表 8-7 给出了 RP2040 芯片 RTC 寄存器的地址和描述。

表 8-7 RP2040 芯片 RTC 寄存器的地址和描述

地 址	名 称	描 述
0x00	CLKDIV_M1	预分频器分频值，低 16 位有效，可读写
0x04	SETUP_0	RTC 设定寄存器 0，[23:12]：年；[11:8]月；[4:0]：日；其余无效

续表

地　址	名　称	描　述
0x08	SETUP_1	RTC 设定寄存器 1,[26:24]: DOTW,日/周; [20:16]: 小时; [13:8]: 分; [5:0]: 秒; 其余无效
0x0c	CTRL	控制寄存器,[8]: FORCE_NOTLEAPYEAR,置 1 取消闰年计算; [4]: LOAD,RTC 装入时间值; [1]: RTC_ACTIVE,只读,表示 RTC 运行中; [0]: RTC_ENABLE,置 1 使能 RTC; 其余无效
0x10	IRQ_SETUP_0	闹钟设定寄存器 0,[29]: MATCH_ACTIVE,只读; [28]: MATCH_ENA,使能闹钟中断; [26]: YEAR_ENA,使能年符合中断; [25]: MONTH_ENA,使能月符合中断; [24]: DAY_ENA,使能月符合中断; [23:12]: 年的闹钟值; [11:8]: 月的闹钟值; [4:0]: 日的闹钟值; 其余无效
0x14	IRQ_SETUP_1	闹钟设定寄存器 1,[31]: DOTW_ENA,使能日/周符合中断; [30]: HOUR_ENA,使能小时符合中断; [29]: MIN_ENA,使能分钟符合中断; [28]: SEC_ENA,使能秒符合中断; [26:24]: 日/周的闹钟值; [20:16]: 小时的闹钟值; [13:8]: 分钟的闹钟值; [5:0]: 秒的闹钟值; 其余无效
0x18	RTC_1	RTC 时间寄存器 1,只读。[23:12]: 年; [11:8]月; [4:0]: 日; 其余无效
0x1c	RTC_0	RTC 时间寄存器 0,只读。[26:24]: DOTW,日/周; [20:16]: 小时; [13:8]: 分; [5:0]: 秒; 其余无效
0x20	INTR	原始中断信号,只读,最低位有效
0x24	INTE	中断使能,最低位有效
0x28	INTF	强制中断,最低位有效
0x2c	INTS	中断状态,最低位有效

对 RTC 的编程可以分三步: ①设置时钟源为 1Hz; ②设置 RTC 时间; ③时钟闹钟中断。

程序 8-5 中,函数 void rtc_init(void)用来设定 RTC 时钟为 1Hz。首先,假定 clk_rtc 已经正确设定,由时钟模块提供了时钟; 然后,通过调用 clock_get_hz(clk_rtc)函数确定 clk_rtc 时钟频率,并设定为分频值; 最后,设定分频系数,让 RTC 工作。

程序 8-5　设置 RTC 时钟源并初始化

```
void rtc_init(void) {
    //Get clk_rtc freq and make sure it is running
    uint rtc_freq = clock_get_hz(clk_rtc);
    assert(rtc_freq != 0);
    //Take rtc out of reset now that we know clk_rtc is running
    reset_block(RESETS_RESET_RTC_BITS);
```

```
    unreset_block_wait(RESETS_RESET_RTC_BITS);
    //Set up the 1 second divider.
    //If rtc_freq is 400 then clkdiv_m1 should be 399
    rtc_freq -= 1;
    //Check the freq is not too big to divide
    assert(rtc_freq <= RTC_CLKDIV_M1_BITS);
    //Write divide value
    rtc_hw->clkdiv_m1 = rtc_freq;
}
```

设定 RTC 时间，可以通过程序 8-6 中的函数 bool rtc_set_datetime(datetime_t * t)实现。需要特别注意，设定时间前要先停止 RTC，设定好后通过控制寄存器的 LOAD 位装入设定值，最后才能让 RTC 运行。

程序 8-6　设定 RTC 时间

```
bool rtc_set_datetime(datetime_t * t) {
    if (!valid_datetime(t)) {
        return false;
    }
    //Disable RTC
    rtc_hw->ctrl = 0;
    //Wait while it is still active
    while (rtc_running()) {
        tight_loop_contents();
    }
    //Write to setup registers
    rtc_hw->setup_0 = (((uint32_t)t->year) << RTC_SETUP_0_YEAR_LSB ) |
                      (((uint32_t)t->month) << RTC_SETUP_0_MONTH_LSB) |
                      (((uint32_t)t->day) << RTC_SETUP_0_DAY_LSB);
    rtc_hw->setup_1 = (((uint32_t)t->dotw) << RTC_SETUP_1_DOTW_LSB) |
                      (((uint32_t)t->hour) << RTC_SETUP_1_HOUR_LSB) |
                      (((uint32_t)t->min) << RTC_SETUP_1_MIN_LSB) |
                      (((uint32_t)t->sec) << RTC_SETUP_1_SEC_LSB);
    //Load setup values into rtc clock domain
    rtc_hw->ctrl = RTC_CTRL_LOAD_BITS;
    //Enable RTC and wait for it to be running
    rtc_hw->ctrl = RTC_CTRL_RTC_ENABLE_BITS;
    while (!rtc_running()) {
        tight_loop_contents();
    }
    return true;
}
```

设定 RTC 闹钟中断，可以通过程序 8-7 中的函数 rtc_set_alarm(datetime_t * t,rtc_callback_t user_callback)实现。其中，user_callback 是一个函数指针，当中断发生时，调用这个函数。

程序 8-7　设定 RTC 闹钟中断

```
void rtc_set_alarm(datetime_t *t, rtc_callback_t user_callback) {
    rtc_disable_alarm();
    //用-1表示无效的时间字段
    rtc_hw->irq_setup_0 = ((t->year < 0) ? 0
            : (((uint32_t)t->year) << RTC_IRQ_SETUP_0_YEAR_LSB )) |
            ((t->month < 0) ? 0
            : (((uint32_t)t->month) << RTC_IRQ_SETUP_0_MONTH_LSB)) |
            ((t->day < 0) ? 0
            : (((uint32_t)t->day) << RTC_IRQ_SETUP_0_DAY_LSB ));
    rtc_hw->irq_setup_1 = ((t->dotw < 0) ? 0
            : (((uint32_t)t->dotw) << RTC_IRQ_SETUP_1_DOTW_LSB)) |
            ((t->hour < 0) ? 0
            : (((uint32_t)t->hour) << RTC_IRQ_SETUP_1_HOUR_LSB)) |
            ((t->min < 0) ? 0
            : (((uint32_t)t->min) << RTC_IRQ_SETUP_1_MIN_LSB )) |
            ((t->sec < 0) ? 0
            : (((uint32_t)t->sec) << RTC_IRQ_SETUP_1_SEC_LSB ));
    //设定中断使能位
    if (t->year >= 0)
            hw_set_bits(&rtc_hw->irq_setup_0, RTC_IRQ_SETUP_0_YEAR_ENA_BITS);
    if (t->month >= 0)
            hw_set_bits(&rtc_hw->irq_setup_0, RTC_IRQ_SETUP_0_MONTH_ENA_BITS);
    if (t->day >= 0)
            hw_set_bits(&rtc_hw->irq_setup_0, RTC_IRQ_SETUP_0_DAY_ENA_BITS);
    if (t->dotw >= 0)
            hw_set_bits(&rtc_hw->irq_setup_1, RTC_IRQ_SETUP_1_DOTW_ENA_BITS);
    if (t->hour >= 0)
            hw_set_bits(&rtc_hw->irq_setup_1, RTC_IRQ_SETUP_1_HOUR_ENA_BITS);
    if (t->min >= 0)
            hw_set_bits(&rtc_hw->irq_setup_1, RTC_IRQ_SETUP_1_MIN_ENA_BITS);
    if (t->sec >= 0)
            hw_set_bits(&rtc_hw->irq_setup_1, RTC_IRQ_SETUP_1_SEC_ENA_BITS);
    //设定重复定时
    _alarm_repeats = rtc_alarm_repeats(t);
    //设定回调函数
    _callback = user_callback;
    irq_set_exclusive_handler(RTC_IRQ, rtc_irq_handler);
    //使能中断
    rtc_hw->inte = RTC_INTE_RTC_BITS;
    irq_set_enabled(RTC_IRQ, true);
    rtc_enable_alarm();
}
```

思考题

1. 在通用定时计数器中,定时器和计数器有什么区别?

2. RP2040 芯片的通用定时器有何特点？为什么实际应用时一般不用考虑溢出？

3. RP2040 芯片的 PWM 模块有何特点？能实现什么功能？

4. 看门狗定时器有何功能？

5. RP2040 的实时时钟模块可以作为日历时钟吗？如果可以，需要注意哪些问题？

习题

1. 利用 RP2040 芯片的通用定时器，实现每隔 10s 发生一次中断的功能。

2. 利用 RP2040 芯片的两个 PWM 通道编写程序，测量输入矩形波的占空比。

3. 编写函数 void SetPWM(uint8_t d)，利用 PWM 的一个通道，产生占空比为 d 的 PWM 波形。如果系统时钟频率为 120MHz，PWM 波的频率最高为多少？注意，d 只有一个字节宽。

4. 如果 PWM 波形的占空比按正弦波规律变化，输出经过低通滤波后就会形成正弦波，但是要求低通滤波器的截止频率低于 PWM 频率但高于正弦波频率，这就是用 PWM 合成正弦波的原理。已知数组 uint8_t wave[64]中存储着正弦波的波形数据，请试着编写程序产生正弦波，并给出滤波器的参数。

5. 写一个函数 void ClrWatchDog(void)，实现清除 RP2040 看门狗定时器的功能。

6. 写一个程序，在调整实时时钟时按照年份判断 2 月的天数，对日历时钟进行修正。

7. 利用实时时钟的周期性中断，如何实现每小时发生一次中断？

第9章

串行通信

串行通信中的通用异步串行通信接口(universal asynchronous serial communication interface)是一种常见的串行通信接口形式,用于在计算机和外部设备之间传输数据。本章从各方面介绍异步串行通信,并详细介绍 RP2040 芯片的通用异步收发器(universal asynchronous receiver/transmitter,UART)部件的结构和编程。

9.1 串行通信概述

9.1.1 串行和并行

并行数据传输是指多位数据同时出现在一组信号线上进行传输,就像前面讲的数据总线一样。并行数据传输一般会有时钟信号进行同步,让接收方适时地锁定数据,以提高速度、减小干扰。并行通信需要多个信号线,电气连接复杂,为了解决这个问题,提出了串行通信。

串行通信只用一对数据线进行数据传输,多位数据依次出现在数据线上。串行通信可以有时钟同步,称为同步串行通信;也可以没有时钟同步,接收方根据约定好的速率接收数据,完成通信,称为异步串行通信。

并行数据通信可以同时传输多个二进制位,似乎比串行通信更快,实则不然。图 9-1 给出了延迟对串行通信和并行通信的影响,由于信号线传输都有延迟,而实际上多个信号线的延迟无论如何也无法做到延迟相等。对于串行通信,由于只有一个信号线,不同数据位延迟是相同的,接收方接收的信号没有变化。而对于并行通信,由于多个数据位延迟不相同,接收方接收到的各个数据位并不同时。当数据速率较高时,延时的差异甚至大于一个数据位占用的时间,导致接收方接收的各个数据位错位,造成传输错误。因此,并行通信一般无法实现较远距离(延迟大)、较高速率(周期短)传输。

串行通信则无此问题。因此,串行通信可以实现较远距离、较高速率通信,适应性比较强。同时由于串行通信需要的数据线少,更易于电气实现。从电路板上

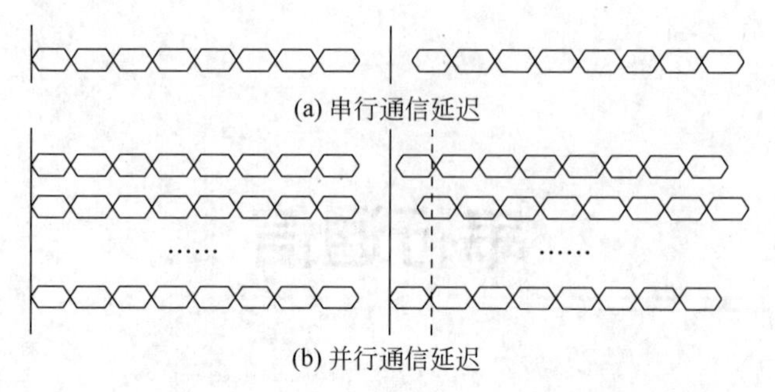

图 9-1　延迟对串行通信和并行通信的影响

芯片之间的互连，到电路板之间的互连，再到不同设备之间，以至于跨地域的远距离通信，串行通信都能适应。

由于同步串行通信需要数据和时钟同时传送，某种程度上也具有不同延迟带来的问题，也因此是较为少见的，更多采用异步串行通信。

9.1.2　异步串行通信的发展

早期的通用异步串行通信主要用于数据终端(计算机、串行终端设备等)和数据传输设备(调制解调器)之间的互连，后来逐步发展为计算机和外设之间的常用接口方式，或用于信息设备之间的互连，曾经得到广泛应用。

早期的通用串行通信接口信号定义烦琐，有 25 线，除了主信道还有辅助信道定义。后来发展为 9 线，包括 RX、TX、RTS、CTS、RI 等信号线。曾经有很长一段时期，个人计算机的标准外设包括一个并口、两个串口，并口用来连接打印机等，串口用来连接鼠标或其他外设，或用于计算机之间互连。

现在个人计算机中串行接口并不常见，主要是因为串行通信接口经过改进发展为速率更高的通用串行总线(universal serial bus，USB)，而 USB 接口得到了广泛的应用。

在电路板之间或芯片之间互连，UART 仍然较多使用。对于高速数据传输的需求，也发展了更高速度的串行通信规范，如采用 LVDS 电平后，传输速率甚至可达数十吉比特每秒。

9.2　串行通信的电平规范

9.2.1　逻辑电平的传输

信号线传输不仅带来时间延迟，也带来电平衰减和干扰，因此，普通逻辑电平直接传输是不合适的。

标准的逻辑信号，不管是 TTL 还是 CMOS 信号，都不能直接进行远距离传输。经验表明，标准逻辑信号一般传输距离不超过 40cm，连接线最好在 25cm 之内，接收方才能按照标准逻辑规范接收到正确信号。

由于直接逻辑电平传输的特点，一般只在电路板之间或电路板上芯片之间进行通信时使用。

9.2.2 EIA 电平规范

为了让逻辑信号传输得更远，最初采用了更高电压的逻辑电平标准，规定“1”的逻辑电平为－15～－3V，“0”的逻辑电平为 3～15V。这种逻辑电平规范由美国电子工业协会（electronic industries association，EIA）制定为美国国家标准，称为 EIA 电平，EIA 电平在标准波特率下可以传输 15m。

RS-232C 标准采用了 EIA 电平，EIA 电平是负逻辑，即低电平表示“1”，高电平表示“0”。由于电子线路中采用的各种电平标准如 TTL、CMOS、LVTTL、LVCMOS 等和 EIA 电平不兼容，必须进行相应的电平转换。可以采用集成电路芯片实现电平转换功能，如传统的 MC1488 完成 TTL 电平到 EIA 电平的转换，MC1489 完成 EIA 电平到 TTL 电平的转换，这两种芯片需要较高电源电压供电。MAX232 和 MAX3232 可以同时完成逻辑电平 TTL、LVTTL 到 EIA 电平和 EIA 到 TTL、LVTTL 逻辑电平的电平转换，不需要正负极性高电压，MAX232 供电电压 5V，MAX3232 供电电压 3.3V。

随着笔记本电脑等电池供电设备的普及，EIA 电平不容易得到满足。在这些设备上，负电压的要求逐渐降低，只要 0V 附近就可以了。

串行口采用 DB9 连接器，对于便携式设备来说，其尺寸偏大，不适合应用。

9.2.3 差分信号传输

由于 EIA 电平仍然采用单极性信号和公共地线的方式传输信号，容易受到共模干扰，无法达到更高的传输性能。而差分信号传输采用一对信号线，即正线和负线进行信号传输，没有地线，可以实现更高的性能。发送方用差分信号驱动一对信号线，而接收方也只对这对信号线上的差分信号敏感，因此可以有效抵抗共模干扰。

图 9-2 给出了差分信号传输的电路。发送方驱动芯片采用差分输出，R1 和 R2 是为了匹配传输线的阻抗。接收器接收差分信号，输入端并连的电阻也是为了匹配传输线的阻抗。由传输线相关理论可知，如果端点处阻抗和传输线匹配，则在端点处不会发生信号反射。因此，良好匹配的传输线适用于远距离、高速率信号传输。

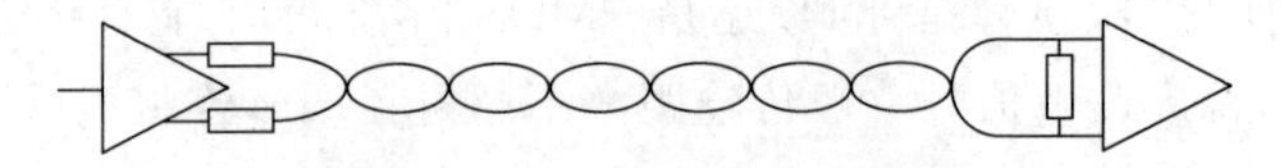

图 9-2　差分信号传输的电路

RS422 接口采用差分信号传输，使用两对传输线来传输数据。其中一对传输线用于发送数据，另一对传输线用于接收数据，如图 9-3 所示。由于差分信号传输方式可以有效地抵抗干扰和噪声，可以提供较高的信号质量和可靠性。

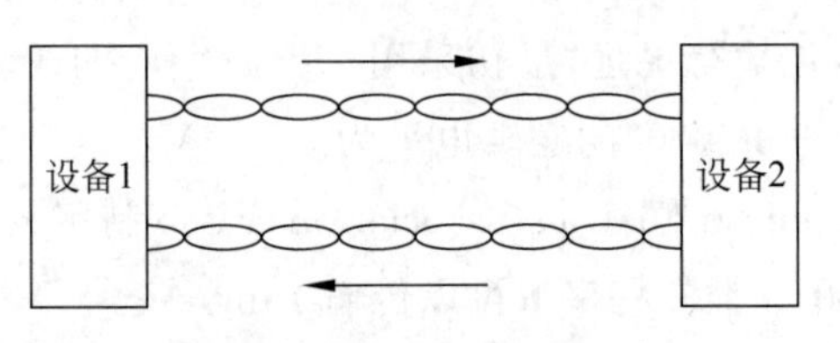

图 9-3　RS422 连接两台设备

RS422 接口支持较长的传输距离，通常可达数千米，这使其适用于需要在远距离传输数据的应用场景。RS422 支持高速数据传输，通常速率可达 10Mb/s 以上，这使其适用于需要快速传输数据的应用，如工业自动化和通信领域。RS422 使用差分信号传输，通过比较正负线之间的电压差来解码数据，能够有效地抵抗噪声和干扰，提供可靠的数据传输。RS422 接口支持多点连接，允许一个发送器连接多个接收器，这对于在分布式系统中同时传输数据到多个接收器非常有用。

RS422 是一种单向通信接口，即发送器和接收器是分开的，只用一对信号线无法实现双向数据传输。如果需要双向通信，可以使用两对 RS422 接口进行互连，或者使用 RS485 接口。

RS485 是一种串行通信接口标准，是在 RS422 的基础上发展而来，用于实现远距离、高速、双向数据传输。它采用一对信号线，利用类似数据总线的方式实现多个设备连接，如图 9-4 所示。每个设备的发送器和接收器都连接到 RS485 总线上，当某设备需要发送数据时，开启发送器，而其他设备必须放弃占用总线，只开启接收器。也就是说，任何时刻都只允许一个发送器和多个接收器工作，不允许多个发送器同时工作。

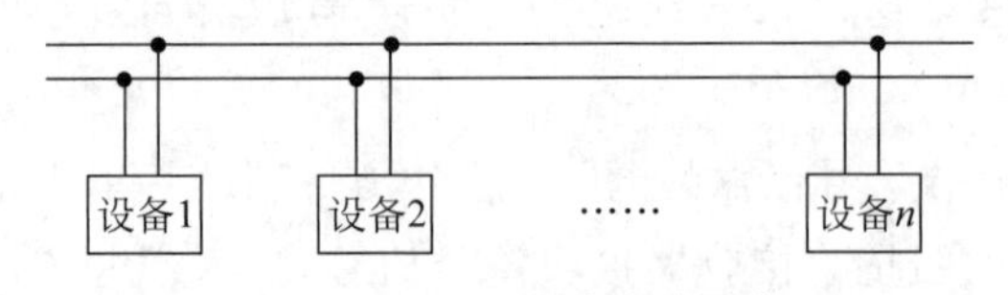

图 9-4　RS485 连接多台设备

RS485 接口被广泛应用于工业自动化、楼宇自动化、电力系统、环境监测等领域，用于实现可靠的数据通信和远程控制等。

RS422 和 RS485 的发送器和接收器实现标准逻辑电平到差分信号的转换，通常用集成电路实现。MAX422 实现 TTL 电平和差分电平的收发转换，收发两个通道分开，适合 RS422 通信。MAX485 芯片实现类似功能，只是收发通道连接在一起，适合 RS485 通信。两种芯片都是 5V 供电，适合 TTL 或 CMOS 电平，也有 3.3V 供电的，适合 LVCMOS 或 LVTTL 电平的类似芯片。

9.3 异步串行通信的数据帧

9.3.1 异步串行通信的波特率

异步串行通信的速率用波特率（band rate）表示，单位是位/秒（bits per second，b/s），即每秒传输的位数，也等于发送一位数据的时间宽度的倒数。由于异步串行通信没有同步时钟，因此，需要收发双方约定好波特率。只有收发双方使用约定的相同波特率，接收方才能和发送方数据同步，从而正确接收发送的数据。

硬件上可以采用串行移位寄存器进行数据的发送和接收，如图 9-5 所示。在发送方，发送数据并行置入后，在发送时钟的作用下从最右边的一个触发器开始依次输出，时钟边沿和数据是对齐的。由于时钟并不随数据传输到接收方，因此，需要在发送数据时先发送一个固定的起始位“0”，表示数据的开始。

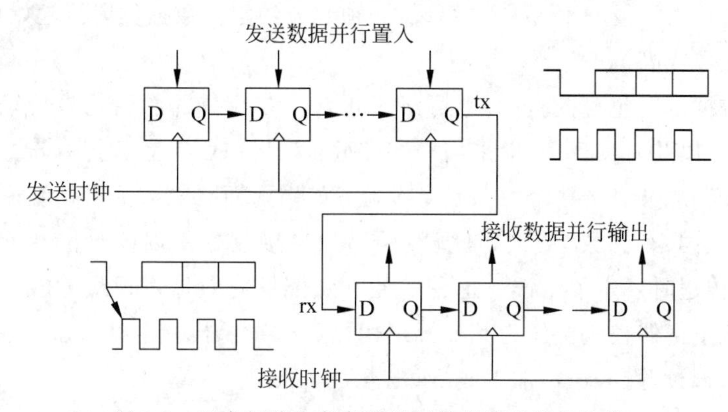

图 9-5　用串行移位寄存器进行数据的发送和接收

接收方探测到起始位后，开始通过定时器生成接收时钟信号。在这种简单电路情况下，一般接收时钟边沿和起始位中间位置对齐，时钟周期等于约定的 1 位传输时间，即波特率的倒数。因此，发送和接收方约定统一的波特率是必须的。

之所以接收时钟的边沿和数据中心对齐，是因为可以容许的波特率误差最大，对定时器要求最低。假定每次数据传输 n 位，则当波特率误差最大时，最后一位的时钟边沿也不能超出该位的范围，即

$$n \cdot \Delta T < \frac{1}{2}T \rightarrow \frac{\Delta T}{T} < \frac{1}{2n}$$

这就是对发送接收定时误差的最大估计,实际工程中还要保留充分的余量。

波特率的数值一般不能随便选取,典型的波特率是 300、1200、2400、9600、19200、38400、115200 等,这些是国际电信联盟规定的标准值。其中,9600 是普通设备使用较多的一种波特率值。

9.3.2 异步串行通信的数据帧组成

异步串行通信每次传送一帧数据,发送接收双方必须约定统一的数据帧结构才能正确解码数据。通用异步串行通信一帧数据由起始位、数据位、校验位和停止位组成。图 9-6 给出了异步串行数据帧的结构。

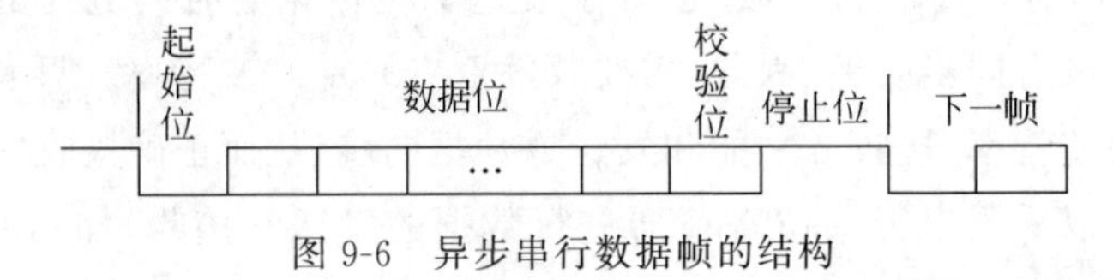

图 9-6 异步串行数据帧的结构

起始位由一位“0”组成,因为串行通信部件不发送数据时输出端是“1”,当接收端接收到起始的“0”,就会启动定时部件产生接收时钟。

数据位可由 7 位、8 位或 9 位组成,必须双方约定。数据位紧接起始位之后,可以先发送低位或高位。

一帧数据可以包含校验位,也可以不包含。校验位的作用是当传输发生错误时,接收方可以及时发现,一般采用奇偶校验:如果前面有效数据有奇数个“1”,则校验位为“0”,总共有奇数个“1”,是奇校验;如果前面有效数据有偶数个“1”,则校验位为“0”,总共有偶数个“1”,是偶校验。如果接收方发现校验位和前面数据不符,则表明传送时发生了错误。这种校验方法能够有效地发现最大概率的错误情形。有时也把奇偶校验位作为其他标记用,因此,奇偶校验也就有了 4 种状态:奇校验(odd)、偶校验(even)、常 1(mark)、常 0(space)。

停止位在一帧数据的最后,它是一帧数据中其他部分传输完成后的停顿,总是由“1”组成。如果一帧数据传输完成后紧接着传输下一帧数据,则停止位是两帧数据之间仅有的停顿。因此,停止位是两帧数据之间停顿的最小值,用来满足接收方对数据处理的时间要求。停止位一般设定为 1、1.5 或 2 位,以保证接收方接收一帧数据之后有时间对数据进行处理。

9.3.3 异步串行通信的流控制

当发送方连续发送多帧数据后,接收方有时需要让发送方暂时停顿以处理这些接收数据，否则可能造成数据丢失，这就需要流控制信号的帮助。

最简单的流控制信号是通过调制解调器控制信号实现的。UART最初用来实现设备和传输数据的调制解调器的连接，定义了一组握手信号。当设备需要传输数据时，给出一个发送请求信号(request transfer send，RTS)，调制解调器收到RTS信号后，如果现在可以传送数据，则给出清除发送请求信号(clear transfer send，CTS)，即表示调制解调器准备好了，给出了RTS信号的应答。设备收到CTS，就会开始传送数据帧给调制解调器。

如果两个微控制器要通过UART互相传输数据，可以方便地通过RTS和CTS实现，只要把两个UART的RTS、CTS交叉互连，如图9-7所示。RTS有效(为"0")，表明自身串口的接收部件准备好接收数据了，CTS接收到有效，表明对方已经准备好接收数据，可以马上进行发送。这样，如果把两个MCU通过RTS、CTS连接起来，恰好形成了有效的流控制。

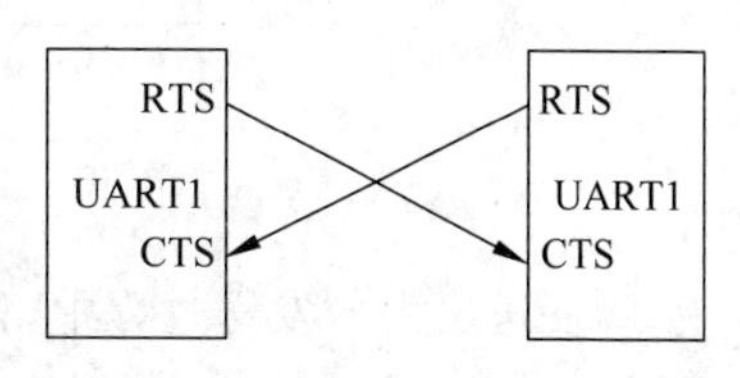

图9-7　流控制的RTS、CTS机制

9.3.4 传输中断信号

当数据线不传输数据时，应当保持"1"表示空闲。如果发送方把数据线连续拉低，时间超过任何一个有效数据帧的长度，则表示串口设备中断传输，接收方也会接收到一个中断信号。

中断信号表示输出传输终止，设备处于离线状态，比如休眠或断电状态。

9.4 RP2040芯片的串行通信部件

RP2040芯片包含两个异步串行通信部件，两个UART是相同的，可以连接不同引脚实现串行通信，下面予以介绍。

9.4.1 RP2040芯片UART的结构

RP2040芯片的UART由发送模块、接收模块、波特率发生器、发送接收FIFO、中断和DMA控制逻辑、寄存器组等组成，图9-8所示为RP2040芯片UART的结构。UART部件和APB总线相连，APB总线通过桥接器连接到AHB-Lite系统总线。寄存器组给各个部件提供配置信息，通过读写寄存器组控制UART各部分的行为。

32字节发送FIFO和发送器实现发送的功能。当UART部件使能时，如果FIFO非空，发送器就会从FIFO取得发送数据，并按照指定的波特率、帧格式通过

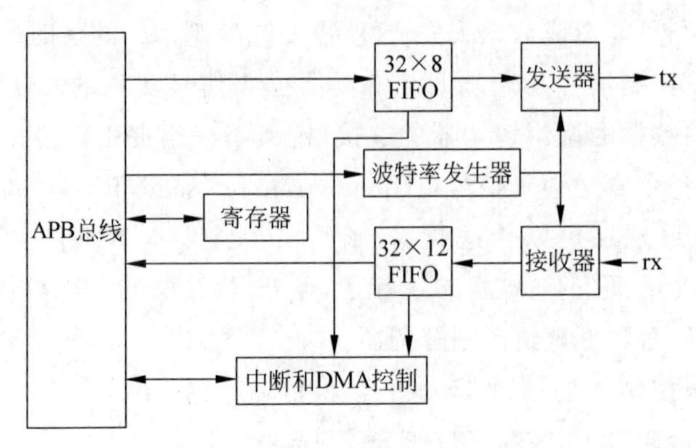

图 9-8 RP2040 芯片 UART 的结构

tx 引脚发送出去。发送过程中，程序不需要控制，只需要把要发送的字节写入发送 FIFO 即可，由于 FIFO 存在，程序不需要确定和等待发送器空闲，可以大大提高效率。

接收器和接收 FIFO 实现接收功能。接收器接收到起始位后，开始启动输入定时逻辑，在每个位中间进行三次采样并按两次相同采样确定接收的位，减少干扰。虽然接收数据最长一个字节，但是 FIFO 是 32×12，其中每个字 12 位，除了低 8 位数据，另外 4 位表示接收数据的错误情况。

表 9-1 给出了 UART 接收数据的格式，其中过载错误表示接收 FIFO 已满，却又接收到一个字节，当又有数据需要接收时，接收模块中的数据只好丢弃，这时过载标志会随着新字节存储在 FIFO 中；中断错误表示这个字节之前接收到一个中断信号；校验错误表示接收字节的校验位错误；帧错误表示没有收到有效的停止位(接收时只需要 1 位停止位)。

表 9-1 UART 接收数据的格式

位域	11	10	9	8	7:0
含义	过载错误(overrun)	中断错误(break)	校验错误(parity)	帧错误(frame)	接收数据

波特率发生器用于产生合适的波特率定时。它以 UARTCLK 为输入时钟，经过 16.6 分数分频，产生正确的波特率。分数分频的原理在 8.3.3 节已经讲过，这里只是位数不同，原理不再赘述。UARTCLK 由时钟模块产生，其设定应该以满足需要产生的波特率的需求而定。波特率的公式为

$$\mathrm{Br}=\frac{f_{\mathrm{UARTCLK}}}{16\times m.n}$$

式中，$m.n$ 为分数分频器的分频值。除以 16 是因为 RP2040 芯片的 UART 接收一个位需要 16 个时钟。

9.4.2 RP2040 芯片 UART 的流控制

如果串口发送和接收的程序能够足够快地反应,使得收到的字节都能及时地处理,不会发生过载错误,则不需要流控制。否则,需要在 FIFO 将满时输出流控制信号让发送方暂停发送。RP2040 芯片支持 RTS 和 CTS 流控制,可以通过设置位 RTSEn 和 CTSEn 单独控制生效或失效。RTS 和 CTS 控制是由 FIFO 中存储情况决定的,如图 9-9 所示。

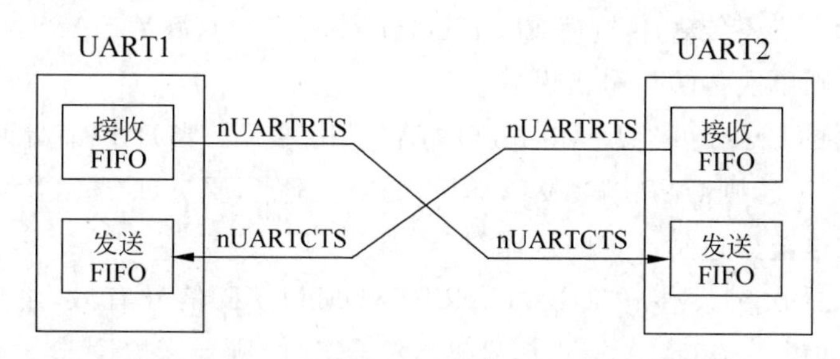

图 9-9 RP2040 芯片 UART 的 RTS、CTS 流控制

接收 FIFO 有一个可编程的水印线(watermark level),当接收的字节没有填充到水印线之前,流控制信号 nUARTRTS 一直有效。当接收的数据到达水印线之后,nUARTRTS 变成无效,表示 FIFO 将没有空间存储接下来的数据,希望当前字节发送完成后不要再继续发送。

当 FIFO 中的数据被串口程序取走,FIFO 中的数据又变成在水印线之下,则 nUARTRTS 又会重新变得有效。

对于发送的情况,如果 CTS 流控制使能,则当 nUARTCTS 有效并且发送 FIFO 中有数据时会一直处于发送状态,直到 FIFO 中数据空。如果发生过程中 nUARTCTS 变得无效,则发送当前字节完成后停止发送,直到 nUARTCTS 重新有效。

如果 CTS 流控制没有使能,则不管 nUARTCTS 信号为何,只要 FIFO 非空,则一直处于发送状态,直到 FIFO 为空。

9.4.3 RP2040 芯片 UART 的 DMA

RP2040 芯片的 UART 支持通过 DMA 传送,控制 DMA 部件通过 UARTDMACR 寄存器实现。收取和发送有独立的 DMA 控制信号,分别可以单次传输,也可以突发传输。

收取的过程是接收部件收到信息后存储进接收 FIFO 中,只要 FIFO 不空,DMA 就可以读取接收信息。因此,单次传输 DMA 的信号 UARTRXDMASREQ 只要接收 FIFO 不空,则会被触发。而突发(burst)传送请求信号 UARTRXDMABREQ

不同,FIFO 有一个可定义的水印线,只有 FIFO 中数据达到或超过这个水印线才能触发。

当一次突发传输完成,UARTRXDMACLR 有效,会清除 UART 的发送请求 DMA 信号。如果这时仍然满足信号的条件,发送请求信号就会重新有效。

UARTRXDMASREQ 和 UARTRXDMABREQ 各自独立的按逻辑设置和清除,一个的变化不影响另一个。比如,接收 FIFO 中有 13 字节,设定的水印线是 8,则 UARTRXDMASREQ 和 UARTRXDMABREQ 都满足有效条件,都有效。紧接着进行了一次 8 字节突发传输,传输完成时 FIFO 还剩 5 字节,只满足 UARTRXDMASREQ 的触发条件,则单次传输信号被设置。

发送部件的 DMA 也类似,是由 FIFO 的存储情况控制。当 DMA 使能时,只要 FIFO 中至少有一个空位,则 UARTTXDMASREQ 有效。但是,要使 UARTTXDMABREQ 有效,则需要空位至少达到设定的水印线。

同样,当一次突发传送完成,UARTTXDMACLR 信号有效,清除发送请求 DMA 信号,如果发送 DMA 请求信号仍然符合条件,则重新被设定。

9.4.4 RP2040 芯片 UART 的中断请求

RP2040 芯片 UART 总共可以产生 11 个中断请求,合并成一个总的中断信号 UARTINTR 给系统内核。11 个中断源可屏蔽、使能、清除,通过中断设置、清除、屏蔽寄存器 UARTIMSC 实现。所有中断信号的原始状态可以通过原始中断状态寄存器 UARTRIS 读出,其屏蔽后的状态可由屏蔽中断状态寄存器 UARTMIS 读出,图 9-10 给出了 UART 中断系统信号的流程。

接收状态变化时,触发接收中断 UARTRXINTR,其触发条件如下。

- 如果接收 FIFO 使能,接收到的数据数量达到设定的触发水平就触发中断,只有读出 FIFO 中的数据,使得数据量小于触发水平,则中断消失。
- 如果接收 FIFO 没有使能,相当于 FIFO 只有一个字节,则写入一个接收数据即触发中断,读出即中断消失。

在连续接收情况下,如果超过 32 个接收周期没有收到信息,则 UART 触发接收超时中断 UARTRTINTR。接收超时中断用来探测通过字节之间的间断使传输的连续数据组成数据帧的情况。比如,通过串口发送命令,每个命令传输完成停顿一段时间,则接收方可以根据停顿自动探测命令接收完成。

发送状态变化时,触发发送中断 UARTTXINTR,其触发条件如下。

- 如果发送 FIFO 使能,发送 FIFO 中数据量少于或等于设定的触发水平就会触发发送中断,只有写入数据,使得数据量大于触发水平,中断就会消失。
- 如果发送 FIFO 没有使能,相当于发送 FIFO 只有一个字节,则该字节为空即触发中断,写入该字节即中断消失。

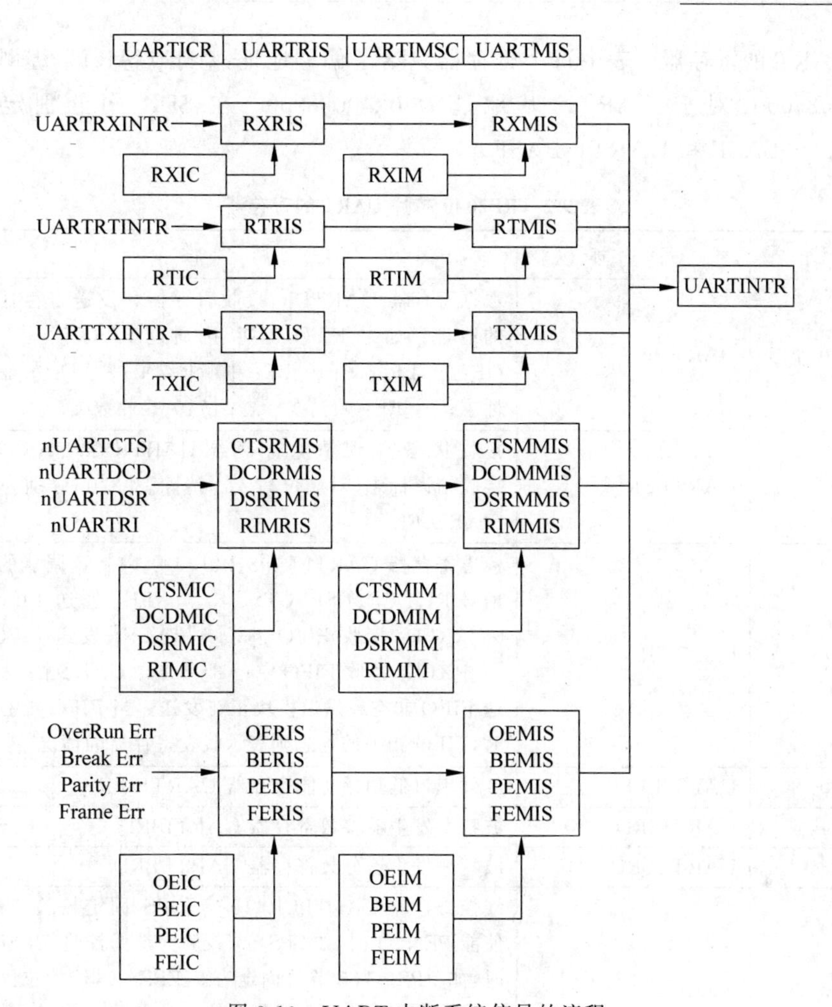

图 9-10 UART 中断系统信号的流程

如果串口接调制解调器，则调制解调器状态变化，将会通过状态引脚输入RP2040，触发 UARTMSINTR 中断，4 个状态引脚是 nUARTCTS、nUARTDCD、nUARTDSR、nUARTRI，都是低电平有效。这些信号的具体含义都与调制解调器有关，这里不再赘述，读者可以参看其他文献。

如果接收数据发生错误，也会触发中断，如前所述，4 种错误为超越错误、校验错误、中断错误、帧错误。

9.5 RP2040 芯片的串行通信编程

9.5.1 RP2040 芯片 UART 的寄存器

RP2040 芯片的 UART 编程通过读写寄存器实现。表 9-2 介绍了 RP2040 芯片 UART 的寄存器。表中每个寄存器只给了偏移地址，对于 UART0，基地址为 0x40034000；对于 UART1，基地址为 0x40038000。在 SDK 中分别定义为 UART0_BASE 和 UART1_BASE。

表 9-2　RP2040 芯片 UART 的寄存器

偏移量	名称	属性
0x000	UARTDR	数据寄存器 UARTDR，接收寄存器和发送寄存器共同的地址。如果 FIFO 使能，则通过 FIFO 读写。[11] OE：过载标志；[10]BE：中断标志；[9]PE：校验错误标志；[8]FE：帧错误标志；[7:0]接收数据
0x004	UARTRSR	接收状态/错误清除寄存器 UARTRSR/UARTECR。接收错误标志，对应位写入 1 清除。[3:0]分别为 OE、BE、PE、FE
0x018	UARTFR	标志寄存器 UARTFR，[8、2、1、0]：调制解调器的输入信号 RI、DCD、DSR、CTS。[7] TXFE：发送 FIFO 空；[6]RXFF：接收 FIFO 满；[5]TXFF：发送 FIFO 满；[4]RXFE：接收 FIFO 空；[3] busy：UART 忙，表示发送 FIFO 非空或发送模块正在发送。当 FIFO 没有使能时，FIFO 相关的标志则表示收发寄存器的情况
0x020	UARTILPR	红外串口低功耗功能寄存器 UARTILPR
0x024	UARTIBRD	波特率发生器整数寄存器 UARTIBRD
0x028	UARTFBRD	波特率发生器分数寄存器 UARTFBRD
0x02c	UARTLCR_H	线控寄存器 UARTLCR_H，[7]SPS，固定校验，当校验使能 PEN=1 时，如 SPS=0，校验为奇偶校验，当 SPS=1 时，如 EPS=1，校验位固定为 0，EPS=0，校验位固定为 1；[6:5]WLEN：数据位长度，11 表示 8 位，10 表示 7 位，01 表示 6 位，00 表示 5 位；[4]FEN，是否使能 FIFO；[3]STP2：使能 2 个停止位；[2] EPS：使能偶校验，当 PEN=1 和 SPS=0 时有效；[1]PEN：是否包含校验位；[0]BRK：发送中断，该位软件置位后，当前数据发送完成后持续输出 0 电平，直到该位清 0
0x030	UARTCR	控制寄存器 UARTCR，[15]CTSEN：使能 CTS 流控制；[14]RTSEN 使能 RTS 流控制；[13:12]OUT2-1，控制输出给调制解调器的信号；[11:10]调制解调器信号 RTS、DTR 状态；[9]RXE：使能接收模块；[8]TXE：使能发送模块；[7]LBE：回环(loopback)使能，用于红外通信；[2]SirLP：红外通信进入低功耗；[1]SirEN：红外通信使能；[0]UARTEN：UART 使能

续表

偏 移 量	名 称	属 性
0x034	UARTIFLS	FIFO 中断触发水平设置寄存器 UARTIFLS,[5:3] RXIFLSEL:接收 FIFO 水平设置,000>=1/8,001>=1/4,010>=1/2,011>=3/4,100>=7/8,其余保留;[2:0]TXIFLSEL:发送 FIFO 水平设置,000<=1/8,001<=1/4,010<=1/2,011<=3/4,100<=7/8,其余保留
0x038	UARTIMSC	中断设置、清除、屏蔽寄存器 UARTIMSC。其各个位对应中断为[10]:OE;[9]:BE;[8]:PE;[7]:FE;[6]:RT;[5]:TX;[4]:RX;[3]:DSR;[2]:DCD;[1]:CTS;[0]:RI,其作用见图 9-10
0x03c	UARTRIS	原始中断状态寄存器 UARTRIS。其各个位对应中断同 UARTIMSC,其作用见图 9-10
0x040	UARTMIS	屏蔽中断状态寄存器 UARTMIS。其各个位对应中断同 UARTIMSC,其作用见图 9-10
0x044	UARTICR	中断清除寄存器 UARTICR。其各个位对应中断同 UARTIMSC,其作用见图 9-10
0x048	UARTDMACR	DMA 控制寄存器 UARTDMACR。[2]:DMAONERR;[1]:TXDMAE;[2]:RXDMAE
0xfe0	UARTPERIPHID0	UARTPeriphID0 寄存器,总为 0x11
0xfe4	UARTPERIPHID1	UARTPeriphID1 寄存器,总为 0x10
0xfe8	UARTPERIPHID2	UARTPeriphID2 寄存器,总为 0x34
0xfec	UARTPERIPHID3	UARTPeriphID3 寄存器,总为 0x00
0xff0	UARTPCELLID0	UARTPCellID0 寄存器,总为 0x0d
0xff4	UARTPCELLID1	UARTPCellID1 寄存器,总为 0xf0
0xff8	UARTPCELLID2	UARTPCellID2 寄存器,总为 0x05
0xffc	UARTPCELLID3	UARTPCellID3 寄存器,总为 0xb1

9.5.2 RP2040 芯片 UART 的配置

RP2040 芯片 UART 的配置包括帧格式的配置、波特率设置、中断设置、DMA 设置等。UART 时钟为 clk_peri,经过分频得到波特率,需要根据需要的波特率和 clk_peri 频率计算分频系数。程序 9-1 是一个官方的例子,给出了 uint uart_set_baudrate(uart_inst_t * uart,uint baudrate)函数用于设定波特率。

程序 9-1 设置波特率

```
uint uart_set_baudrate(uart_inst_t * uart, uint baudrate) {
    invalid_params_if(UART, baudrate == 0);
    uint32_t baud_rate_div = (8 * clock_get_hz(clk_peri) / baudrate);
    uint32_t baud_ibrd = baud_rate_div >> 7;
```

```
    uint32_t baud_fbrd;
    if (baud_ibrd == 0) {
        baud_ibrd = 1;
        baud_fbrd = 0;
    } else if (baud_ibrd >= 65535) {
        baud_ibrd = 65535;
        baud_fbrd = 0;
    } else {
        baud_fbrd = ((baud_rate_div & 0x7f) + 1) / 2;
    }
    //Load PL011's baud divisor registers
    uart_get_hw(uart) -> ibrd = baud_ibrd;
    uart_get_hw(uart) -> fbrd = baud_fbrd;
    //PL011 needs a (dummy) line control register write to latch in the
    //divisors. We don't want to actually change LCR contents here.
    hw_set_bits(&uart_get_hw(uart) -> lcr_h, 0);
    //See datasheet
    return (4 * clock_get_hz(clk_peri)) / (64 * baud_ibrd + baud_fbrd);
}
```

设置帧格式不仅可以通过写寄存器的方式实现，也可以利用 SDK 提供的函数实现。程序 9-2 给出了函数 uint uart_init(uart_inst_t * uart, uint baudrate)，用于设定帧格式和波特率，波特率设置采用了程序 9-1 中定义的函数。程序中调用 uart_reset(uart)和 uart_unreset(uart)的目的是使 UART 处于确定的初始状态，调用函数 uart_set_format()设定通信的数据帧格式。

程序 9-2 UART 设定帧格式

```
uint uart_init(uart_inst_t * uart, uint baudrate) {
    invalid_params_if(UART, uart != uart0 && uart != uart1);
    if (clock_get_hz(clk_peri) == 0)
        return 0;
    uart_reset(uart);
    uart_unreset(uart);
#if PICO_UART_ENABLE_CRLF_SUPPORT
    uart_set_translate_crlf(uart, PICO_UART_DEFAULT_CRLF);
#endif
    //Any LCR writes need to take place before enabling the UART
    uint baud = uart_set_baudrate(uart, baudrate);
    uart_set_format(uart, 8, 1, UART_PARITY_NONE);
    //Enable the UART, both TX and RX
    uart_get_hw(uart) -> cr = UART_UARTCR_UARTEN_BITS
            | UART_UARTCR_TXE_BITS | UART_UARTCR_RXE_BITS;
    //Enable FIFOs
    hw_set_bits(&uart_get_hw(uart) -> lcr_h, UART_UARTLCR_H_FEN_BITS);
    //Always enable DREQ signals -- no harm in this if DMA is not listening
    uart_get_hw(uart) -> dmacr = UART_UARTDMACR_TXDMAE_BITS
```

```
            | UART_UARTDMACR_RXDMAE_BITS;
    return baud;
}
```

9.5.3　RP2040芯片UART数据传输编程

通过UART传送数据最基本的方法是直接读写UARTDR寄存器，该地址虽然是一个地址，但是读寄存器读取的是接收寄存器中的接收数据，写则是把要发送的数据写入发送寄存器。在读取接收数据时，如果没有使能FIFO，则直接读取接收到的数据；如果使能了FIFO，则读取的是FIFO中缓存的接收数据。在发送数据时同样如此，如果使能了FIFO，则写入FIFO，否则直接写入发送寄存器。

接收和发送数据编程最简单、直接的方式是所谓"阻塞式"发送和接收，即发送函数在发送时把所有要发送的数据都有效地写入UART才返回，而接收函数接收到所有的数据或超过预设时间才返回。

为了方便地存取UART的寄存器，在SDK中定义了一个数据类型uart_hw_t，其结构与表9-2给出的寄存器存储结构相同，如程序9-3所示。

程序9-3　结构体uart_hw_t定义

```
typedef struct {
    _REG_(UART_UARTDR_OFFSET)         //UART_UARTDR
        io_rw_32 dr;
    _REG_(UART_UARTRSR_OFFSET)        //UART_UARTRSR
        io_rw_32 rsr;
    uint32_t _pad0[4];
    _REG_(UART_UARTFR_OFFSET)         //UART_UARTFR
        io_ro_32 fr;
    uint32_t _pad1;
    _REG_(UART_UARTILPR_OFFSET)       //UART_UARTILPR
        io_rw_32 ilpr;
    _REG_(UART_UARTIBRD_OFFSET)       //UART_UARTIBRD
        io_rw_32 ibrd;
    _REG_(UART_UARTFBRD_OFFSET)       //UART_UARTFBRD
        io_rw_32 fbrd;
    _REG_(UART_UARTLCR_H_OFFSET)      //UART_UARTLCR_H
        io_rw_32 lcr_h;
    _REG_(UART_UARTCR_OFFSET)         //UART_UARTCR
        io_rw_32 cr;
    _REG_(UART_UARTIFLS_OFFSET)       //UART_UARTIFLS
        io_rw_32 ifls;
    _REG_(UART_UARTIMSC_OFFSET)       //UART_UARTIMSC
        io_rw_32 imsc;
    _REG_(UART_UARTRIS_OFFSET)        //UART_UARTRIS
        io_ro_32 ris;
```

```
    _REG_(UART_UARTMIS_OFFSET)        //UART_UARTMIS
        io_ro_32 mis;
    _REG_(UART_UARTICR_OFFSET)        //UART_UARTICR
        io_rw_32 icr;
    _REG_(UART_UARTDMACR_OFFSET)      //UART_UARTDMACR
        io_rw_32 dmacr;
} uart_hw_t;
#define uart0_hw ((uart_hw_t *)UART0_BASE)
#define uart1_hw ((uart_hw_t *)UART1_BASE)
```

程序中_REG_()是定义寄存器的宏,宏的参数是偏移地址,io_rw_32 是 volatile uint32_t 的类型定义,在编程中引用结构体 uart_hw_t 比直接写地址要方便很多。

数据发送时,要先根据 UARTFR 寄存器中的标志判断是否可以写入:如果发送 FIFO 使能,则 TXFF 表示发送 FIFO 满;如果发送 FIFO 没有使能,则 TXFF 表示发送寄存器有发送数据,这时均不能写入。UART 阻塞发送示例如程序 9-4 所示。

程序 9-4 UART 阻塞发送示例

```
void UartSendBlock(uart_hw_t * uart, uint8_t c)
{
    while(uart->fr& UART_UARTFR_TXFF_BITS);
    uart->dr = c;
}
void UartSendStringBlock(uart_hw_t * uart, uint_t * s, int n)
{
    int i;
    for(i = 0;i < n;i++)
        UartSendBlock(uart, s[n]);
}
```

接收数据时,也要先根据 UARTFR 寄存器判断是否有接收到的字符,不论 FIFO 是否使能,RXFE 同样反映了是否有接收到的字符等待读取。UART 阻塞接收示例如程序 9-5 所示。

程序 9-5 UART 阻塞接收示例

```
int UartIsReadable(uart_hw_t * uart)
{
    return !(uart->fr & UART_UARTFR_RXFE_BITS);
}
uint8_t UartGetc(uart_hw_t * uart)
{
    while(UartIsReadable(uart));
    return uart->dr;
```

```
}
int UartGets(uart_hw_t * uart, uint8_t * s, int n)
{
    int i;
    for(i = 0;i < n;i++){
        s[i] = UartGetc(uart);
        if(s[i] == '\n') break;
    }
    return i;
}
```

如果在SDK环境下编程，则不需要这样麻烦，可以直接应用SDK提供的函数。如程序9-6所示，设定串口0波特率为115200，引脚GPIO1接收GPIO0发送，直接通过uart_puts()发送字符串。

程序9-6　应用SDK串口发送程序

```
int main() {
//Initialise UART 0
    uart_init(uart0, 115200);
    //Set the GPIO pin mux to the UART - 0 is TX, 1 is RX
    gpio_set_function(0, GPIO_FUNC_UART);
    gpio_set_function(1, GPIO_FUNC_UART);
    uart_puts(uart0, "Hello world!");
}
```

思考题

1. 为什么并行通信可以同时传输多路信号，串行通信同时只能传输一路信号，但一般情况下却是串行通信可以达到更高通信速率？

2. 请问RS232、RS422、RS485在信号电压和传输的物理介质方面有何不同？

3. 什么是波特率？波特率和传输速率一致吗？

4. 一般情况下，一帧串行数据由哪些部分组成？

5. 在UART中，FIFO什么作用？

习题

1. 假定系统时钟频率为11.059 2MHz，请问经过多少分频可以得到9 600b/s的波特率？若在每帧数据11位的情形下，最后一位数据边沿错位不超过该位的10%，请问对系统频率的误差要求是多少？

2. 在一个串行通信线路上，用示波器看到了图9-11所示的波形，请分析该串行通信的帧结构,并估计其波特率。

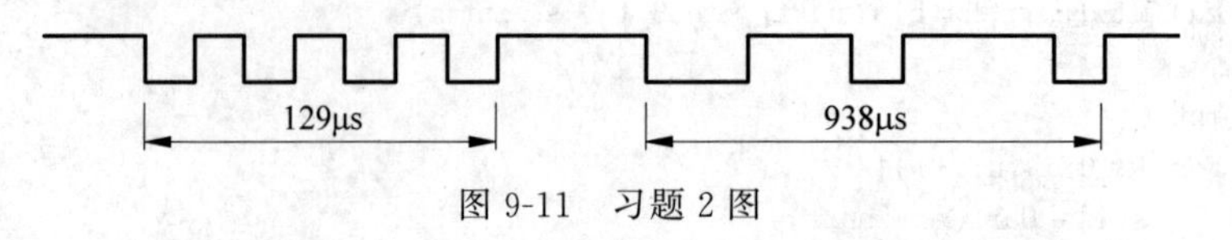

图 9-11　习题 2 图

3. 设 RP2040 的 UART 的输入时钟 UARTCLK 频率为 36MHz,请问如何设定波特率发生器使得波特率是 115 200b/s?

第10章 串行互连总线

串行互连总线常用于电路板之间或电路板上芯片的互相连接，由于串行互连所需信号线较少，对于减少电路板面积和布线复杂度都有帮助。串行外设接口(serial peripheral interface，SPI)总线和集成电路总线(inter-integrated circuit，I^2C、IIC 或 I2C)发展成熟，应用广泛，本章予以介绍。

10.1 SPI 串行总线规范

10.1.1 利用移位寄存器传输数据

SPI 就是利用串行移位寄存器进行数据传输的规范，不同的时钟相位、边沿及数据位数等规定就形成了不同的 SPI 协议版本。串行移位寄存器就是把 D 触发器串接起来，相互之间只要有数据和时钟两个连接信号就可以传递数据，便于实现互连。发送方数据并入串出，接收方串入并出，给出时钟的器件就是系统的主器件，而其他器件是系统的从器件。图 10-1 所示为通过串行移位寄存器进行数据传输的电路。

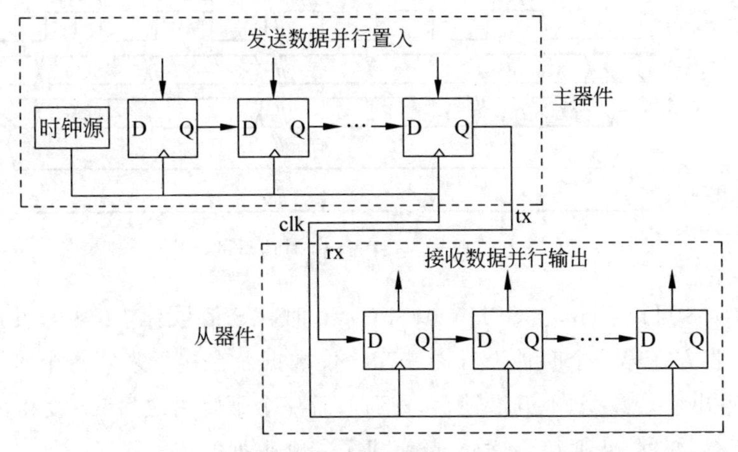

图 10-1 通过串行移位寄存器进行数据传输的电路

由图 10-1 可以看出，单向数据传输需要时钟和数据两个信号线，由于需要传输时钟，因此是同步串行通信。如果数据双向传输，则需要时钟、输入和输出三个信号线。SPI 总线用两组串行移位寄存器实现双向通信，即在同一个时钟的作用下，每个器件都含有接收和发送的串行移位寄存器，实现了全双工通信。

SPI 是主从式串行总线，为了实现一主多从的通信，每个接收器件还具有一个使能信号用来控制该器件是否工作，而使能信号由主器件发送，这样可以实现一主多从通信。由于 SPI 从机简单地用选择信号做出区分，因此和一对一通信在信号时序方面是相同的。下面主要介绍一对一通信。

SPI 的通信需要至少 4 根线：

(1) MISO(master input slave output)，主器件数据输入，从器件数据输出；

(2) MOSI(master output slave input)，主器件数据输出，从器件数据输入；

(3) SCLK(serial clock)，时钟信号，由主器件产生；

(4) CS(chip select)，从设备使能信号，由主设备控制。

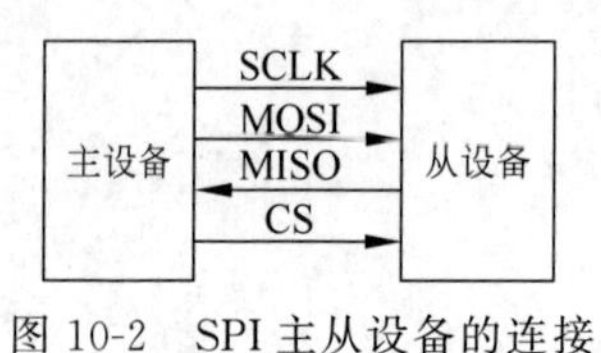

图 10-2 SPI 主从设备的连接

图 10-2 给出了主从设备连接的情况，包括信号名称和方向。

10.1.2 摩托罗拉 SPI 协议规范

最初的 SPI 总线规范由摩托罗拉公司提出，它规定了两种时钟相位和两种时钟边沿极性。用 SPH 代表时钟相位，用 SPO 代表时钟极性。当 SPH＝0 时，图 10-3 给出了两种极性时钟下，SPI 总线 SPH＝0 时信号的时序。SPO＝1 和 SPO＝0 相比只是时钟反相，因此，只以 SPO＝0 为例进行说明。

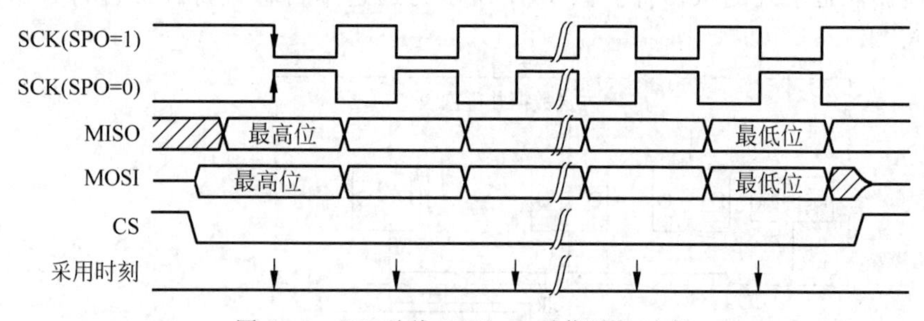

图 10-3 SPI 总线 SPH＝0 时信号的时序

由图 10-3 可以看出，当 SPH＝0、SPO＝0 时，CS 信号有效（为 0）发送方即给出数据，接收方在第一个时钟上升沿锁存该位数据。在接下来的每个时钟下降沿发送方都给出一位数据，上升沿锁存，直到最后一个下降沿之后 CS 变得无效。CS 无效后，所有器件停止通信。这样，就完成了一帧数据的传输。

当 SPH＝1 时，如图 10-4 所示，传送时序变成时钟前沿发送方给出数据，后沿接收方锁存，而 CS 有效后的数据线状态无效。

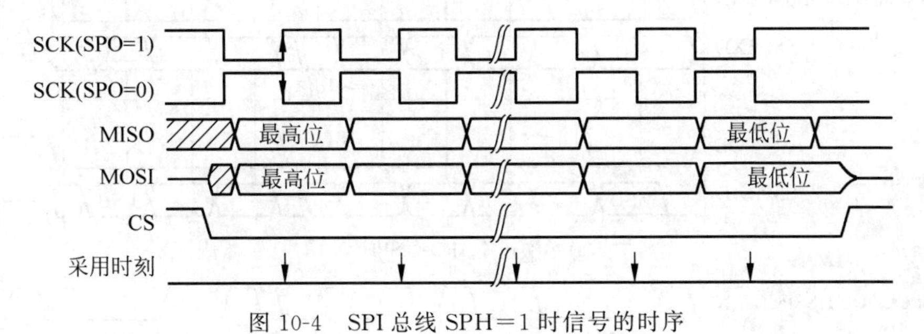

图 10-4 SPI 总线 SPH＝1 时信号的时序

在 SPI 传送中，一帧数据的位数没有定义，可以由应用者自主确定。

10.2 RP2040 芯片的 SPI 控制器

10.2.1 RP2040 芯片的 SPI 控制器帧格式

RP2040 芯片的 SPI 控制器除了支持摩托罗拉 SPI 协议，还支持 TI 公司同步串口协议（texas instruments synchronous serial）和 NS 公司的 Microwire 协议。后两者和前者非常相似，这里不再赘述，有需要的读者可以自行学习。

除此之外，RP2040 芯片的 SPI 控制器还支持单次传输和持续传输。图 10-5 给出了单次传输和连续传输的帧格式，是以 SPH＝0、SPO＝0 的情形作为例子。上一节所说 CS 信号变成这里的 SSPFSSOUT/SSPFSSIN 和 nSSPOE 信号，其他信号的名称虽然改变，但是时序完全一致。

当单次传输时，SSPFSSOUT/SSPFSSIN 和 nSSPOE 信号同步变化，相当于上一节的 CS。当连续传输时，nSSPOE 信号变低后在后续字节传输时不再升高，直到最后一个字节结束。而 SSPFSSOUT/SSPFSSIN 信号在一个字节完成后变高，时序如上一节的 CS。接收方可根据这两个信号的组合，判断数据连续传输的情况，有利于提高数据传输的速度。

10.2.2 RP2040 芯片的 SPI 控制器组成

RP2040 芯片的 SPI 控制器由发送器、接收器、FIFO、时钟预分频器、DMA 与中断控制逻辑等模块组成，如图 10-6 所示。2 个 FIFO 都是 16b×8 容量，发送 FIFO 和发送器组成了发送部件，接收 FIFO 和接收器组成接收部件。由于是同步串行通信，时钟的精度要求不高，所以时钟预分频器只采用了整数分频。DMA 和中断模块以 FIFO 状态为输入，决定 DMA 和中断的状态。整个 SPI 控制器连接到

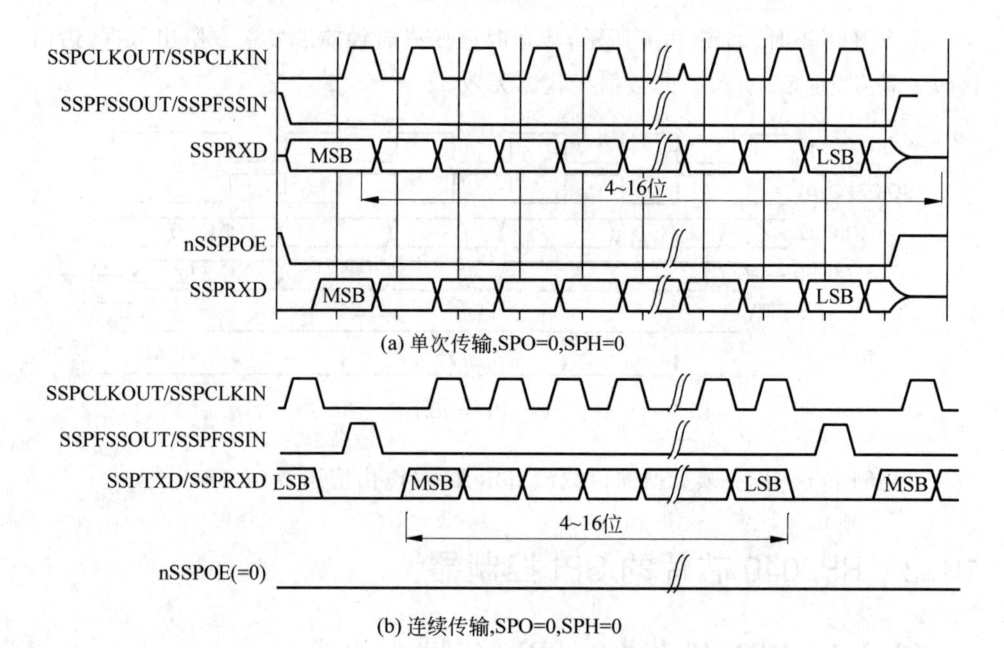

图 10-5　RP2040 芯片的 SPI 控制器的单次传输和连续传输

APB 总线,APB 总线再通过 AHB 到 APB 的桥接器与系统总线相接。

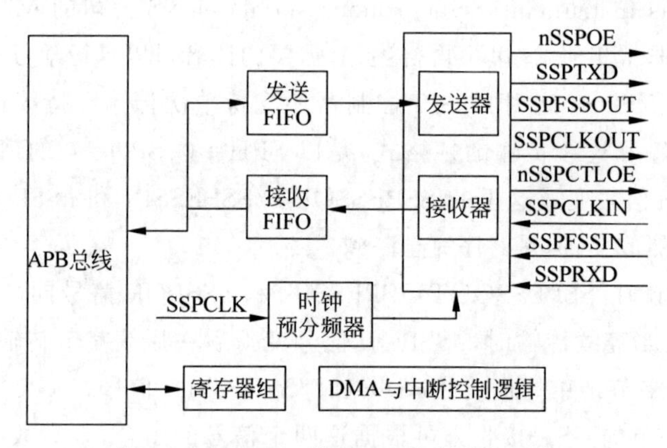

图 10-6　RP2040 芯片 SPI 控制器的组成

发送、接收逻辑部件既可以配置为主器件,也可以配置为从器件,由 SSPCR1 寄存器的 MS(master or slave mode select)域控制,当其为 1 时为主器件。主器件负责产生时钟信号,由 SSPCLKOUT 输出,从设备由 SSPCLKIN 输入时钟信号。

预分频器是整数分频器,分频系数 CPSDVSR 必须为偶数,写入任何数最低位都会变成 0。发送模式下,预分频得到的时钟经过 SCR+1 分频后才是输出波特率。在接收模式下,波特率由 SSPCLKIN 决定,但要求分频后的时钟频率必须大于 SSPCLKIN 频率的 3 倍,才能保证接收正确。

发送和接收 FIFO 共用一个总线接口地址 SSPDR,写入时发送 FIFO,读出时接收 FIFO。无论配置是主器件还是从器件,发送 FIFO 中的数据非空时都会从 SSPTXD 串行输出,而 SSPRXD 中的串行输入数据写入接收 FIFO 中。

10.2.3 RP2040 芯片 SPI 的 DMA

RP2040 芯片的 SPI 支持通过 DMA 传送,DMA 部件通过 SPIDMACR 寄存器实现。收取和发送有独立的 DMA 控制信号,分别可以单次传输也可以突发传输。

收取的过程是接收部件收到信息后写入接收 FIFO 中,只要 FIFO 不空,就可以读取接收信息。因此,单次传输 DMA 的信号 SPIRXDMASREQ 只要接收 FIFO 不空,就会被触发。而突发(burst)传送请求信号 SPIRXDMABREQ 只有 FIFO 中数据达到或超过 4 个才能触发。

当一次突发传输完成,SPITXDMACLR 有效,会清除 SPI 的发送请求 DMA 信号。如果这时仍然满足信号的条件,发送请求信号就会重新有效。

SPIRXDMASREQ 和 SPIRXDMABREQ 各自独立地按逻辑设置和清除,其中一个发生变化不影响另一个。比如,接收 FIFO 中有 7 字节,则 SPIRXDMASREQ 和 SPIRXDMABREQ 都满足有效条件,都有效。紧接着进行了一次 4 字节突发传输,传输完成时 FIFO 还剩 3 字节,只满足 SPIRXDMASREQ 的触发条件,则单次传输信号被设置。

发送部件的 DMA 也类似,是由 FIFO 的存储情况控制。当 DMA 使能时,只要 FIFO 中至少有一个空位,则 SPITXDMASREQ 有效。但是,要使 SPITXDMABREQ 有效,则需要空位至少达到 4 个。

同样,当一次突发传送完成,SPITXDMACLR 信号有效,清除发送请求 DMA 信号,如果发送 DMA 请求信号仍然符合条件,则重新被设定。

10.2.4 RP2040 芯片 SPI 的中断

RP2040 芯片 SPI 部件总共可以产生 4 个中断请求,合并成一个总的中断信号 SSPINTR 给系统内核。4 个中断源可屏幕、使能、清除,通过中断设置、清除、屏蔽寄存器 SSPIMSC 实现。所有中断信号的原始状态可以通过原始中断状态寄存器 SSPRIS 读出,其屏蔽后的状态可由屏蔽中断状态寄存器 SSPMIS 读出。图 10-7 给出了 RP2040 芯片 SPI 中断系统信号的流程。

SSPRXINTR 信号是由接收 FIFO 半满信号触发的,只有读取接收数据使得接收 FIFO 数据减少到半满以下才能消除,可由 RXIM 信号屏蔽。

SSPTXINTR 信号是由发送 FIFO 半空信号触发,只有及时补充数据写入

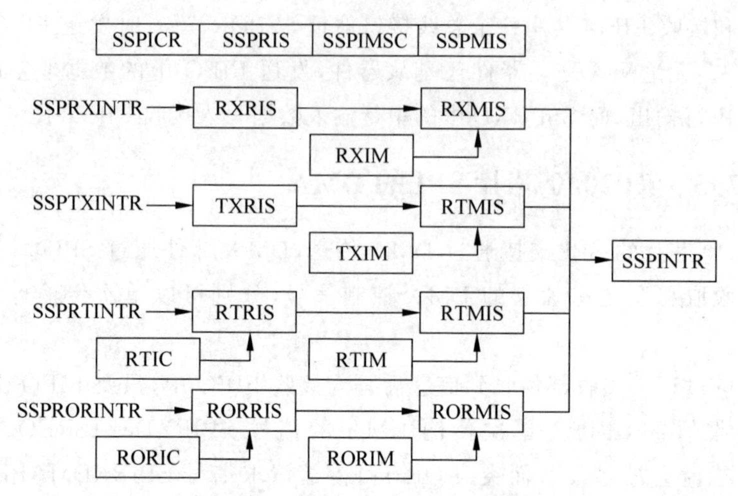

图 10-7　RP2040 芯片 SPI 中断系统信号的流程

FIFO 才能消除该中断,可由 TXIM 信号屏蔽。

SSPRTINTR 信号是接收超时信号,接收 FIFO 非空的情况下,一定时间内没有读取 FIFO 中的数据则触发该中断,可由写 RTIC 清除,由 RTIM 信号屏蔽。

SSPRORINTR 信号是接收超越信号,当接收数据写入已满的 FIFO 时,产生该信号,可由 RORIC 清除,并可由 RORIM 信号屏蔽。

10.3　RP2040 芯片 SPI 控制器编程

10.3.1　RP2040 芯片 SPI 控制器的寄存器

RP2040 芯片的 SPI 部件编程通过读写寄存器实现。表 10-1 给出了 RP2040 芯片 SPI 控制器的寄存器。表中每个寄存器只给了偏移地址,对于 SPI0,基地址为 0x4003c000；对于 SPI1,基地址为 0x40040000。在 SDK 中分别定义为 SPI0_BASE 和 SPI1_BASE。

表 10-1　RP2040 芯片 SPI 控制器的寄存器

偏 移 量	名　　称	描　　述
0x000	SSPCR0	控制寄存器 0,[15:8]SCR：波特率分频系数； [7]SPH：时钟相位设置； [6]SPO：时钟相位极性； [5:4]FRF：帧格式,00 为摩托罗拉 SPI 帧格式,01 为 TI 帧格式,10 为 Microwire 帧格式,11 保留； [3:0]DSS：帧数据长度,小于 0011 无效,其余值表示数据长度为 DSS+1

续表

偏 移 量	名 称	描 述
0x004	SSPCR1	控制寄存器 1,[3]SOD：从模式输出禁止，当为 1 时，可以禁止从模式时的输出，在单主多从系统中作为未被选中的从机； [2]MS：主从模式选择，1 为主模式，0 为从模式； [1]SSE：SPI 使能位，1 使能，0 禁止； [0]LBM：回环模式，如为 1，器件自身发送接收连接，用于测试
0x0008	SSPDR	数据寄存器，[15:0]DATA：为发送或接收 FIFO 地址
0x00c	SSPSR	状态位，[4]BSY：忙标志，1 表示正在传送，0 表示空闲； [3]RFF：接收 FIFO 满标志； [2]RNE：接收 FIFO 非空标志，1 表示有数据，0 表示无数据； [1]TNF：发送 FIFO 非满标志； [0]TNE：发送 FIFO 非空标志，1 表示有数据，0 表示无数据
0x010	SSPCPSR	[7:0]为 CPSDVSR，预分频器分频系数
0x014	SSPIMSC	中断屏蔽寄存器，[3:0]分别为 TX、RX、RT、ROR 中断
0x018	SSPRIS	原始中断状态寄存器，[3:0]分别为 TX、RX、RT、ROR 中断
0x01c	SSPMIS	屏蔽后中断状态寄存器，[3:0]分别为 TX、RX、RT、ROR 中断
0x020	SSPICR	中断清除寄存器，[1:0]分别为 RT、ROR 中断
0x024	SSPDMACR	DMA 控制寄存器，[1]TXDMAE：发送 DMA 使能； [0]RXDMAE：接收 DMA 使能
0xfe0～0xfec	SSPPERIPHID0～3	只读为{0x22,0x10,0x34,0x00}
0xff0～0xffc	SSPPCELLID0～3	只读为{0x0d,0xf0,0x05,0xb1}

10.3.2 RP2040 芯片 SPI 编程方法

为了读写寄存器方便，SDK 提供了一个类型定义 spi_hw_t，其结构和表 10-1 给出的寄存器地址完全匹配，方便通过指针 spi0_hw 和 spi1_hw 访问寄存器。类型定义见程序 10-1 所示。

程序 10-1 SDK 中 spi_hw_t 定义

```
typedef struct {
    _REG_(SPI_SSPCR0_OFFSET) io_rw_32 cr0;              //SPI_SSPCR0
    _REG_(SPI_SSPCR1_OFFSET) io_rw_32 cr1;              //SPI_SSPCR1
    _REG_(SPI_SSPDR_OFFSET) io_rw_32 dr;                //SPI_SSPDR
    _REG_(SPI_SSPSR_OFFSET) io_ro_32 sr;                //SPI_SSPSR
```

```
    _REG_(SPI_SSPCPSR_OFFSET) io_rw_32 cpsr;            //SPI_SSPCPSR
    _REG_(SPI_SSPIMSC_OFFSET) io_rw_32 imsc;            //SPI_SSPIMSC
    _REG_(SPI_SSPRIS_OFFSET) io_ro_32 ris;              //SPI_SSPRIS
    _REG_(SPI_SSPMIS_OFFSET) io_ro_32 mis;              //SPI_SSPMIS
    _REG_(SPI_SSPICR_OFFSET) io_rw_32 icr;              //SPI_SSPICR
    _REG_(SPI_SSPDMACR_OFFSET) io_rw_32 dmacr;          //SPI_SSPDMACR
} spi_hw_t;
#define spi0_hw ((spi_hw_t *)SPI0_BASE)
#define spi1_hw ((spi_hw_t *)SPI1_BASE)
```

如果直接通过写寄存器编程，这个定义已经足够用了。如果希望引用SDK中的函数进行编程，则更加方便，SDK的hardware/spi.h中定义了如下函数可供调用：

```
uint spi_init(spi_inst_t * spi, uint baudrate);
void spi_deinit(spi_inst_t * spi);
uint spi_set_baudrate(spi_inst_t * spi, uint baudrate);
uint spi_get_baudrate(const spi_inst_t * spi);
int spi_write_read_blocking(spi_inst_t * spi, const uint8_t * src,
                            uint8_t * dst, size_t len);
int spi_write_blocking(spi_inst_t * spi, const uint8_t * src, size_t len);
int spi_read_blocking(spi_inst_t * spi, uint8_t repeated_tx_data,
                            uint8_t * dst, size_t len);
int spi_write16_read16_blocking(spi_inst_t * spi, const uint16_t * src,
                            uint16_t * dst, size_t len);
int spi_write16_blocking(spi_inst_t * spi, const uint16_t * src, size_t len);
int spi_read16_blocking(spi_inst_t * spi, uint16_t repeated_tx_data,
                            uint16_t * dst, size_t len);
```

可以直接调用这些函数进行SPI编程，也可以通过研究这些函数的实现(在spi.c中)学习编写直接控制SPI的代码。

10.4 I^2C串行总线规范

SPI总线规范简单、容易实现，因为从器件需要额外的选择信号，所以不适合复杂的多器件互连的情况。I^2C总线克服了这个问题，它不需要其他信号的帮助，就可以实现多个器件的主从式通信，并且进一步规定了帧格式，方便应用。

10.4.1 I^2C总线的电路连接

I^2C总线通过两根信号线SCL和SDA实现主从器件的通信。同一时刻，只有一个主器件。SCL是串行时钟，用于由主器件提供时钟同步信号，SDA是串行数据，用于在主器件和从器件之间传递数据，该信号是双向的。图10-8给出了单主

机多从机情况下的 I^2C 总线连接示意图。

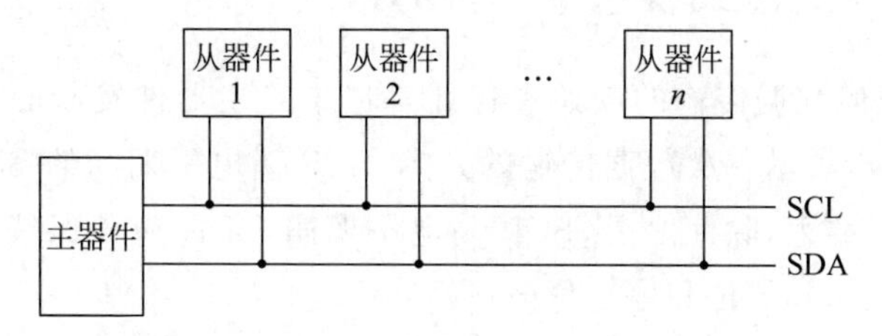

图 10-8　I^2C 总线连接示意图(单主机多从机)

I^2C 总线中每个器件的 SDA 信号方向需要在输入输出之间切换,是通过集电极开路(或源极开路)门实现的,多个并联在一起的集电极(或源极)输出共享一个上拉电阻,这样可以实现"线与"逻辑。

图 10-9 给出 I^2C 总线 SDA 驱动电路,无论 Q1、Q2、Q3 中的任何一个或几个导通,都导致输出为 0,而所有输出都截止则输出为 1。可以看出,任何输出都不会冲突,而是实现与运算。在这种电路中,输出'1'不妨碍别的器件输出,任何时候都可以读取信号线上的状态,也就是处于输入状态。

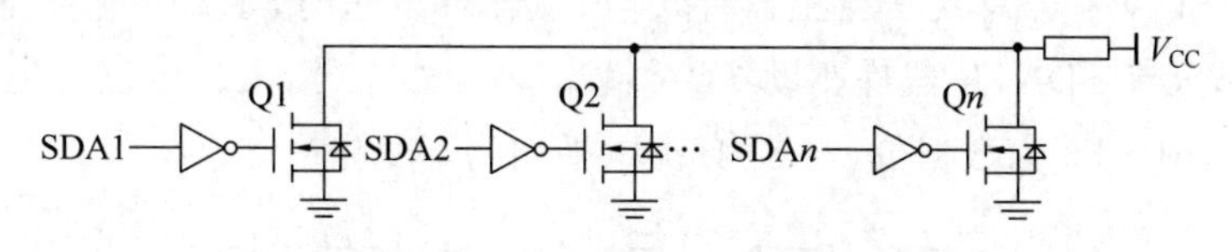

图 10-9　I^2C 总线 SDA 驱动电路

在多主机系统中,主机为了发送 SCL 时钟不发生冲突,则也需要用集电极开路门,以便进行冲突检测和协商。由于多主机系统较复杂和应用较少,我们这里只讨论单主多从的情形,图 10-10 给出了单主机多从机情况下的连接示意图。

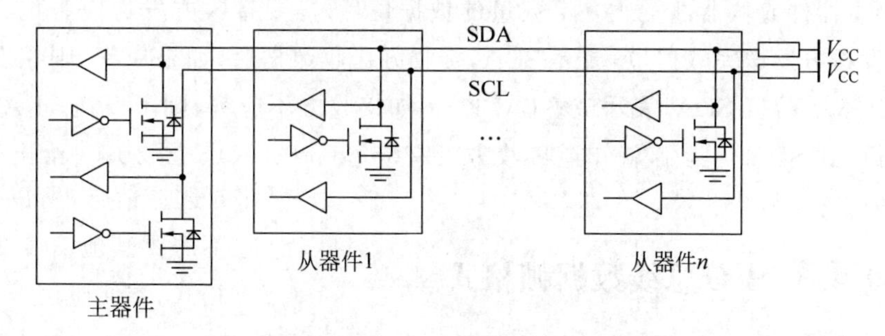

图 10-10　连接示意图(单主机多从机)

由图可以看出,对于 SDA 信号,主器件和从器件是相同的电路结构;对于 SCL 信号,主器件既有输入也有输出,而从器件只有输入电路。

10.4.2 I²C总线发送单个位的格式

I²C总线任何数据传输的起始和停止都应该是主器件发起的，SCL高电平期间的SDA下降沿表示一次数据传输的开始，SCL高电平期间的SDA上升沿表示一次数据传输的结束，除此之外，SCL高电平期间，SDA应该保持不变。图10-11给出了I²C总线的起始位和停止位波形。

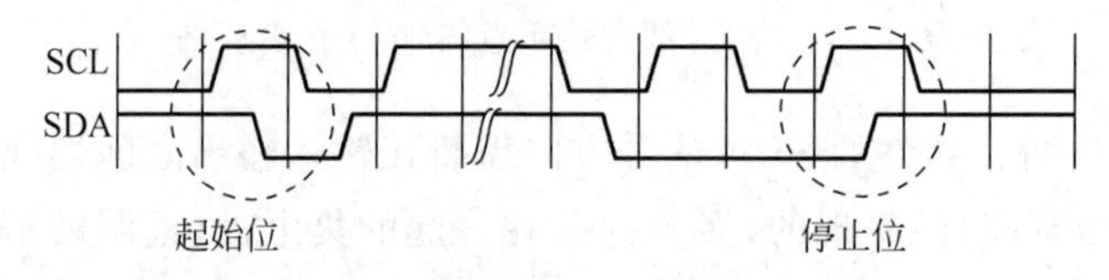

图10-11 I²C总线的起始位和停止位波形

数据传输必须在SCL的低电平期间输出，在SCL高电平期间，SDA不允许任何变化。因此，I²C总线的数据接收方可以在SCL高电平期间任何时刻对SDA表示的数据采样。主器件发送时，主器件输出SCL和SDA，从器件驱动SDA为1，放弃占用SDA信号总线。当主器件接收、从器件发送时，主器件输出SCL，驱动SDA为1，放弃SDA，从器件驱动SDA输出。图10-12给出起始位后传输数据的波形，其中b1～b5为数据位，在SCL高电平期间不变化。

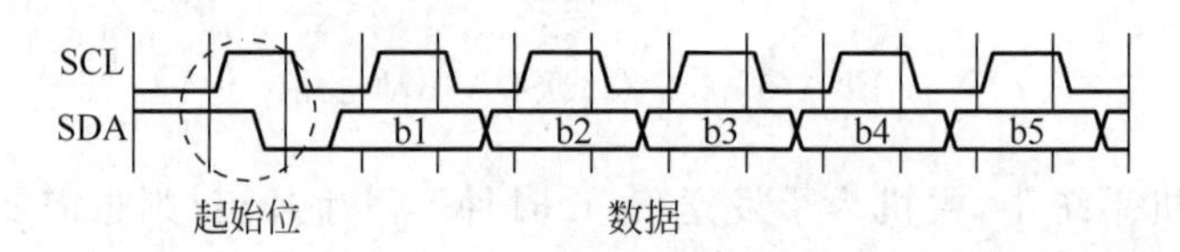

图10-12 I²C总线起始位后传输数据的波形

当主器件或从器件发送一定数量的数据位后，需要接收方发送应答位。其过程是，发送方发送完数据位，放弃SDA，接收方接收数据后，如果应答，则在发送方放弃SDA后拉低SDA，表示应答(ACK)。如接收方不应答，则不发送SDA，这时发送方读到SDA仍为1，就知道接收方没有应答(noACK)。图10-13给出了I²C总线的应答信号。

10.4.3 I²C总线数据帧格式

每个数据帧都是从发送起始位开始，发送停止位结束。每个I²C总线从器件具有一个确定的7位地址，一次通信主器件首先发送7位地址，然后发送读写位，用来表征这次通信的读写，0表示主机向从机写，1表示读取从机数据。这样地址和读写标志正好为一个字节。从机读取后，如果这个地址的从机存在则应该应答，

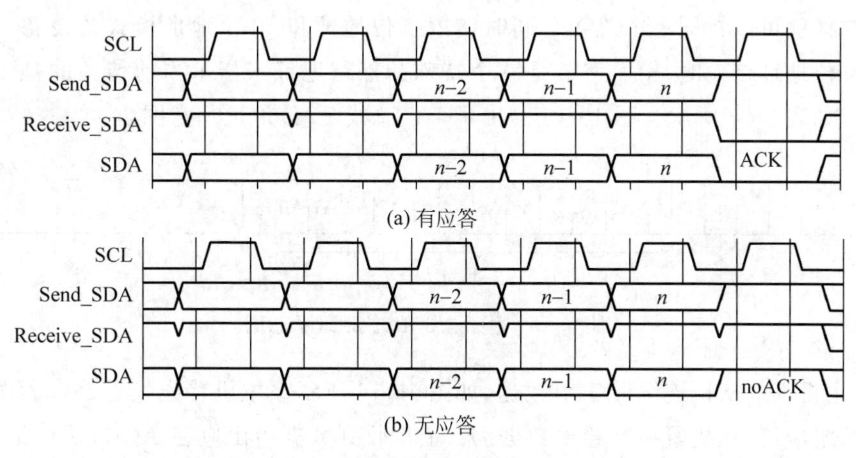

图 10-13 I^2C 总线的应答信号

然后接着进行下面的通信,否则,表明从机不存在,通信终止。图 10-14 给出了 I^2C 总线 7 位地址示意图。

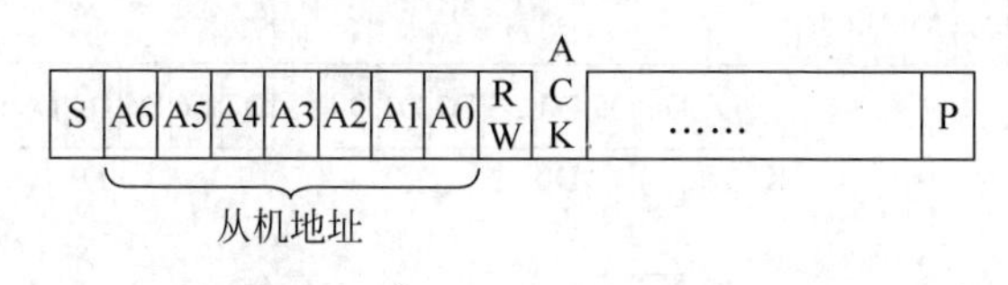

图 10-14 I^2C 总线 7 位地址示意图

7 位地址和 1 位读写标志正好 8 位,有的设备声称具有 8 位地址,其实是把地址和读写标志放在一起,用奇数表示写地址,用偶数表示读地址。一些厂商提供的从机地址包含读写位的 8 位地址,比如写地址为 0x92,读地址为 0x93。

I^2C 规范保留了两组地址：1111XXX 和 0000XXX,用于特殊用途。表 10-2 给出了 I^2C 规范的保留地址及描述。

表 10-2 I^2C 规范的保留地址及描述

从机地址	描述	从机地址	描述
0000_000	广播地址	0000_1xx	HS 模式主机码
0000_001	CBUS 地址	1111_0xx	10 位从机地址
0000_010	保留用于不同的总线格式	1111_1xx	保留将来用
0000_011	保留将来用		

有时 8 位地址不能满足要求,则可以扩展为 10 位地址。主机首先发送地址 $1111\_0A_8A_9$,如果存在 10 位地址从机并且 A_8A_9 和接收到的匹配,则应答 ACK。主机收到应答,继续发送接下来的 8 位地址 $A_7 \cdots A_0$,如果从机地址匹配回答 ACK,则表明从机存在,可以继续通信。I^2C 总线的 10 位寻址和 7 位寻址是兼容

的，这样就可以在同一个总线上同时使用 7 位地址和 10 位地址模式的设备，在进行 10 位地址传输时，第一字节是一个特殊的保留地址来指示当前传输的是 10 位地址，如表 10-2 所示。图 10-15 给出了 I^2C 总线 10 位地址示意图。

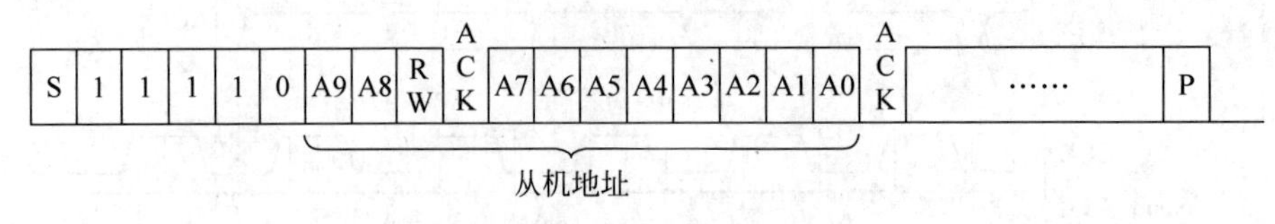

图 10-15 I^2C 总线 10 位地址示意图

主机读取从机连续 *n* 字节数据，如图 10-16 所示。主机首先发送地址和读/写位，从机应答，从机紧接着给出数据 D_0，主机收到数据给出应答 ACK，从机给出数据 D_1 主机应答 ACK，如此重复。当主机读取了 *n* 字节，不需要再读取数据时，给出 noACK，并紧接着给出停止位表示通信结束。

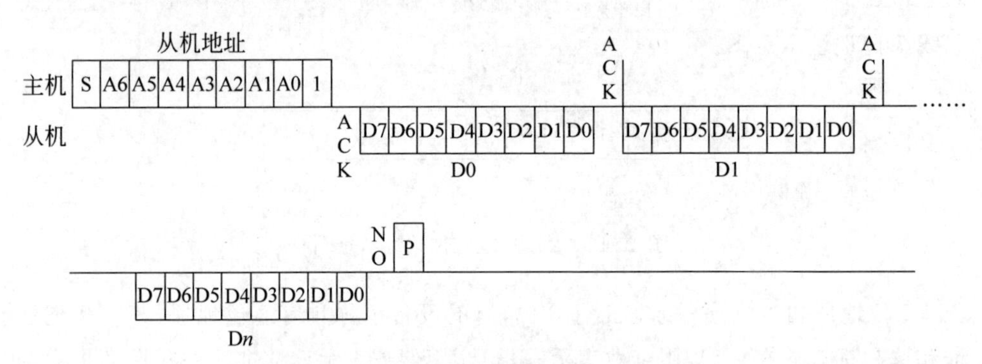

图 10-16 I^2C 总线主机读取从机连续 *n* 字节数据

主机写入从机连续 *n* 字节数据，如图 10-17 所示。主机首先发送地址和读/写位，从机应答，主机紧接着给出数据 D_0，从机收到数据给出应答 ACK，主机给出数据 D_1 从机应答 ACK，如此重复。当主机写入了 *n* 字节，不需要再写入数据时，收到 ACK 后给出停止位表示通信结束。

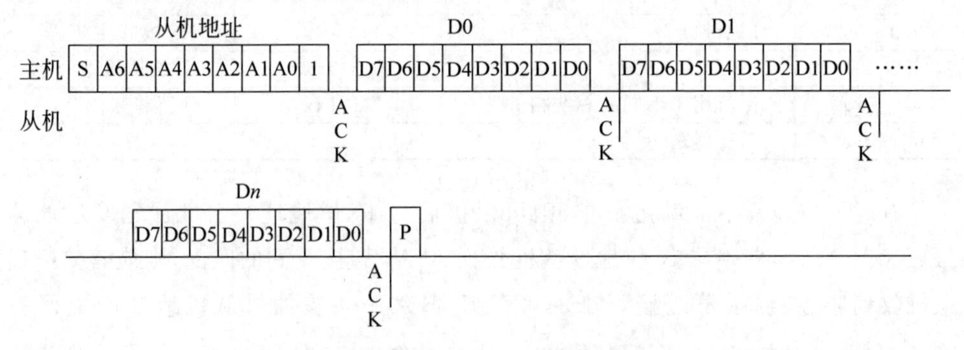

图 10-17 I^2C 总线主机写入从机连续 *n* 字节数据

在读写过程中，任何一方随时都可以通过在SCL高电平时拉低SDA来结束通信，或者在接收到数据后给出noACK来结束数据传输。

10.5　RP2040芯片的I^2C控制器

10.5.1　RP2040芯片的I^2C控制器的特性

RP2040芯片的I^2C控制器使用2个GPIO引脚作为SCL、SDA，这两个引脚必须按照I^2C要求进行配置：上拉模式、斜率限制和输入使能施密特触发器。上拉模式相当于集电极开路，输出低电平可以拉低，高电平时上拉电阻拉成高电平。斜率限制使得输出边沿不是特别陡峭，减少高频噪声。输入施密特触发功能可以减小输入噪声的影响。

RP2040芯片的I^2C控制器支持独立的主器件和从器件，支持7位和10位地址模式，接收和发送具有FIFO。支持三种传输速度：100kHz标准模式(standard mode)、400kHz快速模式(fast mode)和1MHz"快速＋"模式(fast mode ＋)。

发送器从发送FIFO中取得12位发送字，其中8位发送数据和4位命令编码。发送器根据12位发送字的内容自动发送数据、产生停止位或应答等。

当地址匹配时，接收器自动应答，并把接收的数据自动存入接收FIFO中，不用CPU干预。

10.5.2　发送FIFO中的数据和命令

发送FIFO中的数据和命令统一编码成11位信息，低8位数据的高3位是传送附加命令信息。对地址IC_DATA_CMD写就是写入发送FIFO，而相同地址读就是读取接收FIFO。发送字各个位域的名称与含义如表10-3所示。

表10-3　IC_DATA_CMD各个位域的名称与含义

位　域	名　称	含　义
10	Restart	只写，发送该数据之前发送起始位和地址，以开始读写过程
9	Stop	只写，发送该数据后发送停止位
8	CMD	只写，读写命令位，0-写入；1-读出
7:0	data	读写，8位数据

因此，I^2C总线通信的过程可以通过写入FIFO中的数据流有效控制。

图10-18给出了作为主器件发送的时序图。首先，写入空的发送FIFO，FIFO变成非空，触发起始位开始发送地址帧。收到应答后，发送数据并自动读取FIFO中的内容。如果数据没有附加停止位，即使FIFO变空，也不会发送停止位，而是

拉低 SCL 阻塞总线。当写入附加停止位的数据后，发送逻辑发送完数据发送停止位，结束此次通信。

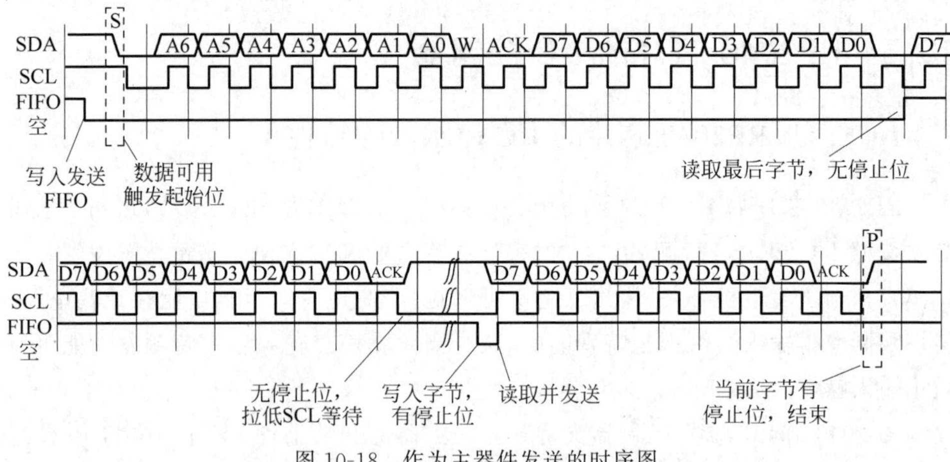

图 10-18　作为主器件发送的时序图

图 10-19 给出了作为主器件连续读取的时序图。首先写入 FIFO 读取命令，触发发送起始位和地址。写入读取命令时，数据部分无效，收到应答后，从器件发送数据，主器件接收并存入接收 FIFO。主器件读取发送 FIFO 中的命令并应答，从器件继续发送，直至主器件读取 FIFO 空，由于最后一个命令没有置位停止位，因此拉低 SCL 等待。主器件写入置位停止位的读命令，触发释放 SCL 并发送应答，最后接收后由于发送 FIFO 空，主器件给出无应答并发送停止位，完成一次连续读取通信。

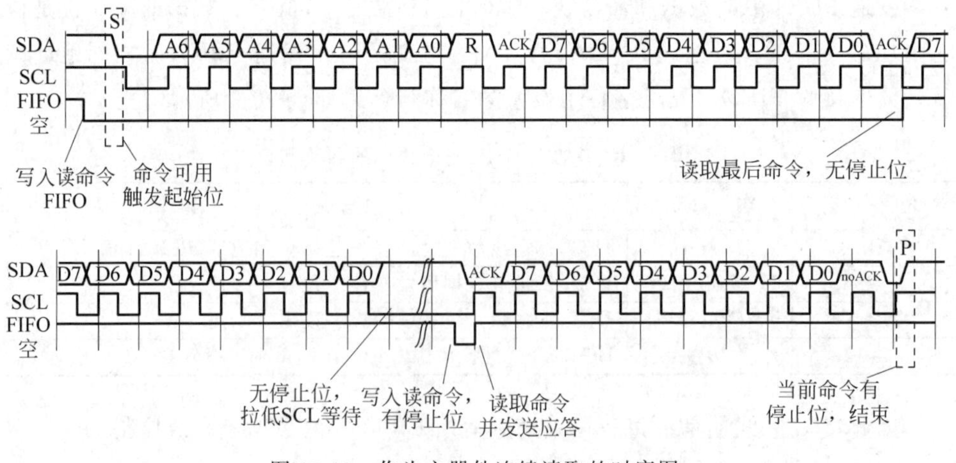

图 10-19　作为主器件连续读取的时序图

图 10-20 给出了作为主器件连续发送数据时某一字节附加了起始位的时序

图,这会引起重新发送起始位,之前的发送没有停止位而半途终止。

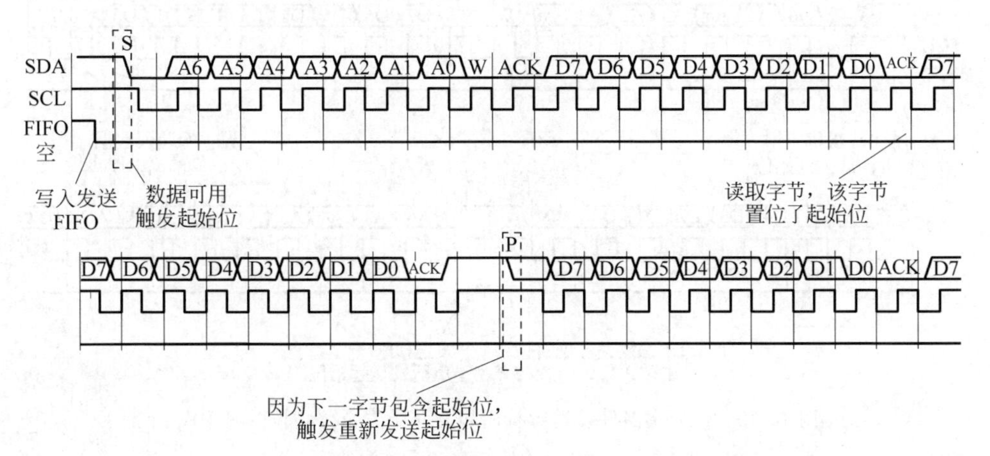

图 10-20 作为主器件连续发送数据时某一字节附加了起始位的时序图

图 10-21 给出了作为主器件连续读取数据时某一个读取命令置位了起始位的时序图,则触发重新发送起始位。

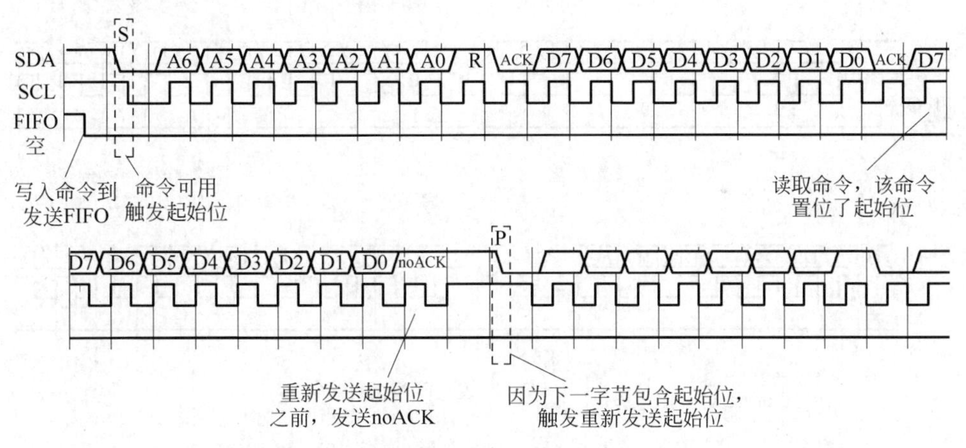

图 10-21 作为主器件连续读取数据时某一个读取命令置位了起始位的时序图

当然,连续写入也可以被发送 FIFO 中的置位了开始位的读取命令打断,或者连续读取也可以被置位了开始位的数据写打断,都可以触发重新开始传输,发送起始位,而不继续前面的传输。

连续传输中置位了停止位会导致该字节或命令传输之后发送停止位以结束,如果接下来发送 FIFO 非空,则会重新开始新的传输。

图 10-22 给出了作为主器件发送数据时包含字节置位停止位的时序图。当遇到置位停止位的字节时,产生停止位,终止发送。但是,发送 FIFO 中仍有数据,所以重新发送起始位开始新一次传输。

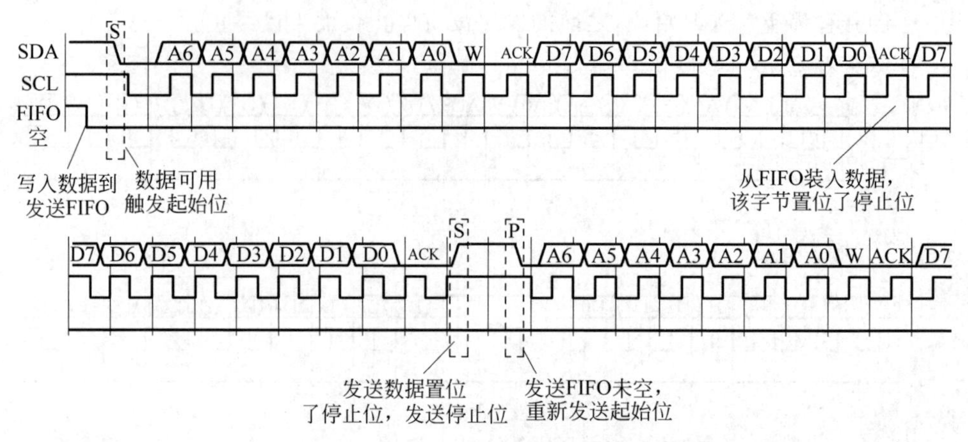

图 10-22 作为主器件发送数据时包含字节置位停止位的时序图

图 10-23 给出了作为主器件连续读入数据时命令中包含停止位的时序图，则主器件在该命令接收数据完成后发送无应答，然后发送停止位表示数据传输停止。紧接着，由于 FIFO 中仍有命令，所以发送起始位和地址，开始新的传输。

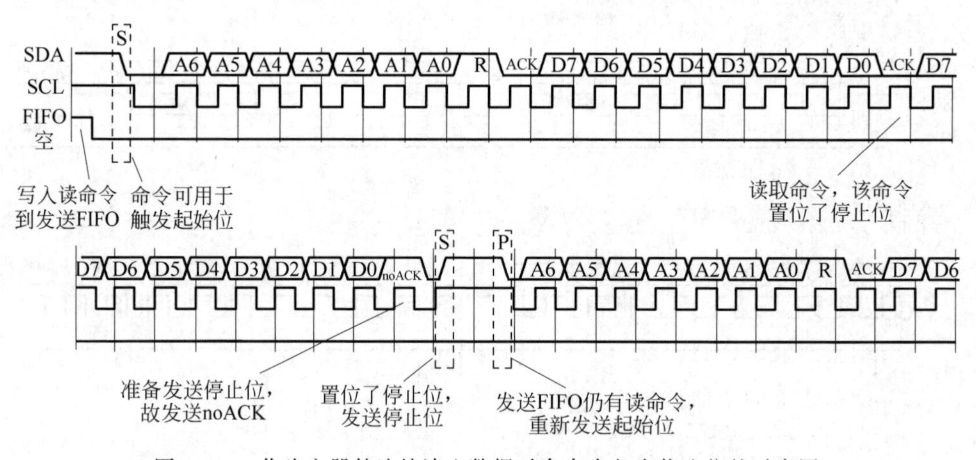

图 10-23 作为主器件连续读入数据时命令中包含停止位的时序图

通过以上几例可以看出，无论是作为主器件发送还是接收，都由发送 FIFO 中的数据和命令编码决定。

10.5.3 RP2040 芯片 I²C 作为从器件的操作过程

RP2040 芯片 I²C 作为从器件可以自动匹配从器件地址，并接收主器件发送的字节到接收 FIFO 中或发送 FIFO 中的数据给主器件。作为从器件时的配置过程如下。

- 通过在寄存器 IC_ENABLE 中的位 ENABLE 写 0 禁止 I²C。

- 向寄存器 IC_SAR 中写入从器件地址。
- 写寄存器 IC_CON 的相关位域，配置 I^2C 为从器件，并配置地址格式。
- 通过在寄存器 IC_ENABLE 中的位 ENABLE 写 1 使能 I^2C。

经过上面的操作，I^2C 作为从器件处于确定状态，发送和接收 FIFO 中不论原来有无内容，都被重新清零。

当 I^2C 总线上有其他主器件发起读操作，且地址和寄存器 IC_CON 中存储的从器件地址匹配，则 I^2C 就会给出应答，并确定数据传输方向为主器件接收，从器件发送。这时，从器件拉低 SCL 以阻塞 I^2C 总线，并触发 RD_REQ 中断。

如果主器件发起读操作时从器件发送 FIFO 中有数据，则从器件触发 TX_ABRT 中断，同时清除发送 FIFO 中的数据。

无论上面哪个中断，在中断服务程序中，都需要读取寄存器 IC_RAW_INTR_STAT 确定是否为 RD_REQ 中断或 TX_ABRT 中断，把需要发送的数据写入 IC_DATA_CMD 寄存器，并清除寄存器 IC_RAW_INTR_STAT 中的 R_RD_REQ 位或 R_TX_ABRT 位。I^2C 器件释放 SCL，并发送 FIFO 中的字节。

如果中断被屏蔽，则需要 CPU 执行一个周期性的监测程序监测 R_RD_REQ 或 R_TX_ABRT 是否被置位，如果置位则进行处理。定时监测的程序周期为 I^2C 通信时钟周期的 10 倍以内。如时钟为 400kHz，则定时监测周期需小于 25μs。

对于作为从器件发送数据的情况，软件可以写入多个字节到发送 FIFO 中，以避免每个字节传输完成触发一次中断。在这种连续传送的情况下，如果 FIFO 中没有字节了而主机仍在发送 ACK，表明需要更多数据，则从器件触发 RD_REQ 中断，软件应该再次写入字节。如果主机发送停止位，而从器件在 FIFO 中仍有要发送的字节则会触发 RD_ABRT 中断，并清除发送 FIFO 中剩余的字节。

当 I^2C 总线上的主器件发起写操作，且地址和寄存器 IC_CON 中存储的从器件地址匹配，则 I^2C 就会给出应答，并确定数据传输方向为主器件接收从器件发送。这时，I^2C 会把收到的字节写入接收 FIFO 中，并触发 RX_FULL 中断。

在中断程序中，软件应当读取 IC_DATA_CMD 中的字节，以完成单字节的接收。在接收的情况下，没有连续传输模式，而是每个字节触发一次中断。

10.5.4　RP2040 芯片 I^2C 作为主器件的操作过程

与作为从器件类似，I^2C 作为主器件也需要重新初始化：

- 通过在寄存器 IC_ENABLE 中的位 ENABLE 写 0 禁止 I^2C。
- 向寄存器 IC_SAR 中写入从器件地址。
- 写寄存器 IC_CON 的相关位域，配置 I^2C 传输的速率，并配置作为主器件与地址格式。

• 通过在寄存器 IC_ENABLE 中的位 ENABLE 写 1 使能 I^2C。

做完这些初始化工作就可以通过写入 IC_DATA_CMD 寄存器来传输数据，时序过程如图 10-18～图 10-23 所示。

I^2C 作为主器件可以随时改变读写和数据传输方向，如果写入寄存器 IC_DATA_CMD 字节和控制位但保持命令位(第 8 位)为 0，就会触发发送过程；而接收过程需要写入寄存器 IC_DATA_CMD 命令位为 1 的字，而字节数据被忽略。I^2C 部件将根据发送 FIFO 中的字持续地运作，当发送 FIFO 空时，如果字中包含停止位，则发送停止位停止传输，如果不包括停止位，则拉低 SCL 等待进一步数据或命令。

10.5.5 I^2C 定时设置

I^2C 总线部件的时钟信号是 ic_clk 信号，它由系统时钟分频而来。

为了清楚地描述 I^2C 的定时，首先要给出芯片的防止总线毛刺的功能。总线信号变化时，如 SCL 变化时，往往会出现毛刺。图 10-24 中，SCL 变高之后，又短暂地变低，这就是毛刺。为了消除毛刺的影响，在 SCL 和内部 SCL 之间加了一个门控电路，门控电路由 Count 计数器信号控制。在本例中，计数器最大值是 5，SCL 信号不变化时 Count 为 0，任何变化(上升沿或下降沿)都使得计数器开始计数，而只有计数器计数到最大值才允许内部 SCL 变化。因此，任何 SCL 变化只要短于 5 个时钟，都不会传输到内部 SCL，这就起到了消除毛刺的作用。

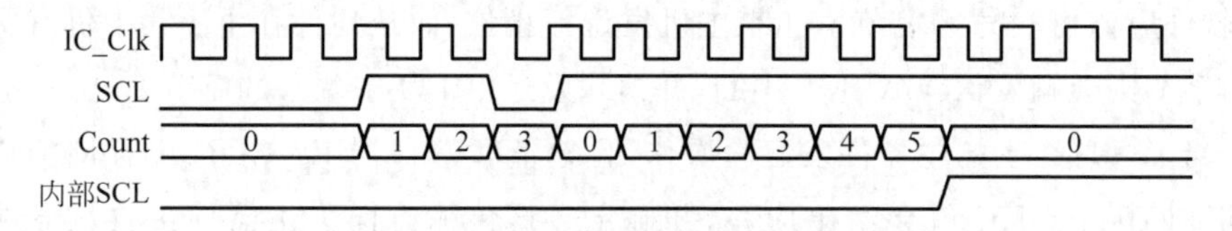

图 10-24 I^2C 总线的毛刺现象和消除

寄存器 IC_FS_SPKLEN 中包含标志模式(SS)和快速模式(FS)下的消除毛刺计数器长度，最大时间小于 50ns。

消除毛刺电路对正常信号也有影响，不仅带来信号延时，如果正常信号宽度过小，也会被毛刺消除电路去掉，因此，在考虑 I^2C 各个信号定时时要考虑毛刺消除电路的影响。

图 10-25 给出了 I^2C 总线各个波形之间的关系与时间，其中各个定时都是由计数器和基本时钟决定的，对于标准模式和快速模式，由不同的计数常数决定定时。对于从模式通信，时钟由主器件决定，因此用不到这些定时。

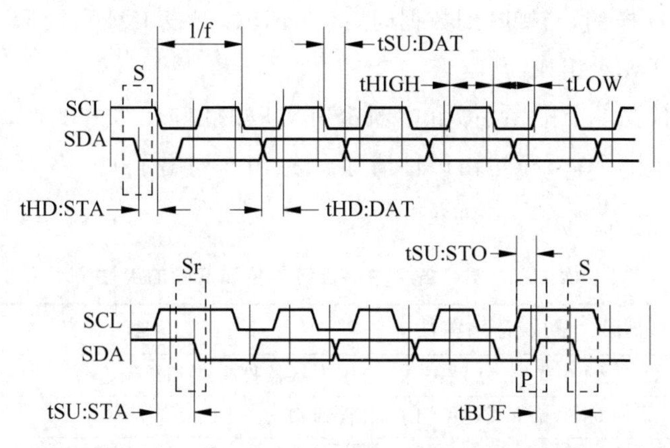

图 10-25 I²C 总线各个波形之间的关系与定时

表 10-4 给出了各种时间常数与配置寄存器的关系，配置寄存器存储了对应时间常数的周期数，需要根据 ic_clk 的周期与不同模式需要的时间常数要求计算配置寄存器的值。

表 10-4 I²C 各种时间常数与配置寄存器的关系

时 间 常 数	符 号	标 准 模 式	高速/高速十模式
SCL 时钟低电平时间	tLOW	IC_SS_SCL_LCNT	IC_FS_SCL_LCNT
SCL 时钟高电平时间	tHIGH	IC_SS_SCL_HCNT	IC_FS_SCL_HCNT
重复的起始位建立时间	tSU：STA	IC_SS_SCL_LCNT	IC_FS_SCL_HCNT
起始位高电平保持时间	tHD：STA	IC_SS_SCL_HCNT	IC_FS_SCL_HCNT
停止位建立时间	tSU：STO	IC_SS_SCL_HCNT	IC_FS_SCL_HCNT
总线空闲时间	tBUF	IC_SS_SCL_LCNT	IC_FS_SCL_LCNT
毛刺计数	tSP	IC_FS_SPKLEN	IC_FS_SPKLEN
数据保持时间	tHD：DAT	IC_SDA_HOLD	IC_SDA_HOLD
数据建立时间	tSU：DAT	IC_SDA_SETUP	IC_SDA_SETUP

10.5.6 I²C 的 DMA 和中断

RP2040 芯片的 I²C 有完整的 DMA 功能，可以通过 IC_DMA_CR 寄存器的 TDMAE 位使能 DMA 传输。

DMA 传送只能编程为单次模式，而不能编程为突发模式，多次传输是由多个单次传输组成。比如，把 DMA 编程为 4 次传送，则 I²C 需要传输时触发一次 DMA，DMA 写入发送 FIFO，完成一次传输，如此 4 次完成 DMA 设定的 4 次传输。

读取也是同样的，当接收到数据时，接收 FIFO 触发 DMA，读取一次。多个字节由多次单个 DMA 组成。

I^2C 可以触发多个中断，每个中断都有对应的位，有的由硬件置位由软件清除，而有的必须由硬件置位也由硬件清除。表 10-5 列出了 I^2C 各个中断位域置位和清除的属性。

表 10-5　I^2C 各个中断位域置位和清除的属性

中断位域	置位/清除属性	含　　义
RESTART_DET	硬件置位/软件清除	作为从器件探测到重新起始
GEN_CALL	硬件置位/软件清除	收到 General Call 地址
START_DET	硬件置位/软件清除	探测到起始位(包括重新起始)
STOP_DET	硬件置位/软件清除	探测到停止位
ACTIVITY	硬件置位/软件清除	I^2C 激活
RX_DONE	硬件置位/软件清除	接收完成，当接收最后一个字节后触发
TX_ABRT	硬件置位/软件清除	发送中断，当无法完成传送时触发
RD_REQ	硬件置位/软件清除	当作为从器件被读取时触发
TX_EMPTY	硬件置位/硬件清除	发送 FIFO 空，当发送 FIFO 字节数少于或等于 IC_TX_TL 时触发
TX_OVER	硬件置位/软件清除	发送 FIFO 溢出，当发送 FIFO 中字节达到 IC_TX_BUFFER_DEPTH 并试图写入 IC_DATA_CMD 时触发
RX_FULL	硬件置位/硬件清除	接收 FIFO 满，当接收 FIFO 中字节数达到或超过 IC_RX_TL 寄存器中的值时触发
RX_OVER	硬件置位/软件清除	接收 FIFO 溢出，当接收字节达到 IC_RX_BUFFER_DEPTH 并再次接收时触发
RX_UNDER	硬件置位/软件清除	当接收 FIFO 空而 CPU 读取 IC_DATA_CMD 时触发

10.6　RP2040 芯片 I^2C 控制器编程

10.6.1　寄存器描述

RP2040 芯片的 I^2C 部件编程通过读写寄存器实现。表 10-6 给出了 I^2C 寄存器的列表。表中每个寄存器只给了偏移地址，对于 I2C0，基地址为 0x40044000，对于 I2C1，基地址为 0x40048000，在 SDK 中分别定义为 I2C0_BASE 和 I2C1_BASE。

表 10-6 I^2C 寄存器的列表

偏 移 量	名 称	描 述
0x00	IC_CON	I^2C 控制寄存器。[10]STOP_DET_IF_MASTER_ACTIVE：根据主模式是否激活自动停止 STOP_DET 中断；[9] RX_FIFO_FULL_HLD_CTRL：该位为 1，接收 FIFO 满时阻塞 I^2C 总线，为 0 则使接收 FIFO 超载。[8]TX_EMPTY_CTRL：发送 FIFO 空产生中断控制，为 0 时是默认行为；[7] STOP_DET_IFADDRESSED：在从器件时有效，为 1，只在地址匹配时产生 STOP_DET 中断，为 0，无论是否地址匹配，都产生 STOP_DET 中断；[6] IC_SLAVE_DISABLE：为 1，禁止从器件模式，为 0，使能从器件模式；[5] IC_RESTART_EN：是否使能重新开始功能；[4] IC_10BITADDR_MASTER：作为主器件时是否使用 10 位从机地址；[3] IC_10BITADDR_SLAVE：作为从器件时是否使用 10 位从机地址；[2:1] SPEED：0，标准模式－100kb/s，1，快速模式－400kb/s 或快速模式 plus－1Mb/s，2，高速模式－3.4Mb/s；[0] MASTER_MODE：主器件使能
0x04	IC_TAR	I^2C 目标地址寄存器。[11] SPECIAL：是否产生 GENERAL_CALL 或 START_BYTE；[10] GC_OR_START：在位 11 有效时，如果为 1 产生 GENERAL_CALL，为 0 产生 START_BYTE；[9:0] IC_TAR：目标寄存器地址
0x08	IC_SAR	I^2C 从器件地址寄存器。[9:0]有效，其他未使用
0x10	IC_DATA_CMD	I^2C 数据和命令寄存器，格式见表 10-3
0x14	IC_SS_SCL_HCNT	标准模式 SCK 高计数器，意义见表 10-4
0x18	IC_SS_SCL_LCNT	标准模式 SCK 低计数器，意义见表 10-4
0x1c	IC_FS_SCL_HCNT	快速/快速＋模式 SCK 高计数器，意义见表 10-4
0x20	IC_FS_SCL_LCNT	快速/快速＋模式 SCK 低计数器，意义见表 10-4
0x2c	IC_INTR_STAT	I^2C 中断状态寄存器，含义见表 10-5
0x30	IC_INTR_MASK	I^2C 中断屏蔽寄存器，含义见表 10-5
0x34	IC_RAW_INTR_STAT	I^2C 原始中断状态寄存器，含义见表 10-5
0x38	IC_RX_TL	I^2C 接收 FIFO 阈值寄存器
0x3c	IC_TX_TL	I^2C 发送 FIFO 阈值寄存器
0x40	IC_CLR_INTR	中断清除寄存器，对应中断含义见表 10-5。读取时清除中断
0x44	IC_CLR_RX_UNDER	读取时清除 RX_UNDER 中断
0x48	IC_CLR_RX_OVER	读取时清除 RX_OVER 中断
0x4c	IC_CLR_TX_OVER	读取时清除 TX_OVER 中断
0x50	IC_CLR_RD_REQ	读取时清除 RD_REQ 中断

续表

偏移量	名称	描述
0x54	IC_CLR_TX_ABRT	读取时清除 TX_ABRT 中断
0x58	IC_CLR_RX_DONE	读取时清除 RX_DONE 中断
0x5c	IC_CLR_ACTIVITY	读取时清除 ACTIVITY 中断
0x60	IC_CLR_STOP_DET	读取时清除 STOP_DET 中断
0x64	IC_CLR_START_DET	读取时清除 START_DET 中断
0x68	IC_CLR_GEN_CALL	读取时清除 GEN_CALL 中断
0x6c	IC_ENABLE	I^2C 使能寄存器。[2] TX_CMD_BLOCK：发送阻塞，当该位为 1 时阻塞发送，尽管发送 FIFO 中有命令；[1] ABORT：设置为 1 时中断传送过程；[0] ENABLE：使能 I^2C
0x70	IC_STATUS	I^2C 状态寄存器。[6] SLV_ACTIVITY：1 表示从器件非空闲状态；[5] MST_ACTIVITY：1 表示主器件非空闲状态；[4] RFF：1 表示接收 FIFO 满；[3] RFNE：1 表示接收 FIFO 非空；[2] TFE：1 表示发送 FIFO 空；[1] TFNF：1 表示发送 FIFO 未满；[0] ACTIVITY：0 表示 I^2C 空闲，1 表示非空闲
0x74	IC_TXFLR	I^2C 发送 FIFO 水平寄存器，[4～0]中存放着发送 FIFO 有效个数
0x78	IC_RXFLR	I^2C 接收 FIFO 水平寄存器，[4～0]中保存着接收 FIFO 数据个数
0x7c	IC_SDA_HOLD	I^2C 数据保持时间，含义见表 10-4。[23:16] IC_SDA_RX_HOLD：接收时的时间；[15:0] IC_SDA_TX_HOLD：作为发送器时的时间
0x80	IC_TX_ABRT_SOURCE	I^2C 传输中断原因寄存器，各个位的编码从略
0x84	IC_SLV_DATA_NACK_ONLY	为 1 时作为接收器在数据位后发送 NACK，为 0 时接收器正常发送 ACK/NACK
0x88	IC_DMA_CR	DMA 控制寄存器。[1] TDMAE：发送 FIFO DMA 使能；[0]RDMA：接收 FIFO DMA 使能
0x8c	IC_DMA_TDLR	DMA 发送数据水平寄存器，[3:0]有效，其他位无效
0x90	IC_DMA_RDLR	DMA 接收数据水平寄存器，[3:0]有效，其他位无效
0x94	IC_SDA_SETUP	I^2C SDA 建立时间寄存器，[7:0]有效，见表 10-4
0x98	IC_ACK_GENERAL_CALL	该位为 0/1 表示作为从器件时地址匹配回答 ACK/NACK
0x9c	IC_ENABLE_STATUS	表示禁止 I^2C 后的状态。[2] SLV_RX_DATA_LOST：从器件是否丢失接收数据；[1] SLV_DISABLED_WHILE_BUSY：从器件关闭时是否忙；[0] IC_EN：I^2C 是否使能
0xa0	IC_FS_SPKLEN	I^2C SS、FS 或 FM+模式毛刺抑制计数器长度

续表

偏 移 量	名 称	描 述
0xa8	IC_CLR_RESTART_DET	读该寄存器清除 RESTART_DET 中断
0xf4	IC_COMP_PARAM_1	未使用
0xf8	IC_COMP_VERSION	固定为 0x3230312a
0xfc	IC_COMP_TYPE	固定为 0x44_57_01_40

10.6.2 利用 SDK 进行 I²C 编程

在 SDK 中,同样定义了 I²C 部件相关的数据结构 i2c_hw_t,并定义了 i2c0_hw 和 i2c1_hw 两个指针代表 RP2040 中的两个 I²C 部件。

程序 10-2 SDK 中 i2c_hw_t 的定义

```
typedef struct {
    _REG_(I2C_IC_CON_OFFSET) io_rw_32 con;                      //I2C_IC_CON
    _REG_(I2C_IC_TAR_OFFSET) io_rw_32 tar;                      //I2C_IC_TAR
    _REG_(I2C_IC_SAR_OFFSET) io_rw_32 sar;                      //I2C_IC_SAR
    uint32_t _pad0;
    _REG_(I2C_IC_DATA_CMD_OFFSET) io_rw_32 data_cmd;            //I2C_IC_DATA_CMD
    _REG_(I2C_IC_SS_SCL_HCNT_OFFSET) io_rw_32 ss_scl_hcnt;  //
    _REG_(I2C_IC_SS_SCL_LCNT_OFFSET) io_rw_32 ss_scl_lcnt;
    _REG_(I2C_IC_FS_SCL_HCNT_OFFSET) io_rw_32 fs_scl_hcnt;
    _REG_(I2C_IC_FS_SCL_LCNT_OFFSET) io_rw_32 fs_scl_lcnt;
    uint32_t _pad1[2];
    _REG_(I2C_IC_INTR_STAT_OFFSET) io_ro_32 intr_stat;          //I2C_IC_INTR_STAT
    _REG_(I2C_IC_INTR_MASK_OFFSET) io_rw_32 intr_mask;          //I2C_IC_INTR_MASK
    _REG_(I2C_IC_RAW_INTR_STAT_OFFSET) io_ro_32 raw_intr_stat;
    _REG_(I2C_IC_RX_TL_OFFSET)                  io_rw_32 rx_tl;    //I2C_IC_RX_TL
    _REG_(I2C_IC_TX_TL_OFFSET)                  io_rw_32 tx_tl;
    _REG_(I2C_IC_CLR_INTR_OFFSET)               io_ro_32 clr_intr;
    _REG_(I2C_IC_CLR_RX_UNDER_OFFSET)           io_ro_32 clr_rx_under;
    _REG_(I2C_IC_CLR_RX_OVER_OFFSET)            io_ro_32 clr_rx_over;
    _REG_(I2C_IC_CLR_TX_OVER_OFFSET)            io_ro_32 clr_tx_over;
    _REG_(I2C_IC_CLR_RD_REQ_OFFSET)             io_ro_32 clr_rd_req;
    _REG_(I2C_IC_CLR_TX_ABRT_OFFSET)            io_ro_32 clr_tx_abrt;
    _REG_(I2C_IC_CLR_RX_DONE_OFFSET)            io_ro_32 clr_rx_done;
    _REG_(I2C_IC_CLR_ACTIVITY_OFFSET)           io_ro_32 clr_activity;
    _REG_(I2C_IC_CLR_STOP_DET_OFFSET)           io_ro_32 clr_stop_det;
    _REG_(I2C_IC_CLR_START_DET_OFFSET)          io_ro_32 clr_start_det;
    _REG_(I2C_IC_CLR_GEN_CALL_OFFSET)           io_ro_32 clr_gen_call;
    _REG_(I2C_IC_ENABLE_OFFSET)                 io_rw_32 enable;
    _REG_(I2C_IC_STATUS_OFFSET)                 io_ro_32 status;
    _REG_(I2C_IC_TXFLR_OFFSET)                  io_ro_32 txflr;
```

```
    _REG_(I2C_IC_RXFLR_OFFSET)                  io_ro_32 rxflr;
    _REG_(I2C_IC_SDA_HOLD_OFFSET)               io_rw_32 sda_hold;
    _REG_(I2C_IC_TX_ABRT_SOURCE_OFFSET)         io_ro_32 tx_abrt_source;
    _REG_(I2C_IC_SLV_DATA_NACK_ONLY_OFFSET)     io_rw_32 slv_data_nack_only;
    _REG_(I2C_IC_DMA_CR_OFFSET)                 io_rw_32 dma_cr;
    _REG_(I2C_IC_DMA_TDLR_OFFSET)               io_rw_32 dma_tdlr;
    _REG_(I2C_IC_DMA_RDLR_OFFSET)               io_rw_32 dma_rdlr;
    _REG_(I2C_IC_SDA_SETUP_OFFSET)              io_rw_32 sda_setup;
    _REG_(I2C_IC_ACK_GENERAL_CALL_OFFSET)       io_rw_32 ack_general_call;
    _REG_(I2C_IC_ENABLE_STATUS_OFFSET)          io_ro_32 enable_status;
    _REG_(I2C_IC_FS_SPKLEN_OFFSET)              io_rw_32 fs_spklen;
    uint32_t _pad2;
    _REG_(I2C_IC_CLR_RESTART_DET_OFFSET)        io_ro_32 clr_restart_det;
    uint32_t _pad3[18];
    _REG_(I2C_IC_COMP_PARAM_1_OFFSET)           io_ro_32 comp_param_1;
    _REG_(I2C_IC_COMP_VERSION_OFFSET)           io_ro_32 comp_version;
    _REG_(I2C_IC_COMP_TYPE_OFFSET)              io_ro_32 comp_type;
} i2c_hw_t;
#define i2c0_hw ((i2c_hw_t *)I2C0_BASE)
#define i2c1_hw ((i2c_hw_t *)I2C1_BASE)
```

如果通过寄存器直接编程，这个定义非常方便。也可以直接调用 SDK 提供的 I^2C 相关函数进行编程，这些函数在 hardware/i2c.h 中有定义。例如：

```
uint i2c_init(i2c_inst_t * i2c, uint baudrate);
void i2c_deinit(i2c_inst_t * i2c);
void i2c_set_slave_mode(i2c_inst_t * i2c, bool slave, uint8_t addr);
int i2c_write_blocking_until(i2c_inst_t * i2c, uint8_t addr,
    const uint8_t * src, size_t len, bool nostop, absolute_time_t until);
int i2c_read_blocking_until(i2c_inst_t * i2c, uint8_t addr, uint8_t * dst,
    size_t len, bool nostop, absolute_time_t until);
int i2c_write_timeout_per_char_us(i2c_inst_t * i2c, uint8_t addr,
    const uint8_t * src, size_t len, bool nostop, uint timeout_per_char_us);
int i2c_read_timeout_per_char_us(i2c_inst_t * i2c, uint8_t addr, uint8_t * dst,
    size_t len, bool nostop, uint timeout_per_char_us);
int i2c_write_blocking(i2c_inst_t * i2c, uint8_t addr, const uint8_t * src,
                                        size_t len, bool nostop);
int i2c_read_blocking(i2c_inst_t * i2c, uint8_t addr, uint8_t * dst,
                                        size_t len, bool nostop);
```

这些函数可以直接用来调用控制 I^2C 部件的通信。

思考题

1. 串行互连总线有什么作用？什么情况下采用？

2. SPI 总线中有哪些信号线？各起什么作用？

3. 提高 SPI 时钟信号频率就可以提高传输速度，请问时钟信号频率提高的限制因素有哪些？

4. I^2C 总线的信号线如何实现多个器件相连而不冲突？对应 RP2040 芯片的 GPIO 模式应该是什么模式？

5. I^2C 总线的 7 位地址和 10 位地址在通信时有何区别？兼容吗？

6. I^2C 总线单次读操作和连续读操作有何异同？

7. I^2C 总线单次写操作和连续写操作有何异同？

习题

1. 在图 10-26 所示电路中，74HC595 是一个传入并出芯片，与 SPI 总线时序配合，可以接收一个字节 SPI 总线输出。请查阅 74HC595 的资料，说明 SPI 总线采用什么格式时，输出一个字节刚好在输出端输出？

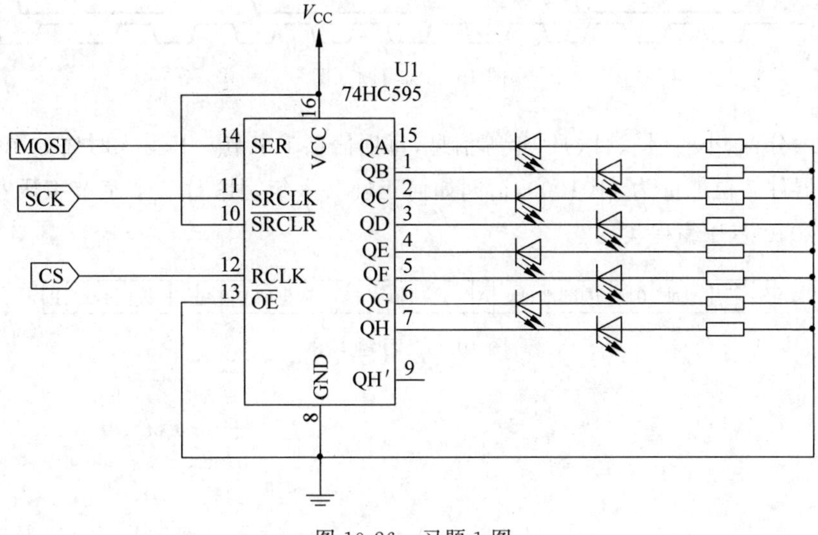

图 10-26　习题 1 图

2. 在图 10-27 所示电路中，D7_0 是需要读取的 8 位并行数据，通过 74HC165 串并转换电路后，由 SPI 总线的 CS、SCK 和 MISO 读取。请分析时序过程，并说明 SPI 总线应采用何种格式。

3. 在 I^2C 通信中，用双通道示波器观测到图 10-28 所示的波形，请问如何解读？是否可以分析出从机地址？

4. 已知 DS1307 是一款 I^2C 接口的实时时钟芯片，其内部地址 00－06 依次存

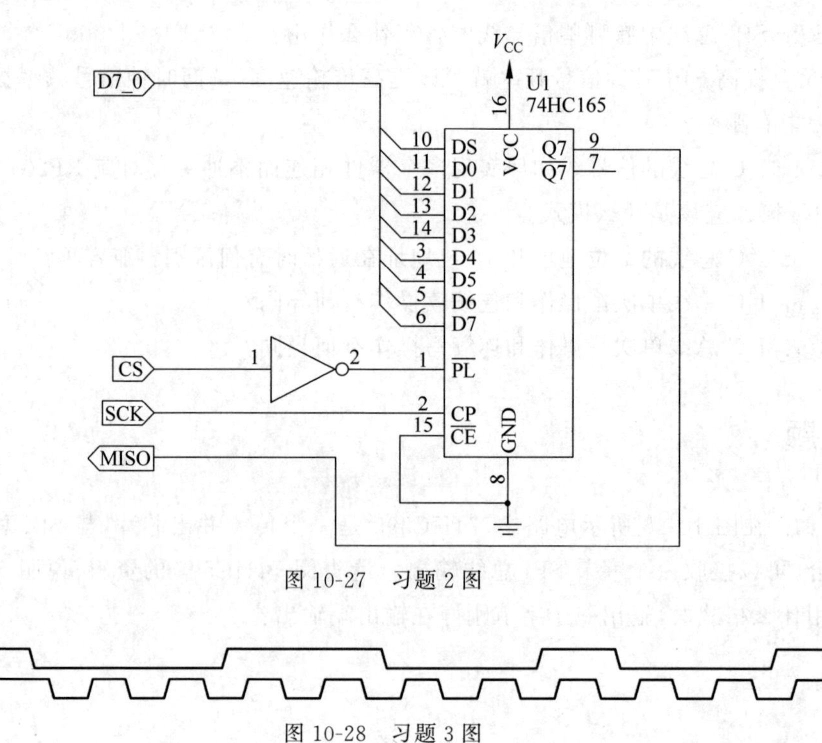

图 10-27　习题 2 图

图 10-28　习题 3 图

储了秒、分钟、小时、周、日、月、年等信息，每项信息 1 字节。其写入时序如图 10-29 所示，器件 7 位地址为 1101000，请问如何正确写入年、月、日三个字节编码？如何用 RP2040 芯片编程实现？

S	芯片地址	0	A	内部地址*n*	A	数据*n*	A	数据*n*+1	A	…	数据*n*+*x*	P

图 10-29　习题 4 图

第11章

模数和数模转换

数字系统虽然广为应用，但现实世界是模拟的。数字系统为了和模拟世界相接，必须能够把模拟量变成数字量和把数字量变成模拟量。把模拟量变成数字量的器件是模数(A/D)转换器，而把数字量变成模拟量的器件是数模(D/A)转换器，本章对这两种器件进行详细介绍。

11.1 模数转换的基本概念与电路组成

11.1.1 采样与采样保持电路

采样就是把输入模拟信号某时刻的值作为模数转换电路的输入，本质上是把输入的模拟信号变成时间离散的信号。采样保持电路完成输入信号的采样并把采样值保持到下次采样时刻，对于输入信号 $u_i(t)$，采样后信号为 $u_s(n)$，则

$$u_s(n)=u_i(nT) \quad n \in N$$

采样保持电路可以用图 11-1 所示电路实现。

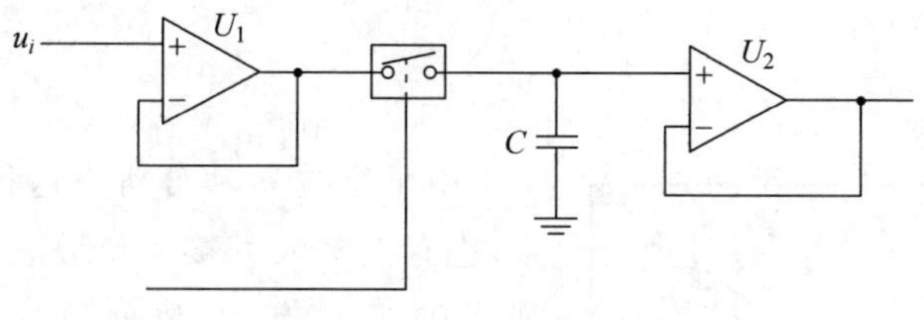

图 1-11 采样保持电路

图 11-1 中，电子开关在周期性采样脉冲作用下把输入电压充电到电容 C，在采样脉冲的间期，由于电子开关断开，而 U_2 组成的跟随器电路输入电阻很大，电容 C 的放电在采样间隔时间内可以忽略，因此会保持采样时刻的充电电压。U_1 组成的跟随器用来减小充电时对输入电压的影响。

图 11-2 给出了输入信号和采样信号的波形图，其中，T 为采样周期，输入信号为时间连续信号，采样信号为时间离散信号。采样周期 T 的选择与输入信号频谱

有关，参见信号与系统相关课程中介绍的采样定理。

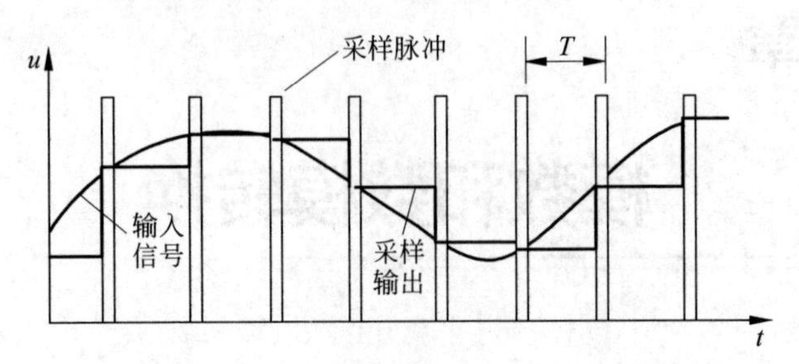

图 11-2　输入信号和采样信号波形图

采样保持电路在模数转换电路之前，在模数转换过程中保持输入电压不变，使得模数转换过程得以顺利完成。

11.1.2　A/D 转换器的参数

A/D 转换器的重要性能参数包括精度参数和速度参数，本节予以介绍。

A/D 转换器需要一个基准电压 v_{ref} 作为标准，把输入电压与之比较，输出一个与输入电压成比例的 n 位二进制数字 D，则有如下关系：

$$v_i = \frac{D}{2^n} v_{\text{ref}}$$

显然 n 是一个关于精度的重要参数，称为 A/D 转换器的位数。位数高，则 A/D 转换器能够感知的微小电压变化就小，把 A/D 转换器所能感知的最小电压称为分辨率。分辨率也是一个最低有效位(least significant bit，LSB)的变化量所对应的最小模拟增量，这个关键参数决定了 A/D 转换器所能分辨的输入模拟信号的最小变化量：

$$v_d = \frac{v_{\text{ref}}}{2^n}$$

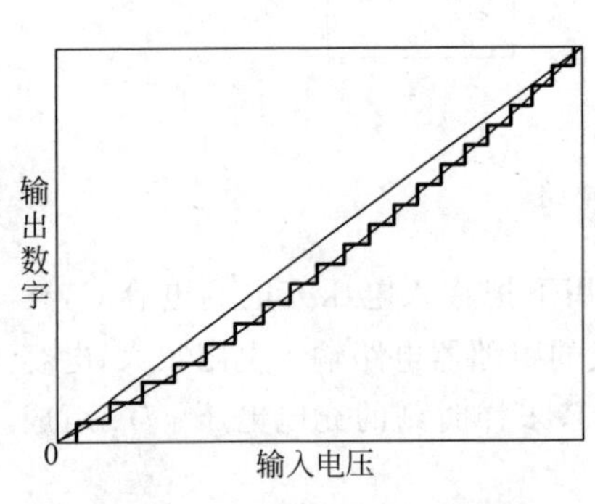

图 11-3　A/D 转换器非线性误差

由于位数 n 和分辨率这种直接的对应关系，也有很多人直接用位数表示分辨率，如称某 A/D 芯片有 12 位分辨率，实际指位数是 12 位。

A/D 器件的分辨率并不等于误差，因为除了量化的误差还有非线性误差，这里主要关心积分非线性(integral nonlinearity，INL)误差。图 11-3 给出了 A/D 转换器非线性误差的示意图，INL 常用整个量程内最大相对误差表示，如某器件整个量程内 INL 小于 0.0015%。

本质上 A/D 转换器的作用是对输入模拟电压的数字测量，因此针对数字仪器的误差概念仍然非常适用。测量值较大时，用相对误差是合理的，这时相对误差大于量化误差。测量值较小时，量化误差大于非线性误差，宜用量化误差表示。因此，表示某 A/D 转换器的误差，常将这两个指标同时给出，如某器件误差为 0.001 或 1LSB，其中 1LSB 表示数字较小时分辨率成为误差的主要部分。

上面介绍的是 A/D 转换器的精度参数，下面介绍速度参数。速度参数主要有转换速率和数据率，转换速率是指一次转换需要的时间，而数据率是指单位时间的转换次数，单位是 SPS(sample per second)，显然，这两个参数是简单的倒数关系。

由数字电路相关课程知道，A/D 转换器主要有四类：直接比较型、逐次比较型、双积分型和 Σ-Δ 型。表 11-1 给出了几种主要模数转换器的特点。

表 11-1　主要模数转换器的特点

类　型	位　数	速　度	电路复杂度
直接比较型	较少，8 位以下	最高，100MSPS 以上	电路复杂，需要大量比较器和编码器
逐次比较型	较高，8～16 位都适合	中等，100k～100MSPS 都适合	电路复杂度中等
双积分型	很高	很低，1kSPS 以下	电路复杂度中等
Σ-Δ 型	很高，12～24 位	较低，1MSPS 以下	较复杂，高于逐次比较型

11.1.3　逐次比较型 A/D 转换器

逐次比较型(successive approximation register，SAR)A/D 转换器在转换精度、转换速度和电路复杂度方面性能比较折中，是广泛使用的 A/D 转换器，也是在微控制器中集成最多的模数转换器，本节介绍其原理。

逐次比较型 A/D 转换器由相应位数的 D/A 转换器、模拟电压比较器、移位寄存器、数据寄存器和控制逻辑组成，如图 11-4 所示。

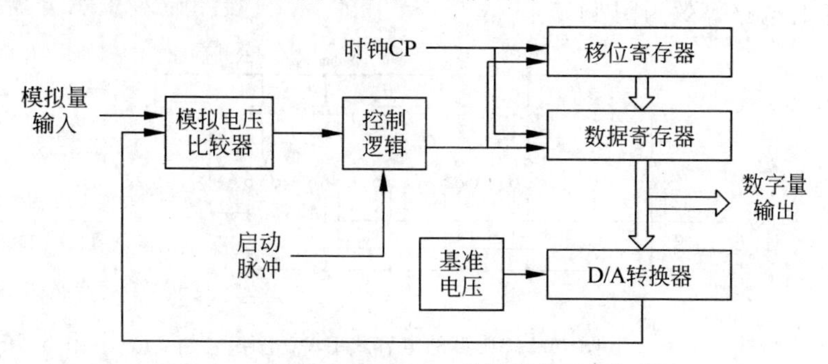

图 11-4　逐次比较型 A/D 转换器的原理框图

为了理解逐次比较型 A/D 转换器的原理，假设输入电压 v_i 可以表示为下面的二进制形式：

$$v_i \approx \frac{(D_{n-1}D_{n-2}\cdots D_0)_2}{2^n} \cdot v_{\text{ref}}$$

式中，v_{ref} 为基准电压。为了确定第 m 位 D_m 是 0 还是 1，容易知道，如果 D_m 为 1，则

$$(D_{n-1}D_{n-2}\cdots 10\cdots 0)_2 \cdot v_{\text{ref}} < (D_{n-1}D_{n-2}\cdots D_m \cdots D_0)_2 \cdot v_{\text{ref}} = 2^n \cdot v_i$$

如果 D_m 为 0，则

$$(D_{n-1}D_{n-2}\cdots 10\cdots 0)_2 \cdot v_{\text{ref}} > (D_{n-1}D_{n-2}\cdots D_m \cdots D_0)_2 \cdot v_{\text{ref}} = 2^n \cdot v_i$$

上述关系即使 m 为最高位也是正确的。

模数转换时，在启动脉冲作用下，控制逻辑首先把移位寄存器和数据寄存器设置为$(10\cdots 0)_2$，输出给 D/A 转换器后与 v_i 比较。根据上述关系，如果 v_i 大，则最高位 D_{n-1} 为 1，反之为 0。根据比较器的输出，控制逻辑确定最高位并存入数据寄存器。在下一个时钟到来时，控制逻辑把移位寄存器左移，次高位变成 1，其余为 0，这时$(D_{n-1}10\cdots 0)_2 \cdot v_{\text{ref}}$ 和 v_i 比较确定 D_{n-2}，并在确定后把次高位存入数据寄存器。以此类推，经过 n 个时钟，所有位最终被确定。

从逐次比较型 A/D 转换器转换过程可以看出，每次转换需要经过 n 个时钟，并且在转换过程中可以从高位到低位边转换边输出，不仅适合并行接口电路，也适合串行数字逻辑接口连接。

在现代 A/D 转换器中，为了便于在集成电路中实现，常用电容式 D/A 转换器作为电路的 D/A 组件。

电容式 DAC 电路如图 11-5 所示，从低到高由一个电容网络组成。开始转换时，先把所有位(包括 C_{dummy})的开关接到 V_{in}，公共端接地，这时所有电容电压为 V_{in}，对于第 n 位上的电容获得了 2^nCV_{in} 的电荷。然后把公共端开关断开，每位的开关根据输入二进制数的不同进行控制，当该位是 1 时开关接通 V_{ref}，否则仍然接通地。这时电路等效为图 11-6。

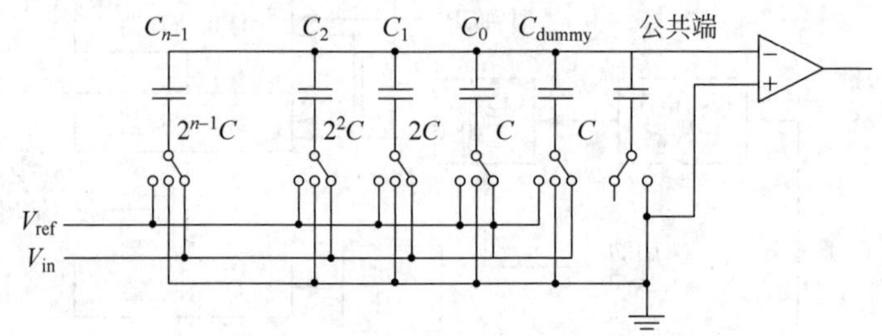

图 11-5 典型的电容式 DAC 电路

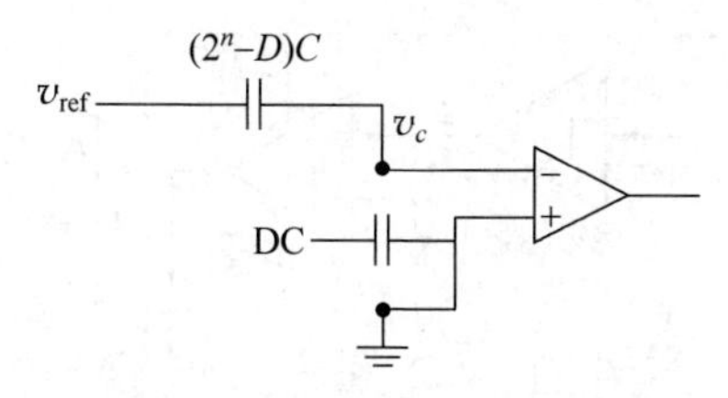

图 11-6　电容式 DAC 等效电路

由于电容上的电荷守恒,总电荷不变:

$$Q = 2^n C \cdot V_{in} = (v_{ref} - v_c) \cdot DC - v_c \cdot (2^n - D)C$$

容易推出:

$$v_c = \frac{D}{2^n} v_{ref} - v_{in}$$

式中,$\frac{D}{2^n} v_{ref}$ 即为 DAC 输出电压,因此,比较器输入电压是 D/A 输出的模拟电压和模拟输入电压的差,比较器的输出即为模拟输入电压和数模电压的比较结果。

同时,第一步输入电压给所有电容充电,也正好可以和采样保持电路结合,所有电容并联作为采样保持电容,这样,上面的电路就成为 ADC 电路完美的组成部分。

对于高精度的模数转换电路,技术限制在于位数多时电容网络中小电容和大电容差异很大,工艺上很难保证倍数关系。实际中,14 位以上的逐次比较型 A/D 电路往往附加专门的矫正电路才能满足精度要求。

11.1.4　Σ-Δ 型 A/D 转换器

Σ-Δ 型 A/D 转换器是常用的高精度测量模拟电压的器件,它的原理比较复杂,本节给予简要介绍。

最简单的一阶 Σ-Δ 型 A/D 转换器如图 11-7 所示。左边虚线框内的电路称为 Σ-Δ 调制器,输入低频模拟信号 V_{in} 与一位 D/A 输出 $B = \pm V_{ref}$ 反相叠加后经过积分器,积分器的输出 A 经过比较器输出为 0、1 二进制数字流,二进制数字流再控制一位 D/A 电路输出 B。积分器的作用可以理解为在一定时间内求平均值,经过负反馈后积分器的输出应该接近 0,即 V_{in} 的平均值与 B 的平均值应该约相等。

如果 V_{in} 为 0,A 恰好为正值,则输出连续的 1,控制 B 输出 $+V_{ref}$,经过积分,A 会连续下降,经过一定时间,A 变成负值,开始输出连续 0,经过这样反复作用,Σ-Δ 调制器的输出中 1 和 0 的个数平均应该相等。当 V_{in} 大于 0 时,输出中 1 的个数大于 0 的个数,反之,输出中 0 的个数大于 1 的个数。因此,Σ-Δ 调制器是一种脉冲宽度调制电路,输出是 PWM 波形。

把脉冲调制电路的输出输入到一个数字处理单元中进行低通滤波、数字抽取

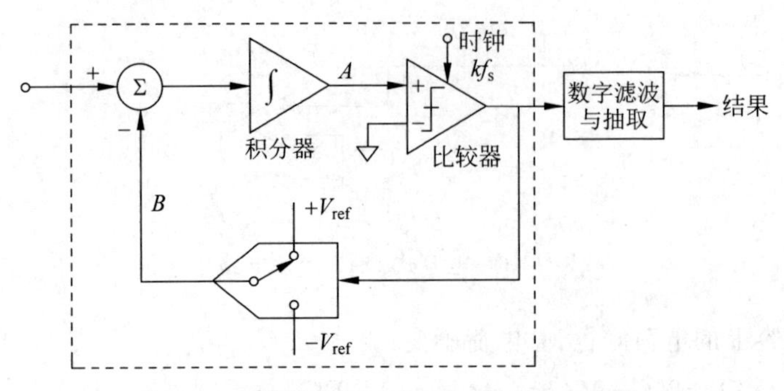

图 11-7 最简单的一阶 Σ-Δ 型 A/D 转换器

等，就会得到和 V_{in} 成比例的数字量。比如，低通滤波可以较简单地通过计算占空比实现，或者设计成具有更复杂、更优秀的特性。

为了更进一步理解 Σ-Δ 型 A/D 转换器的特性，需要从频域角度进一步分析。设信号的奈奎斯特频率为$\frac{f_s}{2}$，量化时钟频率为Kf_s，画出频域结构图。

图 11-8 给出了一阶 Σ-Δ 调制器的频域系统图，其中量化的过程引入量化噪声，积分器相当于低通滤波器。可以得到：

$$Y=\frac{X}{1+f}+\frac{Qf}{1+f}$$

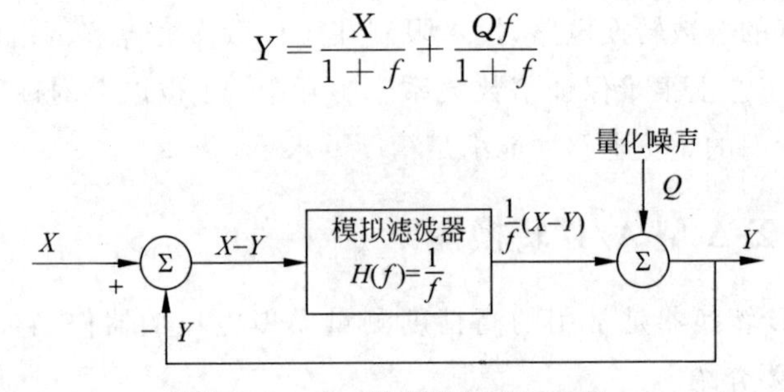

图 11-8 Σ-Δ 调制器频域系统图

可以看出，输出信号 Y 相当于 X 经过低通滤波器和 Q 经过高通滤波器的叠加，因此，在输出端经过低通滤波就可以把量化噪声有效祛除。为了进一步改善 Σ-Δ 调制器的特性，使量化噪声进一步向高频段聚集，可以把一阶电路变成高阶电路，图 11-9 所示为二阶 Σ-Δ 调制器。

高阶 Σ-Δ 调制器的频率特性这里不再推导，图 11-10 给出了一阶和二阶 Σ-Δ 调制器的频域特性，可以看出，Σ-Δ 调制器的阶数越高，噪声越向高频段集中，因此，也越容易通过高通滤波器滤除。

实际的数字滤波器往往采用更复杂和高性能的数字高阶低通滤波器实现，提供更好的频率特性。只要数字滤波器的频率高频截止频率高于$\frac{f_s}{2}$，就不会影响输

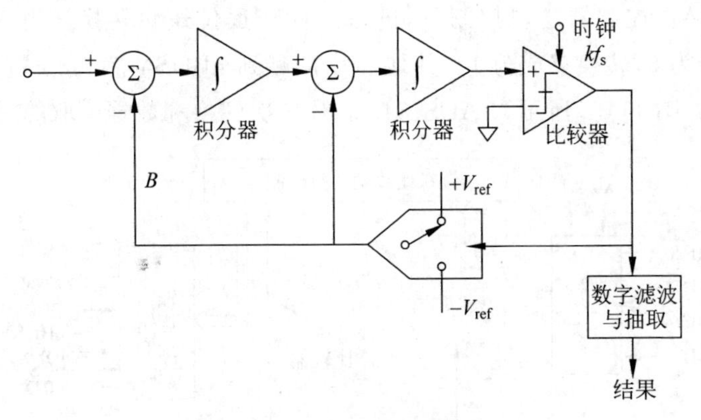

图 11-9　二阶 Σ-Δ 调制器

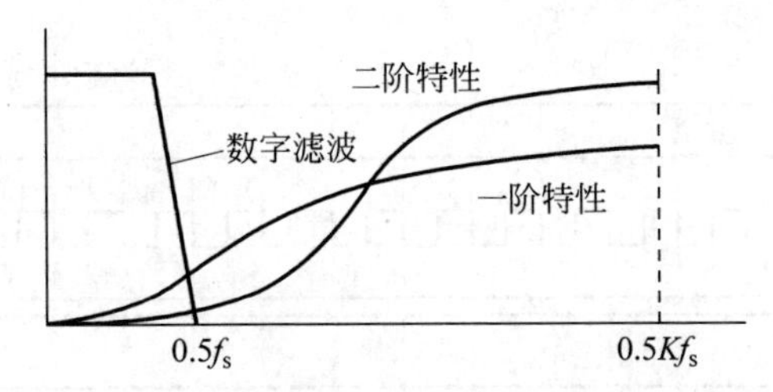

图 11-10　一阶和二阶 Σ-Δ 调制器频域特性

入信号，输出信号可以重新抽取成低数据率的数字流，只要仍符合采样定理的限制，就不会丢失任何信息。

11.2　A/D 转换芯片举例

实际 A/D 转换芯片除了上面说的精度参数和速度参数，还有很重要的接口方式、输入路数、电源电压、功耗等应用参数，都是实际选择芯片时的依据。下面分别介绍几种典型的芯片，供在实际使用中参考。

11.2.1　ADS7842 并行接口 12 位 A/D 转换器

ADS7842 芯片是并行接口、12 位、低功耗、单电源供电的 A/D 转换芯片。它的电源电压是 2.7～5.5V，与大部分逻辑芯片兼容。它具有 4 个模拟输入端，可以同时对 4 路模拟信号进行采样。它具有 200kSPS 的转换速率，是一种典型的并行接口逐次比较型 A/D 转换器。

图 11-11 是 ADS7842 芯片内部结构框图。一次地址写入触发 A/D 转换，4 路模拟信号输入到四选一模拟开关，在地址 A1、A0 控制下选择一路信号输入到 D/A

转换器，在 SAR 控制器逻辑控制下，进行采样和逐位逻辑转换。当进行转换时，nBUSY 信号为 0，转换完成为 1。其他芯片检测到 nBUSY 为 1，通过数据输出读取转换结果。图 11-12 所示为 ADS7842 芯片一次转换和数据读取的时序图。

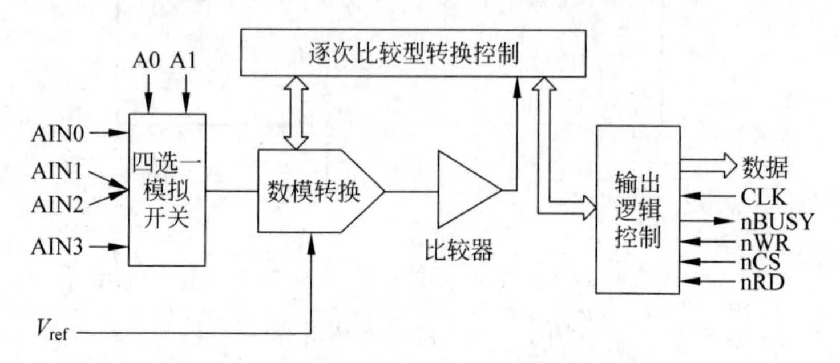

图 11-11　ADS7842 芯片内部结构框图

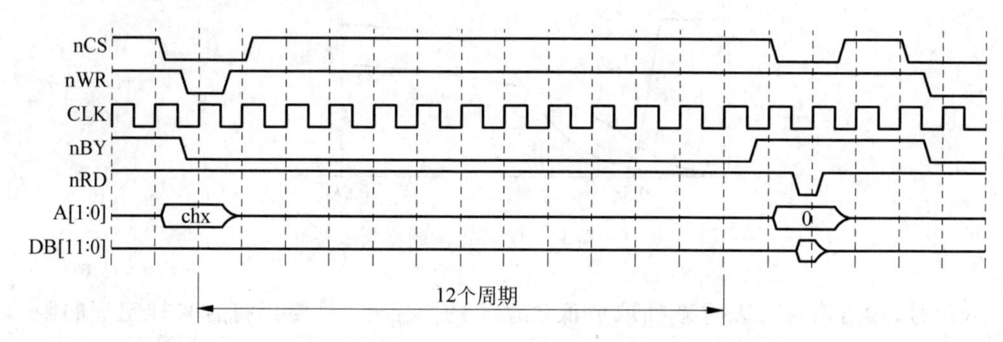

图 11-12　ADS7842 芯片一次转换和数据读取的时序图

关于芯片的更全面信息请参看芯片手册。

11.2.2　ADS7822 SPI 接口 12 位 A/D 转换器

ADS7822 芯片和 ADS7842 芯片是同一家公司的产品，具有类似的性能，区别是 ADS7822 只有单通道输入、串行输出接口，使得该芯片引脚数少、封装小，适合空间受限的应用场合，图 11-13 所示为 ADS7822 芯片内部结构框图。

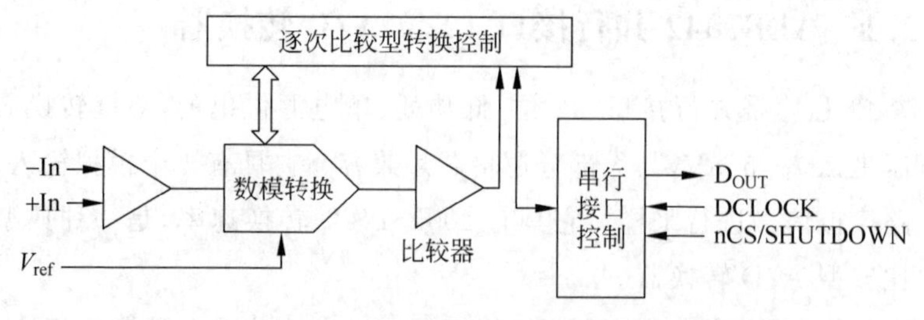

图 11-13　ADS7822 芯片内部结构框图

芯片的一次 A/D 转换是从拉低 nCS/SHUTDOWN 开始的，其为高电平时芯片处于低功耗状态。芯片需要 2 个时钟周期采样，然后边转换边输出，其时序如图 11-14 所示。2 个周期采样时间后，开始进行转换，输出的第一个数据为 0，这时再进行最高位的比较和确定。然后依次在时钟作用下输出后续位，直到 B1 输出完成后内部已经得到了 B0 的结果，数据转换完成。输出 B0 后，内部已经完成了数据的存储，如果仍然给时钟，芯片会依次输出 B1～B11。一般不需要重复输出，因此，图 11-14 中通过拉高 nCS/SD 使此次输出结束并触发下一次转换。

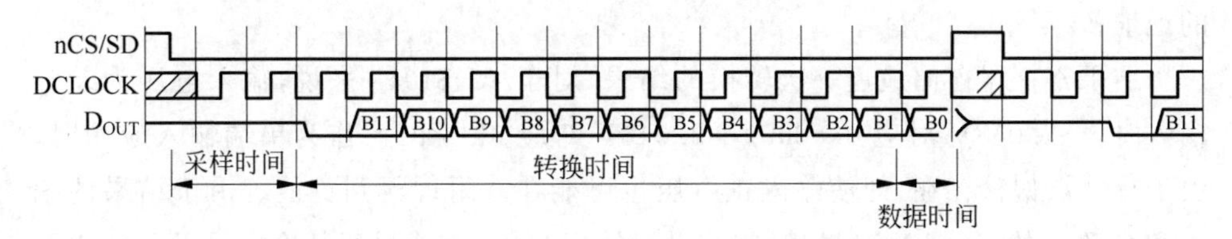

图 11-14　ADS7822 模数转换时序图

11.2.3　ADS1013 I²C 接口 12 位 A/D 转换器

ADS101x(x=3,4,5)是一系列 A/D 转换器件，都具有 Σ-Δ 模数转换核心、内部电压基准源、I²C 接口，ADS1013 是最基本的型号，只具有单路输入。ADS1014 增加了可编程增益放大器(programmable gain amplifier，PGA)，ADS1015 又增加了四选一模拟开关，图 11-15 给出了三种器件的内部结构框图。

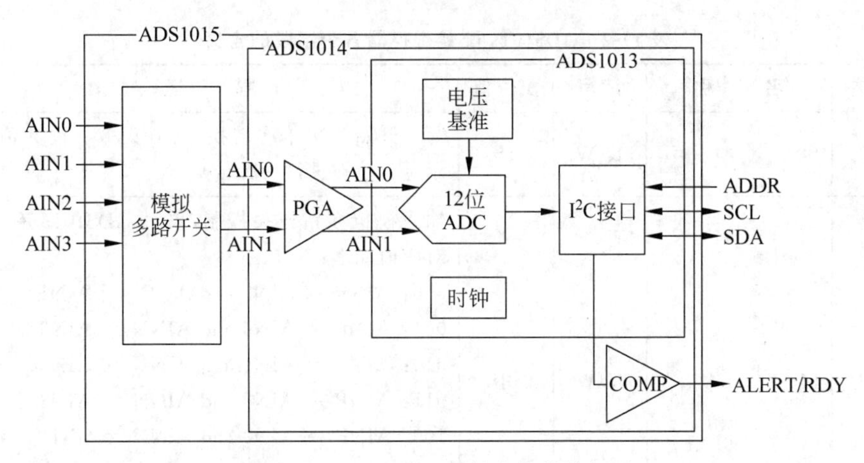

图 11-15　ADS101x 器件内部结构框图

ADS101x 器件都具有很小的封装形式，适用于小体积、低功耗、低数据率、较高精度的场合，如生物医学信号采集等。

ADS101x 支持差分输入，ADS1013 满量程输入为±2.048V，而另两种型号可以通过调整 PGA 的增益进而调整满量程电压。芯片的转换结果以 12 位有符号数(二进制补码)的形式存储于 16 位寄存器中，数字左对齐，右边四位补 0。

芯片通过 I^2C 总线读写 4 个寄存器控制 A/D 转换和读取结果，4 个寄存器分别为结果寄存器(conversion register)、配置寄存器(config register)、比较器低限寄存器(lo_thresh register)和比较器高限寄存器(hi_thresh register)。读写这 4 个寄存器时，需要先写入 4 个寄存器的地址到地址指针寄存器(address pointer register)，地址指针寄存器只有低 2 位有效，其值 00～11 分别对应上面 4 个寄存器的地址。

结果寄存器存储最近一次转换的结果，对于 ADS1013 来说，输入电压为差分输入时，－2.048V 对应 0x8000，＋2.048V 对应 0xFFF0。作为单端输入应用时，由于有 0 点偏移存在，即使输入正电压也可能在 0 附近得到负值。由于结果的编码和 C 语言的 short 型变量相同，结果存储到 short 型变量后其恰好是以 mV 表示的电压的整数值。

配置寄存器用来控制整个器件的特性，其各个字段的含义如表 11-2 所示。通过对 MODE 字段写 0 或 1，可以配置器件工作于单次转换模式或连续转换模式。如果 MODE 字段为 0，则为单次转换模式，每次需要转换，则向 OS 字段写 1，然后读取 OS 字段，如为 0，表明转换结束，读取结果即可。如果 MODE 字段为 1，则为连续转换模式，该模式下，一次转换结束后自动开启下一次转换，只需要读取结果即可。

表 11-2　ADS101x 配置寄存器各个字段的含义

位域	名　称	读写	复位值	描　述
15	OS	R/W	1h	写 1 开始一次单次转换，写 0 无效。读的值表示是否正在进行一次转换
14:12	MUX[2:0]	R/W	0h	输入模拟多路开关控制，仅对 ADS1015 有效。对应值如下： 000：AINP = AIN0 and AINN = AIN1 001：AINP = AIN0 and AINN = AIN3 010：AINP = AIN1 and AINN = AIN3 011：AINP = AIN2 and AINN = AIN3 100：AINP = AIN0 and AINN = GND 101：AINP = AIN1 and AINN = GND 110：AINP = AIN2 and AINN = GND 111：AINP = AIN3 and AINN = GND

续表

位域	名　称	读写	复位值	描　述
11:9	PGA[2:0]	R/W	2h	PGA 配置，对 ADS1013 无效。 000：FSR ＝ ±6.144 V 001：FSR ＝ ±4.096 V 010：FSR ＝ ±2.048 V(默认值) 011：FSR ＝ ±1.024 V 100：FSR ＝ ±0.512 V 101：FSR ＝ ±0.256 V 110：FSR ＝ ±0.256 V 111：FSR ＝ ±0.256 V
8	MODE	R/W	1h	0：连续模式；1：单次模式
7:5	DR[2:0]	R/W	4h	数据率： 000：128 SPS 001：250 SPS 010：490 SPS 011：920 SPS 100：1600 SPS 101：2400 SPS 110：3300 SPS 111：3300 SPS
4	COMP_MODE	R/W	0h	0：普通比较器；1：窗口比较器
3	COMP_POL	R/W	0h	0：低电平有效；1：高电平有效
2	COMP_LAT	R/W	0h	比较器是否带锁存功能
1:0	COMP_QUE[1:0]	R/W	0h	配置比较器是否带有队列，并按照队列中的值输出。00：一次比较输出；01：两次比较结果有效则输出；10：四次比较结果有效则输出；11：禁止比较输出，输出引脚高阻态

ADS101x 芯片 I^2C 接口兼容 I^2C 标准的各种速度，作为从器件发送和接收，不能驱动 SCL 信号。它的地址可以通过连接 ADDR 引脚到不同电平来得到 4 种配置，ADDR 引脚接到 GND、VCC、SCL、SDA，对应 I^2C 从器件地址分别为 1001000、1001001、1001010、1001011。

无论是写还是读 ADS101x 器件，都需要首先写入地址指针寄存器。图 11-16 给出 ADS101x 读寄存器的时序图，首先需要一次写入指针寄存器总线操作，然后一次读寄存器总线操作。

写入寄存器相对简单一些，只需要一次总线操作，如图 11-17 所示。

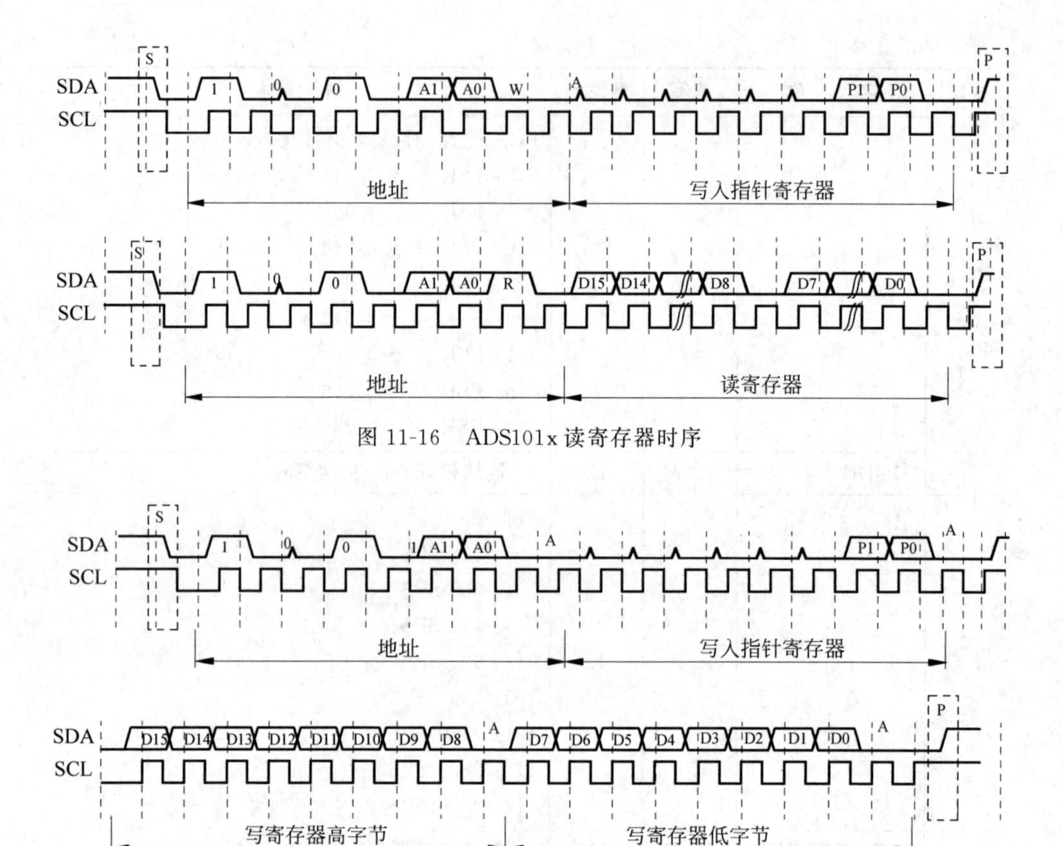

图 11-16　ADS101x 读寄存器时序

图 11-17　ADS101x 写寄存器时序

11.3　RP2040 芯片内置的 A/D 及编程

11.3.1　RP2040 芯片内置 A/D 转换器

RP2040 芯片内置 12 位逐次比较型 A/D 转换器，在 48MHz 时钟下可以达到 500kSPS 的性能。它有 5 路输入，4 路引脚输入电压、1 路片内温度传感器用来测量芯片温度。它支持 4 个字深度的 FIFO 存储转换结果，支持 DMA 和中断，并且包含一个分数分频器用来给连续采样作为定时。图 11-18 给出了 RP2040 芯片内置 A/D 转换器结构框图。

使能 ADC 需要在控制寄存器 CS 中 EN 位域写入 1，经过一个短暂的复位过程之后，CS. READY 位域变成 1，ADC 就准备好了，可以在任何时候在 CS. EN 中写入 0 关闭 ADC。

ADC 支持 2 种操作模式：单次模式和连续模式。

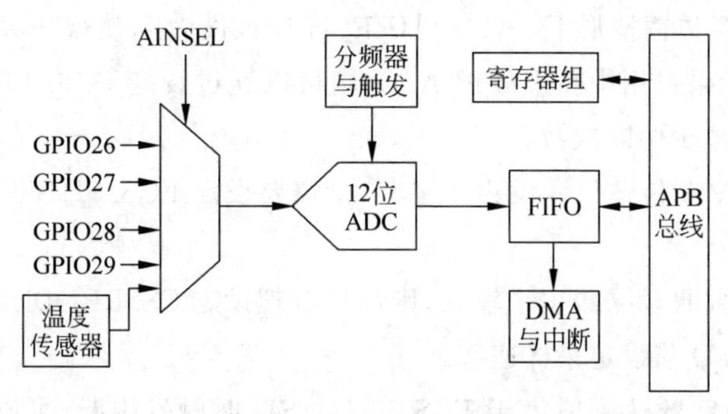

图 11-18　RP2040 芯片内置 A/D 转换器结构框图

在 CS. START_ONCE 中写入 1 启动一次单次 A/D 转换，CS. READY 变成 0 表示在转换过程中，96 个时钟后 CS. READY 变成 1，转换完成，结果寄存器中存储了 A/D 转换的结果。ADC 的输入由多路选择器决定，可以通过写入 CS. ANSEL 选择输入信号，0～3 对应 GPIO 引脚 26～29，4 对应片内温度传感器的输出。

连续模式通过在 CS. START_MANY 中写入 1 启动，96 个时钟周期后完成一次采集。采集完成后可以在结果寄存器中读取结果，如果 FIFO 启用，则自动写入 FIFO 中。如果分频器中分频系数写入 0，则转换一次后立刻启动下一次转换，这时，A/D 转换器以最高速度运行。如果分频系数不是 0，则两次转换的时间间隔为 $\mathrm{INT}+1+\frac{\mathrm{FRAC}}{256}$ 时钟周期，其中 INT 为分频器的整数部分，FRAC 为分数部分。

连续模式下的输入可以由 CS. RROBIN 设置为自动轮转，即一次转换完成后自动切换到另一个通道。CS. RROBIN 每个位对应一个输入，全为 0 表示禁止轮转模式。比如，CS. ANSEL 为 0，CS. RROBIN 为 6（即为 b00110），则输入循序为 CH0、CH1、CH2、CH1、CH2、CH1、CH2，等等。

FIFO 由 FCS 寄存器控制，FCS. EN 写入 1 开启 FIFO 功能，中断和 DMA 可以根据 FIFO 的情况产生中断或进行数据传输。如果 A/D 结束后 FIFO 满，则引起超越错误，FCS. OVER 为 1，A/D 的结果会丢失。如果设定 FCS. SHIFT 为 1，则结果存入 FIFO 时右移 4 位，即只保留 8 位结果。如果 FCS. ERR 置 1，则在 FIFO 的 12 位设置错误标志。

A/D 支持 DMA 传输，在 DREQ 信号触发下实现把 A/D 结果自动传输到内存中。DMA 传输需要注意下面几点：

- 通过 FCS. EN 使能 FIFO；
- 通过 FCS. DREQ 使能 DREQ；
- DMA 通道选择 DREQ_ADC 触发；

- 在DMA传输情形下，FCS. THRESH应该设为1，使得一次A/D后即触发传输，如果只用中断来处理A/D，则可以通过设定FCS. THRESH为更大的数来减少中断次数；
- 如果DMA传输尺寸设为1字节，则需要设定FCS. SHIFT为1，使结果预先右移；
- 如果需要自动采集多个输入，则需要合理设定CS. RROBIN；
- 开始A/D前设定采样速率。

FIFO中的字数达到或大于FCS. THRESH时触发中断，可以通过INTE寄存器使能中断，通过INTS查询中断状态。

A/D的CH4用来测量芯片温度，通过测量适当偏置的PN结的压降实现。在测量前，需要向CS. TS_EN写1使能PN结的偏置，温度的计算公式为

$$T = 27 - \frac{v_{ADC} - 0.706}{0.001\,721}$$

温度的单位是摄氏度，不进行温度测量时可以关闭PN结偏置，以减小芯片的功耗。

11.3.2 RP2040芯片内置A/D转换器的编程

RP2040芯片ADC的编程通过读写寄存器实现，寄存器基地址为0x4004c000，在SDK中定义为ADC_BASE。表11-3给出了RP2040芯片ADC相关寄存器的描述。

表11-3 RP2040芯片ADC相关寄存器

偏移量	名称	描述
0x00	CS	ADC控制寄存器。[20:16]RROBIN，输入轮转设置；[14:12]AINSEL，输入通道选择；[10]ERR_STICKY，过去转换存在错误，写1清除；[9]ERR，最近A/D转换存在错误；[8]READY，A/D准备好；[3]START_MANY，触发连续转换；[2] START_ONCE：触发单次转换；[1]TS_EN：使能PN结偏置；[0]EN，使能ADC
0x04	RESULT	ADC结果寄存器。[11:0]为ADC转换结果
0x08	FCS	FIFO控制寄存器。[27:24]THRESH，FIFO触发阈值寄存器，FIFO中字数大于等于该值时触发DREQ或中断；[19:16]LEVEL，FIFO中的结果数；[11]OVER，FIFO发生超越错误，写1清除；[10]UNDER，FIFO少于阈值，写1清除；[9]FIFO满；[8]FIFO空；[3]DREQ_EN，写1使能DREQ信号；[2]ERR，如果为1则在FIFO中写入错误标志；[1]SHIFT，结果右移4位；[0]EN，使能FIFO

续表

偏 移 量	名 称	描 述
0x0c	FIFO	FIFO 读地址。[15]ERR：错误标志，右移时保持位置不变；[11:0]VAL，ADC 结果
0x10	DIV	分数分频器。[23:8]INT，整数部分；[7:0]FRAC，分数部分
0x14	INTR	中断原始状态。[0]有效
0x18	INTE	中断使能。[0]有效
0x1c	INTF	强制中断。[0]有效
0x20	INTS	使能和强制后的中断状态。[0]有效

在 SDK 中，定义了与表 11-3 中结构相同的类型 adc_hw_t，并定义了 adc_hw 用来表示硬件的指针，如程序 11-1 所示。

程序 11-1 类型 adc_hw_t 的定义

```
typedef struct {
    _REG_(ADC_CS_OFFSET)                //ADC_CS
    io_rw_32 cs;
    _REG_(ADC_RESULT_OFFSET)            //ADC_RESULT
    io_ro_32 result;
    _REG_(ADC_FCS_OFFSET)               //ADC_FCS
    io_rw_32 fcs;
    _REG_(ADC_FIFO_OFFSET)              //ADC_FIFO
    io_ro_32 fifo;
    _REG_(ADC_DIV_OFFSET)               //ADC_DIV
    io_rw_32 div;
    _REG_(ADC_INTR_OFFSET)              //ADC_INTR
    io_ro_32 intr;
    _REG_(ADC_INTE_OFFSET)              //ADC_INTE
    io_rw_32 inte;
    _REG_(ADC_INTF_OFFSET)              //ADC_INTF
    io_rw_32 intf;
    _REG_(ADC_INTS_OFFSET)              //ADC_INTS
    io_ro_32 ints;
} adc_hw_t;
#define adc_hw ((adc_hw_t *)ADC_BASE)
```

通过 adc_hw 进行寄存器的读写非常方便，可以在编程时引用。

11.4 数模转换

数字信号转换为模拟信号有多种方法，本节介绍一些典型方法。

11.4.1 通过脉冲宽度调制实现模数转换

8.3.1节介绍了通过PWM信号把数字信号变成模拟电压的原理，这里不再赘述。可以通过RP2040芯片的PWM部件产生PWM波形，通过滤波产生模拟电压。图11-19给出了PWM输出配合二阶有源滤波器的简单电路。

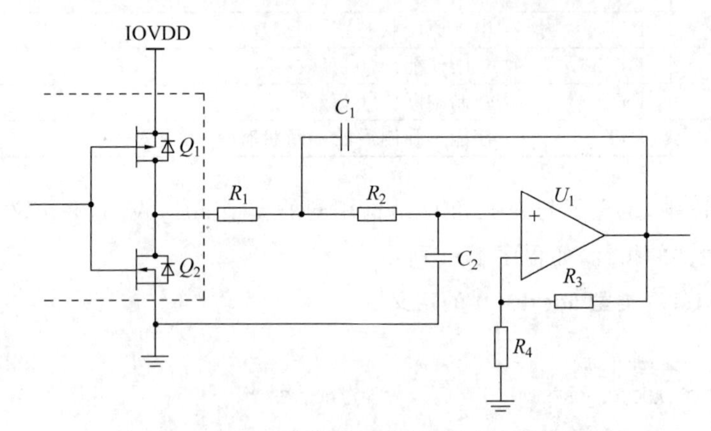

图11-19 PWM输出配合二阶有源滤波器的电路

11.4.2 通过电阻网络实现数模转换

实现数字模拟转换最常用的方法是通过电阻网络，主要分为电阻串架构、*R*-2*R*架构和分段架构。

电阻串架构是通过一串电阻串联把基准电压分成离散值，再通过数字电路控制的模拟开关选择一个作为输出，如图11-20所示。可以看出，这种架构不适合位数较多的情况。

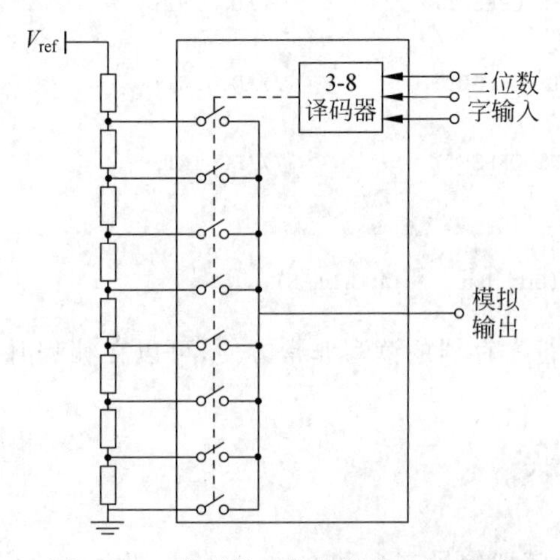

图11-20 典型的3位电阻串D/A电路

典型的 R-$2R$ 电阻网络 D/A 电路如图 11-21 所示。开关由输入数字信号各个二进制位控制，如为 1 开关接到虚地，否则接地。不论开关接到哪个位置，电阻都是接到 0 电位。这样，从右向左看电阻网络，R 与 R 串联后和 $2R$ 并联，结果仍为 R。重复这个过程，直到最高位，因此，整个网络总电阻为 R。从任何一个节点断开，右边都等效为大小为 R 的电阻，与节点左侧的电阻 R 组成二分压电路。每个节点处形成一个二分流电路，从 MSB 到 LSB 每个支路电流二分，可以计算出，如果输入数字 D，则流到虚地的电流为

$$I_D = \frac{V_{\text{ref}}}{R}(2^{-1} \cdot D_{n-1} + 2^{-2} \cdot D_{n-2} + \cdots + 2^{-n} \cdot D_0) = \frac{V_{\text{ref}}}{2^n \cdot R} \cdot D$$

因此，输出电压与输入电压成正比。

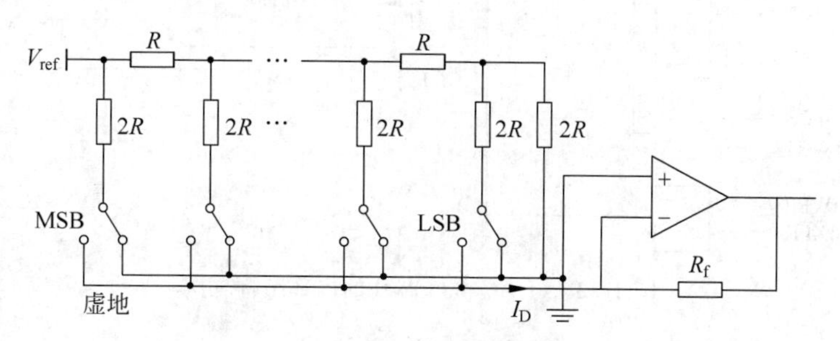

图 11-21　典型的 R-$2R$ 电阻网络 D/A 电路

分段架构 D/A 转换器就是把输入数字分成几段，高位的段控制的 D/A 输出作为低位的段的基准输入，这样就可以形成多位的数模转换电路。图 11-22 给出了一个电阻串组成的分段 D/A 转换电路。

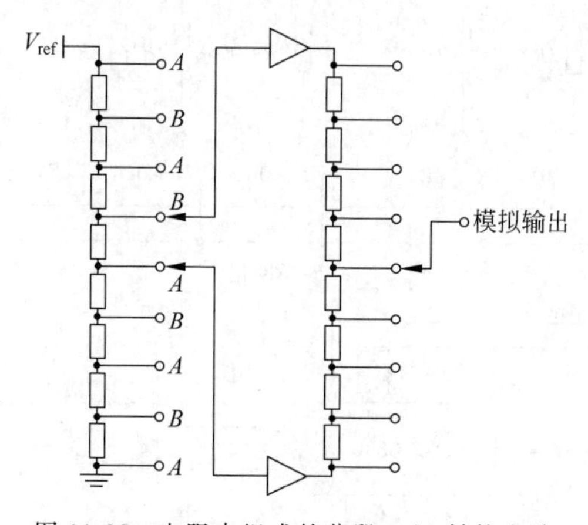

图 11-22　电阻串组成的分段 D/A 转换电路

本节介绍的三种架构的 D/A 转换电路都是比较简单的情形，实际电路设计时，还会根据微电子电路的特点，进行很多细节的考虑，这里不再展开。

11.4.3 数模转换器芯片 DAC0830

DAC0830/32 是一组较老的芯片，现在已经不适合大多数应用，但是它们是比较典型的并行数字接口 R-$2R$ 电阻网络架构 D/A 转换器，与较新的型号如 AD7524、AD7533、AD7545 等只是性能的差异，因此作为一个典型芯片介绍。

图 11-23 给出了 DAC0830 芯片的内部结构框图，它的数字输入为 8 位并行输入，经过两级锁存器进行锁存，适合挂接到微控制器总线系统中。

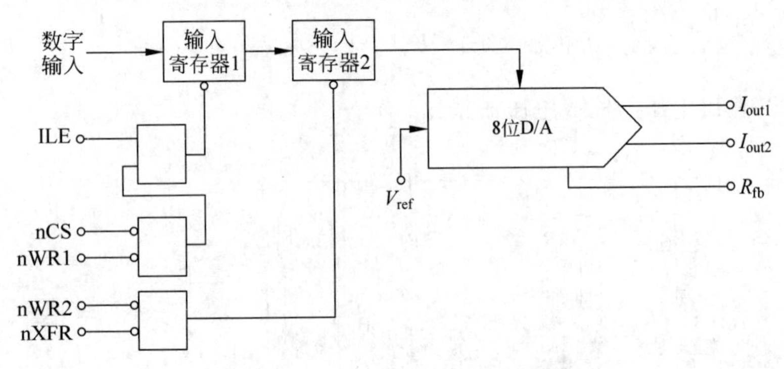

图 11-23　DAC0830 芯片的内部结构框图

图 11-24 给出了 DAC0830 芯片内部 R-$2R$ 网络和典型应用图，可以看出其内部 R-$2R$ 网络与上面介绍的基本一致，是典型的 R-$2R$ 架构，并且内部没有集成运放。在它的典型应用电路中，外加普通运放构成了图 11-21 所示电路。

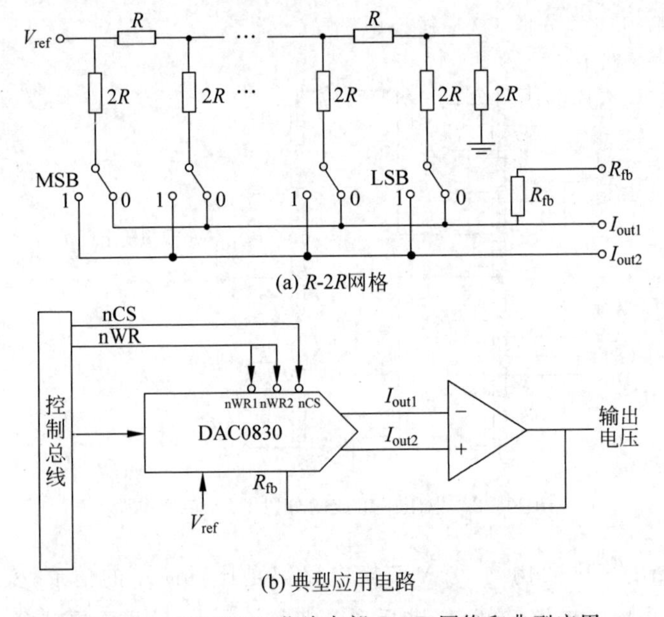

图 11-24　DAC0830 芯片内部 R-$2R$ 网络和典型应用

除了构成 D/A 转换电路,电流输出 R-$2R$ 架构的 D/A 转换器还可以构成可编程增益放大器。

图 11-25 给出一种反相可编程增益放大器的电路,对比其内部 R-$2R$ 结构发现,运放输出端到负输入端是 R-$2R$ 网络,阻值由数字输入确定,电压输入与负输入间是反馈电阻。容易得到:

$$V_{\text{out}} = \frac{V_{\text{in}} \cdot 256}{D}$$

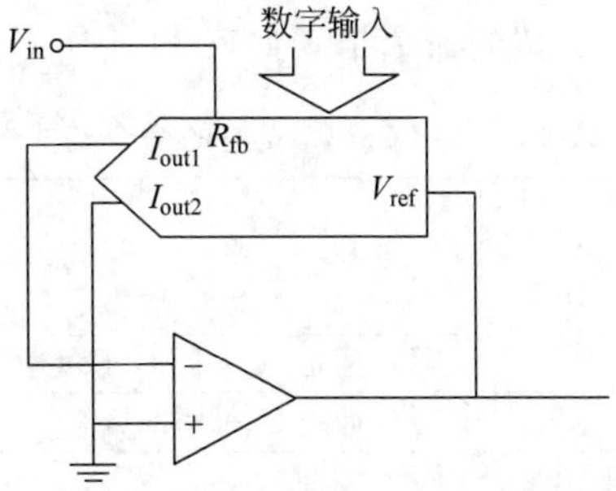

图 11-25　R-$2R$ 架构 D/A 构成的反相可编程增益放大器电路

这个电路改变的是反馈电阻,如果 D 为 0,则运放成为开环放大器。

11.4.4　串行接口 D/A 芯片 TLC5618

TLC5618 是较现代的一种 D/A 芯片型号,它具有 12 位分辨率,单电源供电即可工作,具有串行数据接口,因此芯片的封装很小,适合空间受限的应用。它具有 2 路 D/A,内部集成了运算放大器,不必外加任何元件即可构成电压输出。图 11-26 给出了 TLC5618 芯片的内部结构。

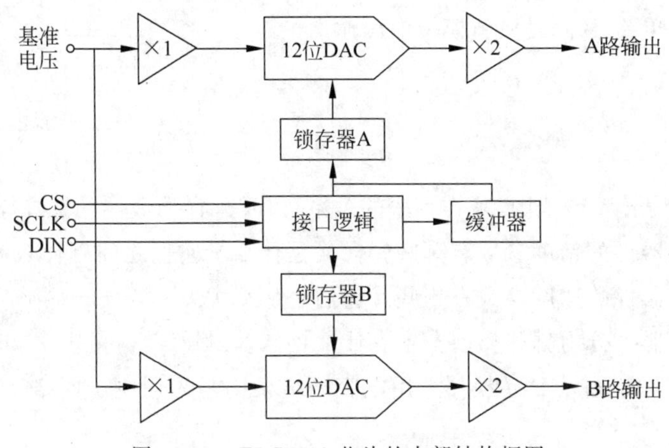

图 11-26　TLC5618 芯片的内部结构框图

TLC5618 通过 SPI 串口编程，每次传输 16 位，其中高 4 位是命令，低 12 位是数据。图 11-27 给出了 TLC5618 芯片写数据的时序图。

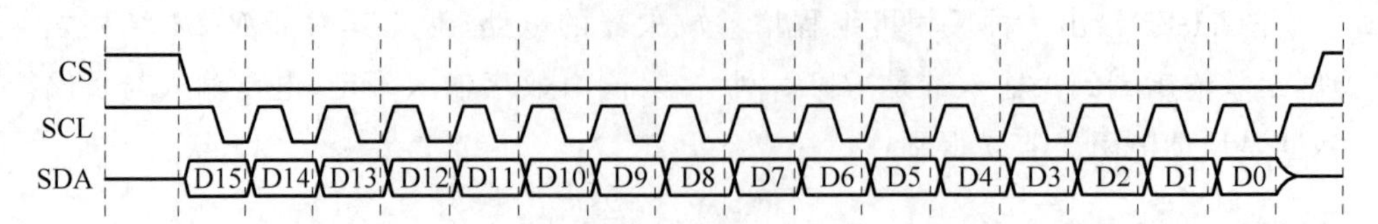

图 11-27 TLC5618 芯片写数据的时序图

D15～D12 是命令位，支持的命令格式如表 11-4 所示。

表 11-4 TLC5618 支持的命令格式

命令				说明
D15	**D14**	**D13**	**D12**	
1	x	x	x	写入通道 A 并同时用缓冲区中的值在 B 通道输出
0	x	x	0	写入通道 B 和缓冲区
0	x	x	1	写入缓冲区
x	0	x	x	建立时间设为 12.5μs
x	1	x	x	建立时间设为 2.5μs
x	x	0	x	上电操作
x	x	1	x	下电模式

数据为 12 位，输出电压为

$$V_{\text{out}} = 2 \cdot V_{\text{ref}} \frac{D}{4096}$$

写入数据只有两种模式可用：一种是只更新 B 通道数据，即写入 D15、D12 为 00；另一种是 A 和 B 通道同时更新，即先写入缓冲区，再写入 A 同时用缓冲区数据更新 B，这样 A、B 同时更新模拟电压输出。

思考题

1. 试述信号频谱范围、采样频率的关系，以及采样滤波器的选择原则。

2. A/D 器件的精度参数有哪些？含义是什么？它们之间有什么关系？

3. A/D 器件的速度参数有哪些？它们是什么关系？

4. A/D 器件分为哪些类型？各有什么特点？

5. 逐次比较型 A/D 转换器采用电容网络架构与采用电子网络架构相比有何优点？

6. Σ-Δ 型 A/D 转换器有何特点？

7. 简单说一说 A/D 器件有哪些接口种类，每种接口有何特点？

8. 电子网络型 D/A 电路有哪几种架构？

习题

1. 根据 A/D 芯片 LTC2376 的技术文档，其典型的 INL 为±0.5ppm，位数为 20 位，输入范围为$\pm V_{ref}$。当$V_{ref}=3V$时，其量化误差最大为多少？非线性误差电压最大为多少？

2. 设计一个 ADS7842 与 6.1 节所述总线的接口电路，并说明其工作时的时序过程，给出设计中读取结果的地址。

3. 为了驱动 ADS7822 芯片，使用 RP2040 芯片的三个 GPIO 分别接到 CS、DCLOCK、DOUT 三个引脚，请问这三个引脚应该如何配置？请试着用 SIO 编程，读入 A/D 转换的结果。

4. 给出获得 ADS1013 芯片一次 A/D 转换结果的 I^2C 通信过程，并用 RP2040 的 I^2C 通信部件编程实现。

5. 编写控制 RP2040 芯片的 A/D 部件的函数 uint16_t getAD(int ch)，以通道数为参数，获得一次该通道的 A/D 转换结果。

6. 在图 11-28 所示电路中，已知逻辑高电平为V_H，求解数字输入 D 和输出模拟电压V_O的关系。

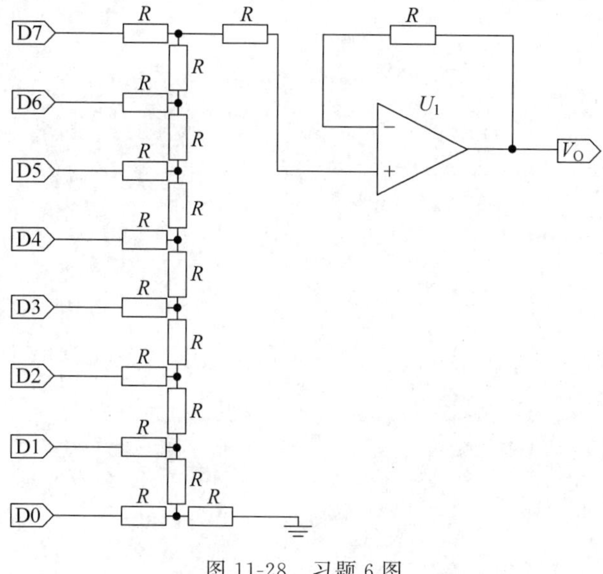

图 11-28　习题 6 图

7. 如果希望用 RP2040 芯片的 GPIO0～7 接到 DAC0830 上，使用 SIO 数字输

出产生模拟电压,应如何连接电路?请画出电路图。

8. 如果直接用 RP2040 芯片的三个 GPIO 引脚直接连接 TLC5618 芯片的 CS、SCLK、DIN 三个引脚,这三个 GPIO 如何配置?请编写函数 void SendtoTLC5618(uint16_t comdata),实现由 SIO 直接编程产生给 TLC5618 芯片命令和数据的功能。

第12章

人机接口技术

人机接口是指设备和人之间信息交流的部件。本章将详细介绍按键输入作为从人到设备的输入手段，LED七段数码显示或点阵显示作为设备到人的显示手段。这是成熟的技术，也为很多设备所采用。

现在广为采用的液晶屏技术，从应用的角度来看就是存储器的接口。简而言之，就是把液晶屏看成一个存储器，写入存储器就是在屏幕上显示，而从存储器到显示的过程，则由液晶控制芯片去实现。

触摸屏是和液晶屏分开的另一种部件，与液晶屏配合，实现输入的目的。

12.1 按键接口方法

12.1.1 独立式按键

机械式按键是最简单、最常用的输入装置，常用单刀单掷常开形式的，市面上也常见双刀单掷常开形式的，把两个开关并联即可。按键开关可以和电阻串联，把按下状态编程为微处理器可以输入的电平状态，图12-1给出两种独立式按键的接法，(a)图中按键按下输出低电平，(b)图中按键按下输出高电平。

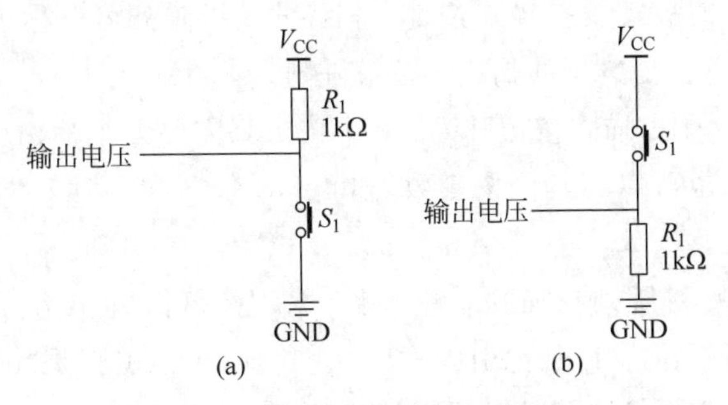

图12-1　两种常用独立式按键的接法

对于独立式按键的编程，较复杂的是去抖动。按键按下时，由于机械的原因，约有几十毫秒时间是不稳定的抖动状态。如果按键处于抖动状态，持续读取按键状态，按下一次往往会读到多次通-断-通的反复过程，如果处理不好，会造成功能的重复执行。如果按键一次某变量加 1，则按键时抖动会导致一次按键加上多个 1。

按键抖动可以用软件消除，最常用的办法是每隔一定时间间隔读取按键，连续两次读到相同的按键状态才算稳定输入。编程时可以用定时器中断实现，一般选择几十毫秒时间间隔。

也可以从应用逻辑上排除按键抖动的影响，如图 12-2 所示，由于每个按键按下后虽然有抖动，但是不影响检测到按下并执行对应的处理程序，由于相应的处理程序执行时间超过按键抖动时间，所以处理完返回时已经过了按键抖动的时间，这种情况下尽管按键抖动也不会引起功能重复执行。

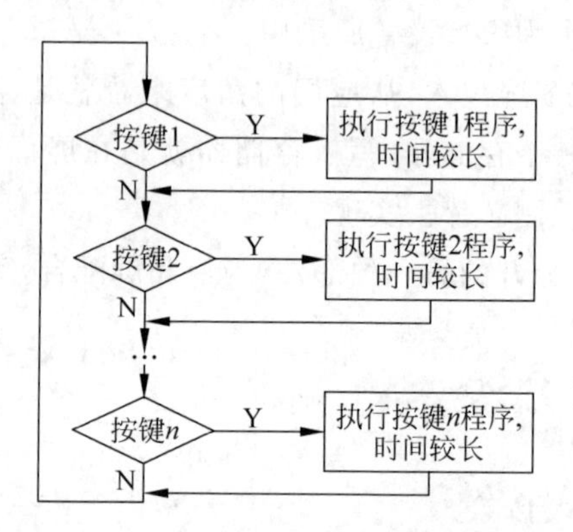

图 12-2　多个独立按键处理程序流程图

12.1.2　扫描式按键

每个独立式按键需要一个单独的输入引脚，当按键较多时需要引脚较多，往往是难以承受的，这时就需要扫描式按键。扫描式按键阵列可以称为"键盘"，通用计算机的机械式键盘就是典型的扫描式按键阵列。

图 12-3 是 4×4 扫描式按键阵列，16 个按键只需要 4 个输出引脚，4 个输入引脚，共 8 个引脚。也可以有其他按键数，如 4×8、8×8 等，可以大大节省单片机引脚的占用。

4×4 扫描式按键阵列扫描的原理如下：采用按行扫描，A 组引脚输出，当扫描某一行时，对应引脚输出 1，其他引脚输出 0。比如，A 组引脚是"0001"则扫描上面第一行，"0100"则扫描第三行等。没有按键按下时，由于 4 个电阻 R 的存在，B 引脚键输入为 0。如果扫描到某一行，该行有按键按下，则按下的按键对应的列为 1，而其他列为 0。比如，S_5 键按下，则扫描第二行（A＝"0010"）时，输入 B1 为 1，其他

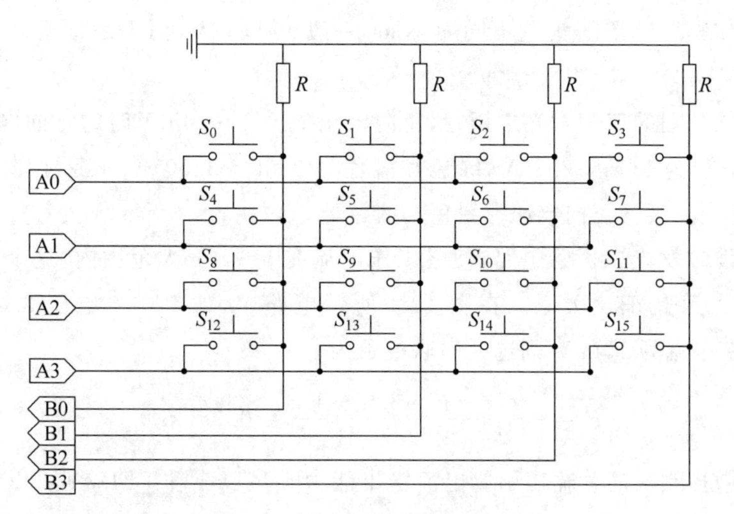

图 12-3　4×4 扫描式按键阵列

为 0,即输入为“0010”。我们也可以把输出和输入组合成一个 8 位码,称为按键的“扫描码”,如 S_0 扫描码 00010001,S_1 扫描码 0001010,S_2 扫描码 00010100,……,S_9 扫描码 01000010,S_{14} 扫描码 10000100,S_{15} 扫描码 10001000,等等。

这个电路只考虑了只有一个按键按下的情况。如果考虑同时可以有多个按键按下,可以分两种情况讨论:如果同一行有两个以上按键按下,则扫描码为两个按键扫描码的“或”;如果同一列中有多个按键按下,则会发生逻辑冲突。例如,S_1 和 S_9 同时按下,则扫描第一行时,A0 输出 1,A2 输出 0,通过 S_1 和 S_9 恰好接到一起,引起逻辑冲突。

可以有两种方法解决:一种是允许高阻态输出,输出 0 的引脚设为高阻态;另一种是不允许高阻态输出,则扫描输出信号通过二极管进行信号隔离。

也可以把电阻接到 V_{CC},这样扫描用负逻辑,读入按键按下为 0,否则为 1,扫描码则和上面的情形相反。这种扫描方式是常见的,因为早期用 MCS51 单片机的时候,I/O 可以方便地配置成低电平输出模式,恰好满足这种扫描电路的要求。

12.2　LED 数码管和点阵

12.2.1　发光二极管的导电特性

发光二极管(light emitting diode,LED)本质上还是二极管,由 PN 结组成,正向导通时产生电子和空穴的复合而发光。因此,其电学特性和一般二极管相似,正向电压超过开启电压之后导通,导通后电流随电压变化敏感,电流在较大范围内变化时对应的电压变化较小。正向发光时的电压叫作正向工作电压 V_F,发光二极管的正向工作电压常常随颜色不同而不同，一般为 1～3V，而不是普通硅二极管的 0.6～0.7V。

例如某公司的三种发光二极管，正向电流 $I_F=1\sim20\text{mA}$ 时的正向电压 V_F 分别如下：红色为 1.75～2.35V，绿色和蓝色为 2.90～3.50V。从这个数据可以看出，红色发光二极管正向电压比绿色和蓝色低。

一般设计发光二极管电路，使之工作电流在 3～20mA 范围内，这个范围内光强随电流大致是正比关系。在图 12-4 所示电路中，如果供电电压 3.3V，$V_F=1.8\text{V}$，欲使电流为 10mA，则选择串联电阻为

$$R=\frac{V_{CC}-V_F}{I_F}=\frac{3.3-1.8}{10}=0.75(\text{k}\Omega)$$

有的微控制器芯片输出引脚电流输出能力不足以驱动 LED，则可以选择三极管或场效应管作为驱动元件增加输出电流的能力。如果需要输出的路数比较多，则可以选择专门的驱动芯片。

典型的驱动芯片有 ULN2803、ULN2804 等三极管阵列芯片，74HC 系列的 244、245 等驱动器芯片等。图 12-5 所示为 ULN2803 芯片的内部结构，它的输出电流较大，并且输出并联有钳位二极管，可以方便连接电感负载。

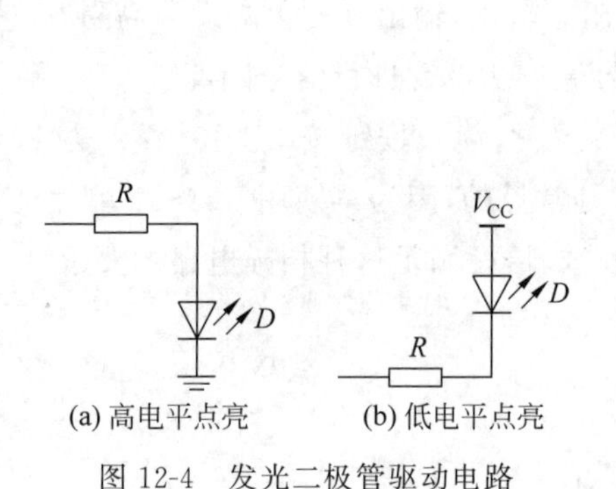

(a) 高电平点亮　(b) 低电平点亮

图 12-4　发光二极管驱动电路

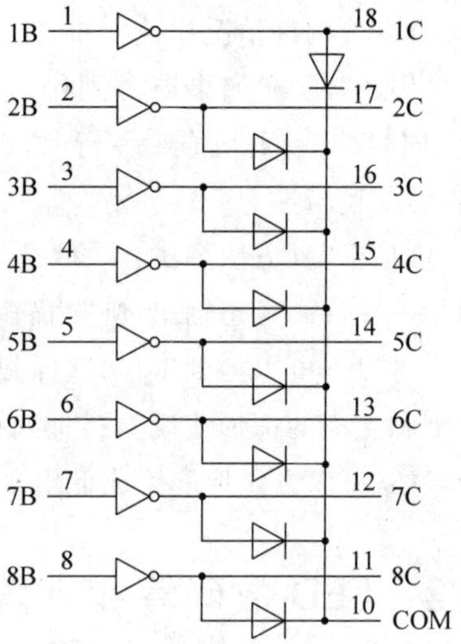

图 12-5　ULN2803 芯片的内部结构

12.2.2　LED 数码管

用发光二极管做成的发光体组成数码的笔段，就形成了 LED 数码管。常见的 LED 数码管是七段数码管，也有“米”字管等。图 12-6 给出了七段数码管及数字

0～9、字母 A～F 的显示方法。

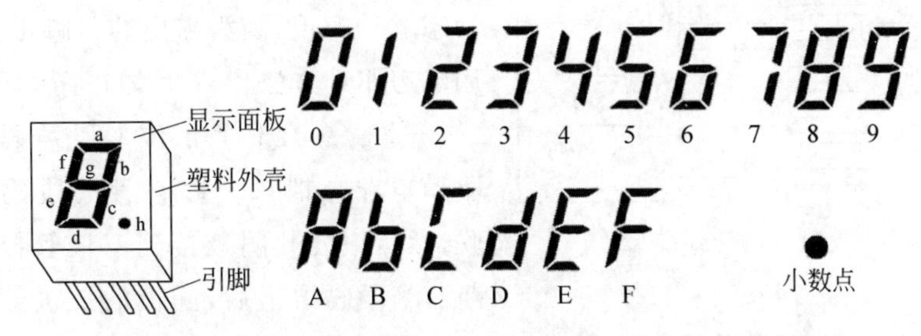

图 12-6 七段数码管及数字 0～9、字母 A～F 的显示方法

从电路的角度看，七段数码管就是 LED 阵列，为了节省引脚资源，七段数码管中的 8 个 LED 往往把阳极(或阴极)连接到一起作为一个引脚输出，其他阴极(或阳极)单独输出，形成共阳极(或共阴极)LED 数码管。图 12-7 给出了七段数码管共阳极和共阴极两种引脚输出方案。

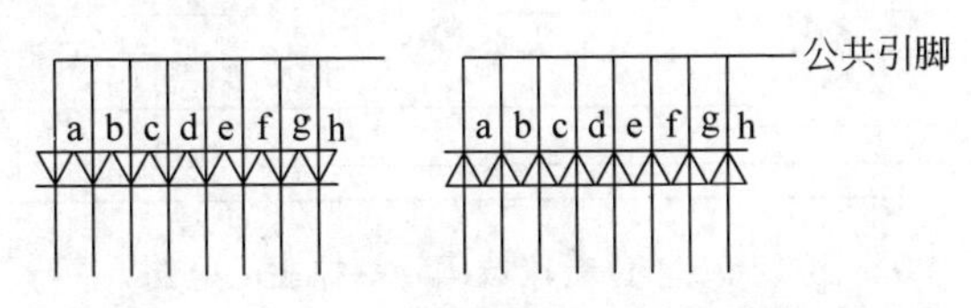

图 12-7 七段数码管的共阳极和共阴极

a～h 七个字段不同的点亮组合就可以显示不同的数字、字母。十六进制数 0～F 对应不同的编码，称为七段码。七段码可以用 2 位十六进制数字表示，表 12-1 给出了十六进制数字的七段码。

表 12-1 十六进制数字的七段码

数字	七段码	数字	七段码	数字	七段码	数字	七段码
0	3F	4	66	8	7F	C	39
1	06	5	6D	9	6F	D	5E
2	5B	6	7D	A	77	E	79
3	4F	7	07	B	7A	F	71

12.2.3 七段数码管的驱动方法

如果只显示 1 位数字，则可以用静态驱动方法，即输出的笔段通过电阻串联直接接到数码管的段输入，如图 12-8 所示，其中电阻的计算方法与前面 LED 电路中电阻的计算方法相同。

对于共阴极数码管，只要输出七段码即可显示对应数字；对于共阳极数码管，输出要把七段码取反。

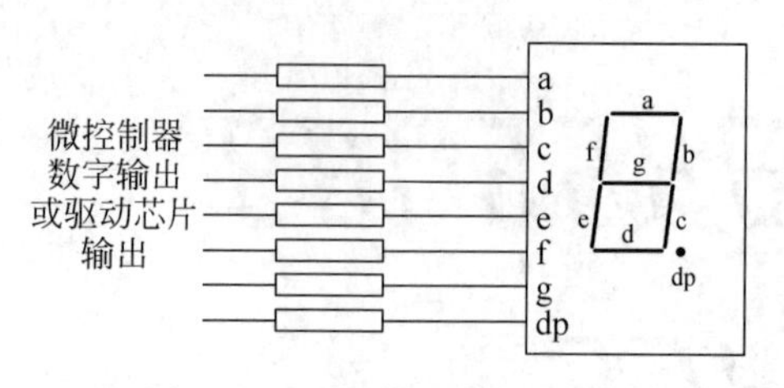

图 12-8 七段数码管直接驱动

如果需要显示的位数较多，则无法用静态驱动实现，因为需要的引脚很多，必须用动态驱动方法。

图 12-9 给出了 4 位七段数码管扫描驱动电路。把每个数码管的段码输入并联，然后把公共阴极接到三极管控制其通断。当段码给出后，阴极的三极管导通的数码管就会显示，而其他数码管是不显示的。

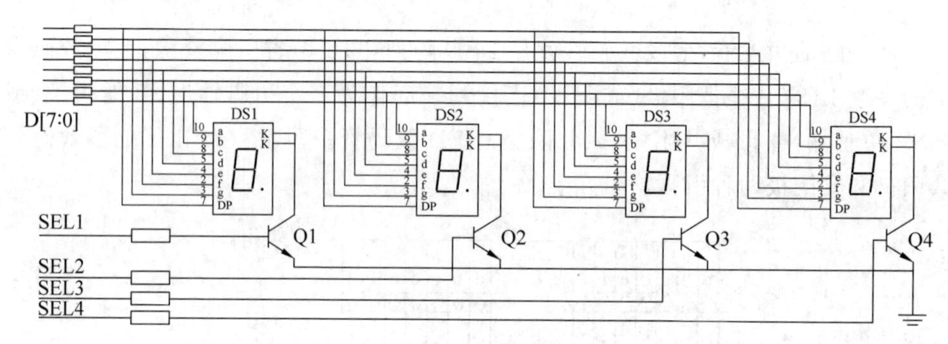

图 12-9 4 位七段数码管扫描驱动电路

所谓的动态显示，就是同一时刻只显示一个数码管，下一时刻显示下一个数码管，如此循环。由于视觉暂留的作用，当循环足够快时，每个数码管的显示看起来就是连续的。

比如，时刻 1 输出数字 N1 七段码，Q1 导通，则 DS1 显示 N1。下一时刻输出数字 N2 七段码，Q2 导通，DS2 显示 N2，如此不断循环，如果足够快，则看到稳定显示 N1、N2、N3、N4 四个数字。图 12-10 给出了七段数码管扫描显示信号时序。

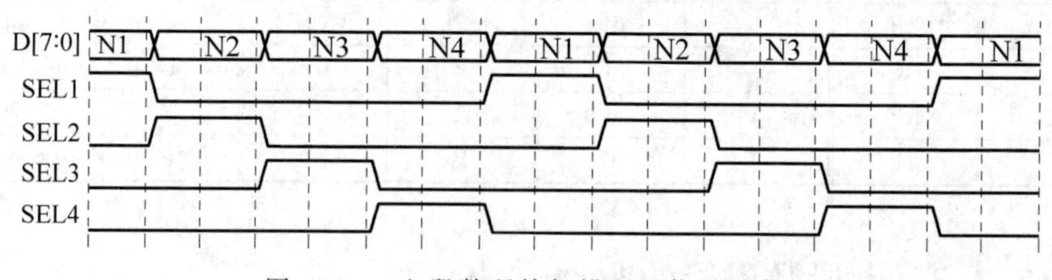

图 12-10 七段数码管扫描显示信号时序

对于七段数码管动态扫描显示编程，需要一个机制每隔一段时间调用一次显示函数，可以用定时器中断实现。程序 12-1 给出了七段数码管扫描显示函数 display_led()，其中调用了宏定义 OUTCODE()输出七段码和 OUTLINE()输出位码，可以根据硬件电路的连接方式来定义。数组 segcode 中定义了七段码，数组 disp_buf 是一个外部定义的数组，用来存放要显示的 4 位数字，这里只是引用。

程序 12-1　扫描显示程序

```
uint8_t segcode[16] = {0x3F, 0x06, 0x5B, 0x4F, 0x66, 0x6D, 0x7D,
    0x07, 0x7F, 0x6F, 0x77, 0x7A, 0x39, 0x5E, 0x79, 0x71};
extern uint8_t disp_buf[4];
void display_led(void){
    static int index = 0;
    OUTLINE(index);
    OUTCODE(segcode[disp_buf[index]]);
    index++;
    if(index == 4) index = 0;
}
```

12.2.4　LED 点阵显示模块

发光二极管 LED 可以组成 LED 阵列用来显示更复杂、更精致的数字或字母，如果点阵够多，也可以用来显示汉字和图形。为了减小电路的复杂度，一般仍然按行或按列扫描显示，图 12-11 所示为按列扫描 8×8 发光二极管点阵，每次显示一列，每列 8 个 LED，共 8 列。

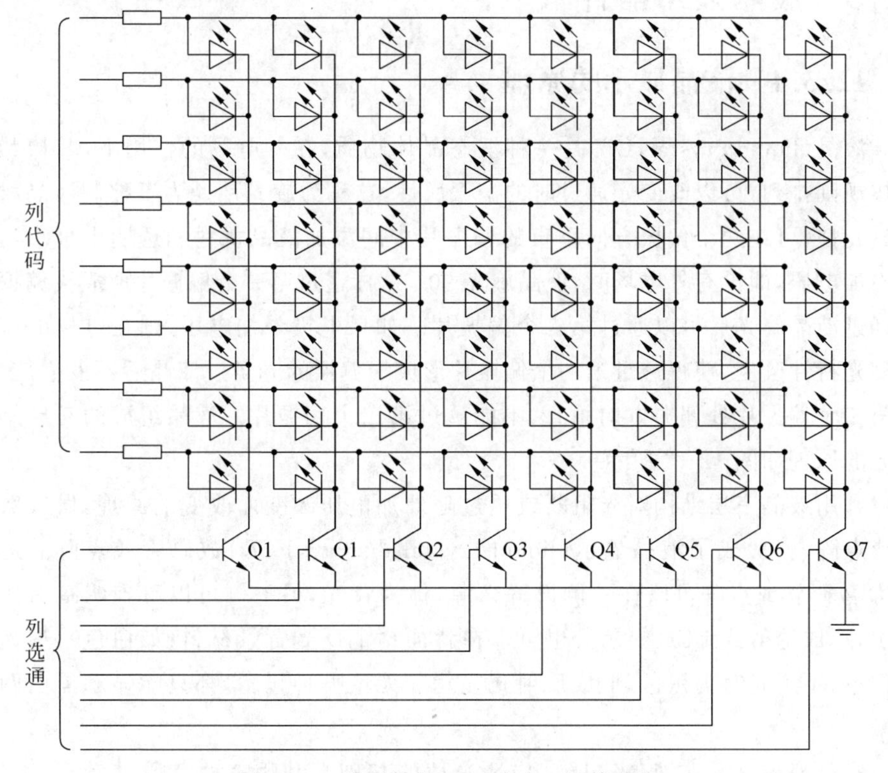

图 12-11　按列扫描 8×8 发光二极管点阵

要显示一个特定的字符,需要首先取得字符的点阵字模。例如要显示字符 A,可以先绘制其点阵字模,然后根据黑白不同写出位代码点阵。如果按行扫描,则写出行编码;如果按列扫描,则写出列代码。字符 A 取模的过程如图 12-12 所示。如果要显示汉字,则需要 16×16 或 32×32 点阵,而取模过程是相同的。

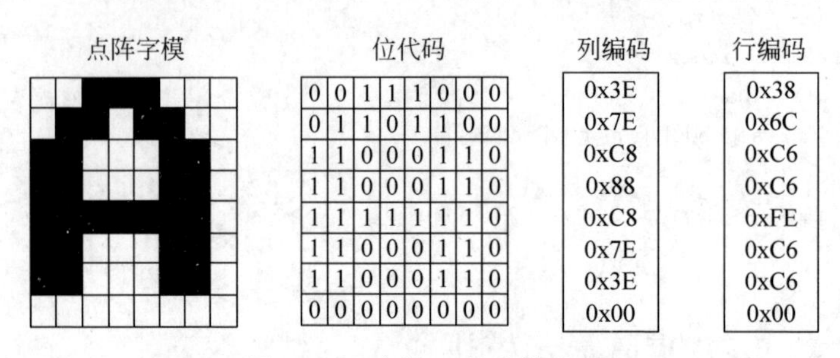

图 12-12　字符 A 的取模过程

对于显示过程的编程,则和数码管扫描显示类似:循环给出每一行或每一列,根据视觉暂留原理,显示的内容就会稳定显示在点阵中。

12.3 液晶显示器件

12.3.1 液晶显示的原理

液晶(liquid crystal,LC)是一种液态晶体物质,在外电场的作用下,其棒状分子按规则排列,可以改变光通过时的偏振属性,这称为旋光性。为了控制液晶材料的透光性,可在两个偏振方向垂直的偏振片中间添加液晶材料和透明电极。当电极不加电压,即没有外电场时,液晶旋光 90°,这样透过第一个偏振片形成线偏振的光经过液晶旋光后可以通过第二个偏振片。如果电极外加电压,则在电场的作用下旋光特性改变,使得透过第一个偏振片形成线偏振的光经过液晶后不发生旋光,在第二个偏振片处偏振方向垂直,不能透过第二个偏振片。液晶组成的三层结构透光的原理如图 12-13 所示。

利用液晶三层结构对光阻断或透过随外加电压改变而改变的原理,做成数码管或点阵,就形成了液晶显示(liquid crystal display,LCD)数码管或点阵。这种 LCD 数码管或点阵可以在一侧设置光源,称为背光,另一侧可以看到明暗对比的显示,形成透射式 LCD 显示。也可以在背面贴上反光背景材料(如白色),透光时为白色,不透光时为黑色,形成反射式显示。无论哪种显示,都只能显示黑白两色图案。

彩色液晶显示在液晶三层结构透光性的基础上利用三原色原理实现,由红、绿、蓝(R、G、B)三原色的像素点构成一个彩色单元,彩色单元阵列组成彩色液晶

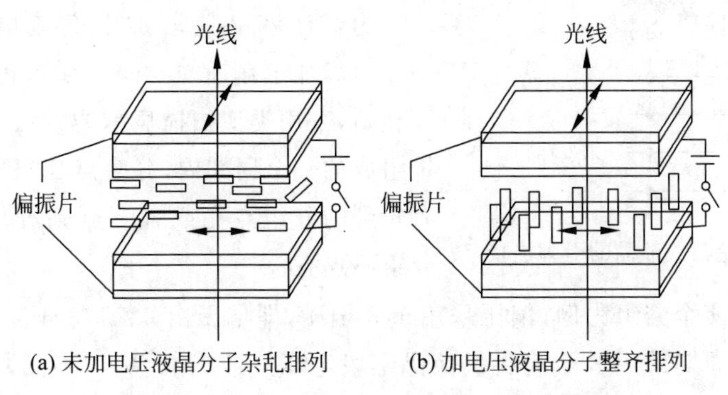

(a) 未加电压液晶分子杂乱排列　　(b) 加电压液晶分子整齐排列

图 12-13　液晶组成的三层结构透光的原理图解

屏。一个彩色单元由三个像素组成，每个像素在液晶三层结构的基础上加上了红绿蓝滤光片，形成三原色的透光像素，如图 12-14 所示。只要改变加在三个像素液晶单元上的电压，就可以调节三个像素的亮度，从而调节合成的像素颜色。

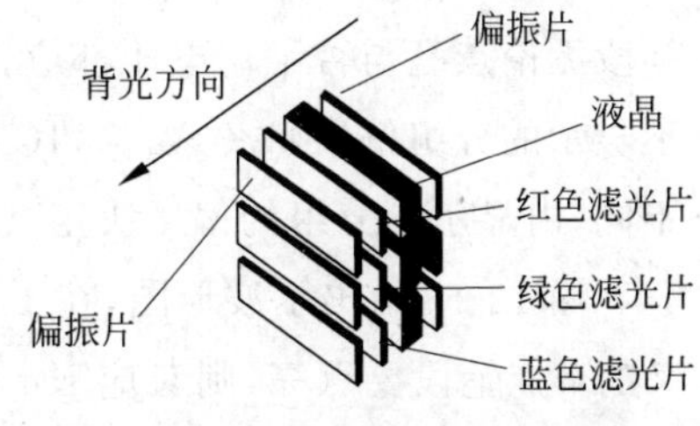

图 12-14　彩色液晶的彩色单元结构

当然这里的模型是一个极简的模型，丝毫没有涉及关键的液晶驱动电子系统的结构，也没有涉及提高像素数从而提高分辨率的结构设计原理，但是最基本的道理是正确的。

无论是黑白的数码管、点阵，还是彩色液晶屏，都需要专门的驱动电路显示和控制。作为微处理器的接口器件，设计和编程主要针对这些接口器件，下面会介绍一些典型的驱动方法和驱动接口器件。

12.3.2　笔段式液晶显示器件的驱动方法

由于液晶材料电阻率极高，改变液晶旋光性只需要电场的作用而且只需要微弱的电流，在无背光的反射式笔段液晶显示器件显示时电流极小，可以应用在电子手表、便携式仪器等极低功耗的场合，而笔段也可以定制为复杂图案，达到较好的设计效果。

液晶如果长时间在直流电场的作用下会产生疲劳效应而老化损坏，因此，段码液晶应该采用交流驱动，即笔段显示时电场是交变的，平均电压为 0。为了节省引脚，笔段式液晶设计时会把所有笔段分为几组，每组共享一个公共端 com，另一端称为段 seg，不同组的相同编号的 seg 也由同一个引脚引出。这样，com 和 seg 引脚形成一个阵列，交叉点就是笔段，如图 12-15 所示。图中，交叉点空芯的表示该笔段不点亮（黑色），实芯表示需要点亮。

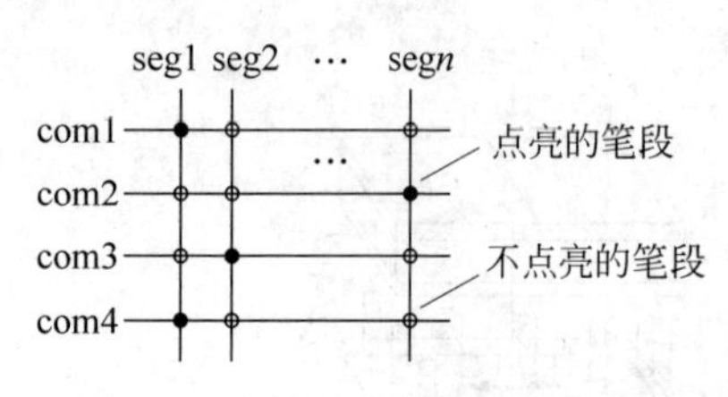

图 12-15 笔段式液晶的引脚连接

为了让液晶笔段加上交流电压，需要在com引脚加上偏压(bias)。每个笔段要自由控制亮暗，采用类似扫描显示的方法，在由数个时钟组成的一个周期内，分时点亮每组的笔段，只有轮到的分组点亮或者不点亮，而没有轮到的分组不点亮。

下面以4个分组为例，偏压采用1/3偏压，即偏压由0、$(1/3)V_{CC}$、$(2/3)V_{CC}$、V_{CC}组成。周期采用8个时钟。液晶笔段电压0或$(1/3)V_{CC}$不亮，而$(2/3)V_{CC}$和V_{CC}点亮，这是符合大多数液晶的实际情况的。

8个时钟周期分成4个阶段，每个阶段分别显示1～4分组笔段，而且保证每个笔段无论点亮与否平均电压都应该为0。因此，显示的分组偏压必须是0和V_{CC}，不显示的分组偏压$(1/3)V_{CC}$和$(2/3)V_{CC}$，才可以满足要求。而seg根据每个阶段不同，由显示的分组的偏压决定其电压是$(1/3)V_{CC}$还是$(2/3)V_{CC}$。

图12-16给出了波形图，在1阶段，由com1偏压为0或V_{CC}，如果与com1交叉的节点笔段要点亮，则对应seg电压为$(2/3)V_{CC}$或$(1/3)V_{CC}$，使得seg－com1＝$\pm(2/3)V_{CC}$，就像图中的seg1。如果与com1交叉的笔段不点亮，则对应seg电压为$(1/3)V_{CC}$和$(2/3)V_{CC}$，使得seg－com＝$(1/3)V_{CC}$或0，就像图中的seg2。而段电压seg和不显示的偏置电压com相减总是0或$\pm(1/3)V_{CC}$，不会点亮。

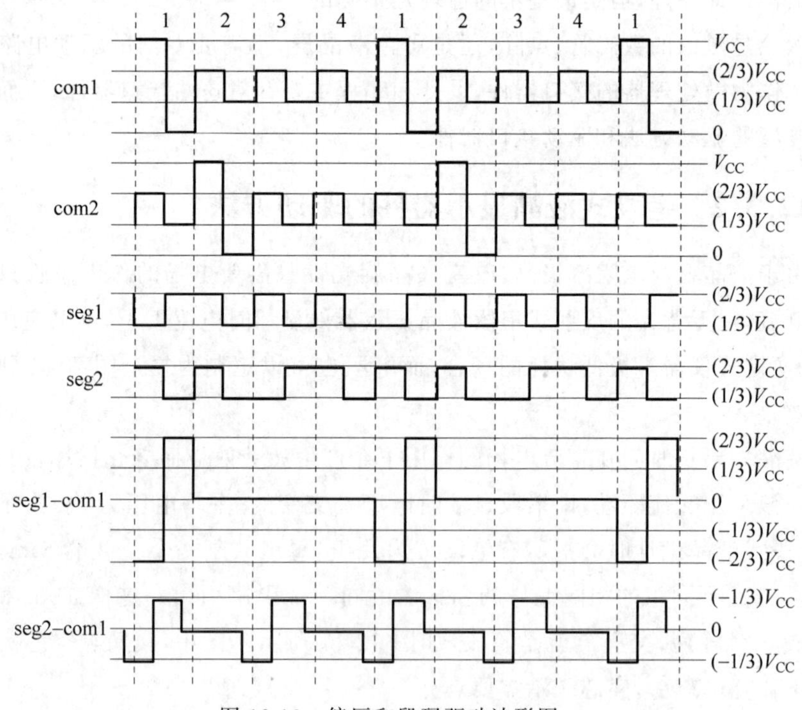

图 12-16 偏压和段码驱动波形图

笔段式液晶的驱动一般需要用专门的控制器芯片，如 HT1621 等，或者采用有笔段式液晶控制器部件的单片机，如 MSP430 系列中的某些型号。关于这些器件的用法，参见其他资料，这里从略。

在笔段式液晶需要的控制引脚较少时，也可以采用一般微控制器进行控制。从以上介绍可以看出，如果采用 1/3 偏压，关键是如何由数字输出产生$(1/3)V_{CC}$和$(2/3)V_{CC}$ 电压。seg 信号可以采用图 12-17(a)中的电路，V_{out} 输出为 0 或 V_{CC}，则 seg 为$(1/3)V_{CC}$ 和$(2/3)V_{CC}$。comm 端口可以采用图 12-17(b)的电路，跟随器输出$(1/3)V_{CC}$ 和$(2/3)V_{CC}$ 幅度的矩形波，如果单片机输出引脚高阻态，则 comm 也输出$(1/3)V_{CC}$ 和$(2/3)V_{CC}$ 矩形波。如果输出引脚推挽式输出 0 和 V_{CC}，则 comm 为 0 和 V_{CC}。

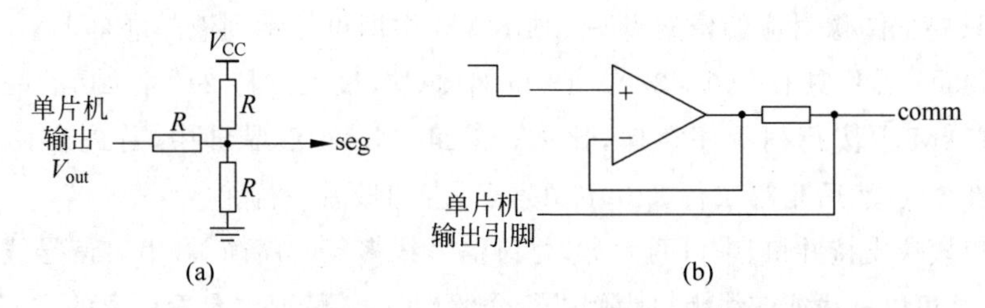

图 12-17 驱动笔段式 LCD 的电路

12.3.3 彩色液晶屏驱动方法

微控制器系统中常用的彩色液晶屏是薄膜晶体管液晶屏(thin-film transistor liquid crystal display，TFT-LCD)，基本原理和前面描述的是类似的，只是每个像素上的液晶增加了薄膜晶体管作为控制，使得更容易驱动和具有更高的性能。TFT-LCD 的原理不是本节的重点，实际的液晶屏在设计时会有专门的驱动器件来控制其正常显示，微控制器只是和这样的控制器接口，并有效地显示信息。本节的重点是如何驱动这些控制器件显示出图像。

常见的小规模彩色液晶屏驱动芯片如 ILI9341，它如何与液晶屏接口本节并不关心，因为作为微处理器系统的设计者拿到手的液晶模块就已经把 ILI9341 集成到了液晶显示系统，重要的是如何与 ILI9341 芯片接口并正确显示图形。

图 12-18 给出了 ILI9341 芯片内部功能框图，其中接口模块用来和微控制器通信，支持并行端口、串行端口等多种格式；GRAM 即图形存储器，逻辑上应该是双口 RAM，即一边通过接口模块进行读写，同时也可以被液晶驱动模块读取内容；时钟模块产生各个单元需要的时钟；电荷泵是电容升压电源，供液晶驱动模块产生驱动电压；液晶和背光模块用来驱动液晶。

GRAM 存储了需要显示的图形，在 ILI9341 芯片中，一个彩色像素采用 16 位

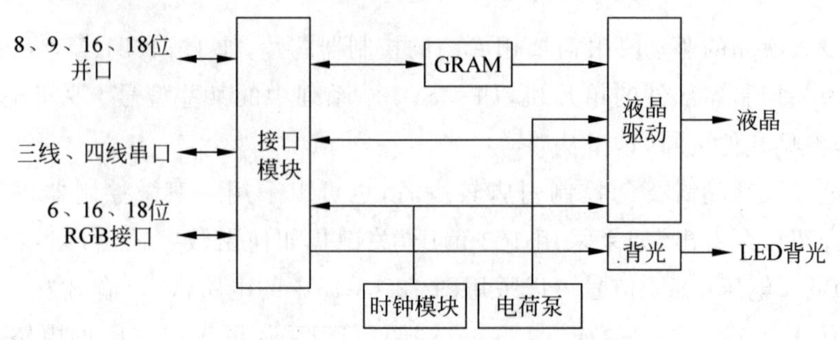

图 12-18 ILI9341 芯片内部功能框图

或 18 位存储。如果采用 16 位存储(65k 色),则一个像素点的 RGB 三原色亮度用 5:6:5 位表示;如果用 18 位存储(262k 色),则一个像素点的三原色亮度用 6:6:6 位表示。只要把图像对应的像素点写入 GRAM 中即可显示到液晶屏幕上。

ILI9341 芯片具有 240×320×18 位 GRAM,最大支持 240×320 液晶屏。图像在 GRAM 中按行列顺序存储,比如,在 240×320 液晶屏中,首先存储第一行 240 个像素点,然后是第二行 240 个像素点,直到最后一行。

接口模块支持并口、串口两大类,并口信号线多但时序简单,串口信号线少但时序复杂,这里以三线或四线串口为例进行介绍,并口的情况请参看厂家的文档。微控制器对 ILI9341 读写分为命令和数据两种,由 D/CX 信号控制。当 D/CX 为 1,表明是数据操作,D/CX 为 0,表明是命令操作。三线、四线串口的区别就是是否有专门的数据线表示 D/CX 信号。图 12-19 给出了三线串口和四线串口的信号连接情况。

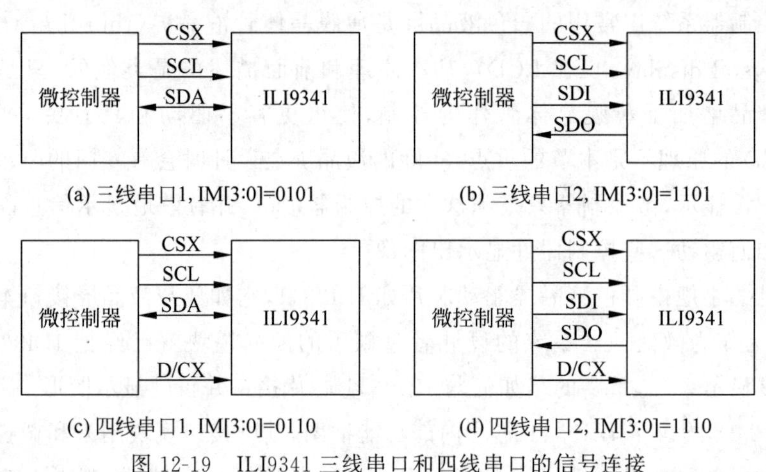

图 12-19 ILI9341 三线串口和四线串口的信号连接

在四线串口中,由专门的 D/CX 信号线在传输时表明是命令还是数据,而三线串口中没有 D/CX 信号线,D/CX 信号是和数据一起传输的,每个传输字节包含一个 D/CX 位。设计电路时,可以通过 IM[3:0]引脚的电平来选择通信接口模式,图 12-19 同时给出了四种情况下的 IM[3:0]的值。

图 12-20 给出了三线串口数据传输波形，对于三线串口，每帧数据 9 位，最高位为 D/CX 信号，1 表示读，0 表示写。在 16 位像素点数据传输时，2 个数据帧刚好满足要求，各个位编码如图(a)所示。当 18 位像素点数据传输时，则需要 3 个数据帧，各个位的编码如图(b)所示。

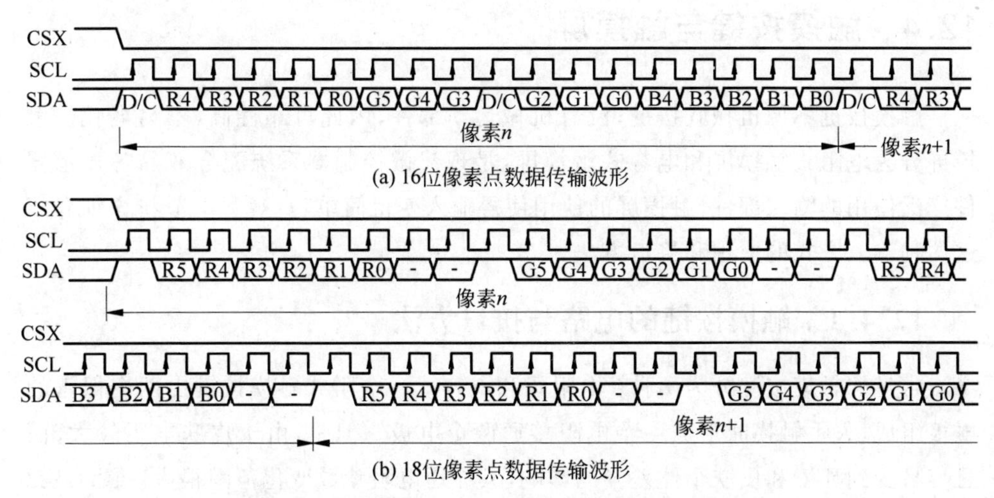

图 12-20　三线串口 16 位或 18 位像素点数据传输波形

在四线串口的情况下，有专门的 D/CX 信号线表示数据和命令，因此，一帧数据 8 位，不需要表示 D/CX 的位，而编码情况与三线串口类似，同样传输一个 16 位像素点数据需要 2 帧，传输一个 18 位像素点数据需要 3 帧，传输波形如图 12-21 所示。

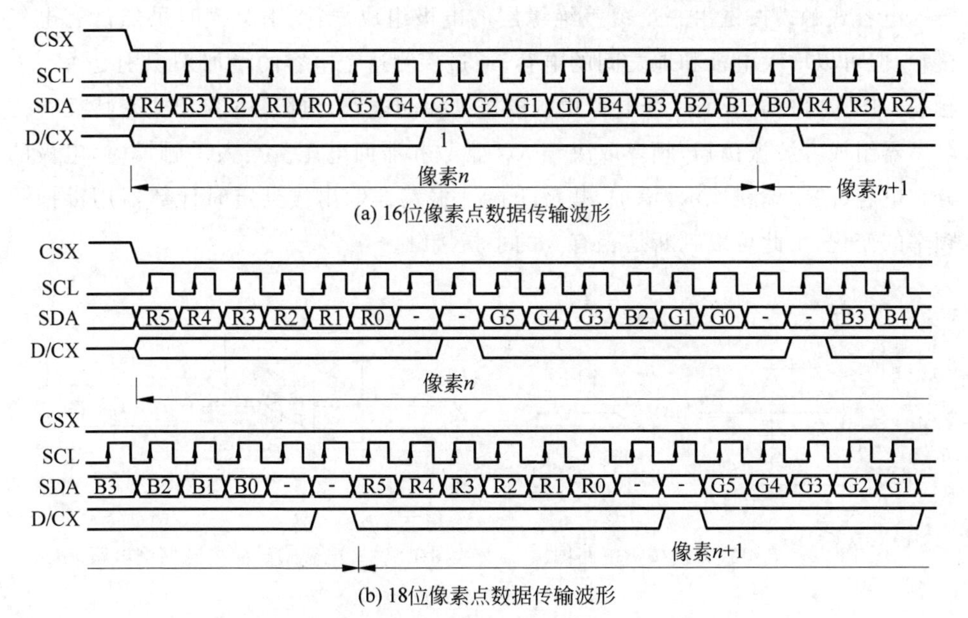

图 12-21　四线串口 16 位或 18 位像素点数据传输波形

正确显示图像还应该通过命令正确设置 ILI9341 的各项参数,比如,像素的颜色模式、图像的尺寸、背光的情况等。传输命令时 D/CX 信号为 0,具体的传输波形和命令字的功能这里不再赘述,请参阅有关资料。

12.4 触摸按键与触摸屏

触摸按键不像机械式按键,没有机械运动部件,因此可靠性高,不易老化。触摸屏分为电阻式触摸屏和电容式触摸屏,是现代微控制器系统配合液晶等显示器件广泛使用的输入部件,触摸屏的使用使得输入变得简单、直观。本节将详细介绍这两种输入方式的原理和接口方法。

12.4.1 触摸按键的电路与接口方法

常见的触摸按键分为两种:电阻式和电容式。电阻式触摸按键由两个裸露的电极组成,人手触摸时形成一个电阻接通两个电极。但是,由于皮肤电阻较大,而且容易受到环境和皮肤个体差异的影响,其导通电阻参数变化范围很大。图 12-22 给出一个电阻式触摸按键电路图,图中电阻 R 必须选得比较大,否则皮肤电阻较大时不足以让输出变高。两个二极管是保护电路,把比较器输入端的电位钳位到 $0 \sim V_{CC}$ 范围内,避免触摸时引入的干扰损坏比较器。该电路简单,但效果并不好,容易受到干扰。

电容式触摸按键由一个覆盖绝缘层的电极组成,当人手触摸时虽然没有电气接触,但可以增大电极和地之间的电容,通过探测这个电容的增加来识别是否有人触摸。图 12-23 给出了一个电容式触摸按键探测电路,电阻、电容和施密特反相位触发器组成方波振荡器,频率取决于 RC 常数和滞回电压。当人手触摸时,电极的分布电容(图中虚线所示)增加,频率下降。振荡器输出接到定时计数器用以探测频率的变化,由此可以判断是否有人的手指接触。

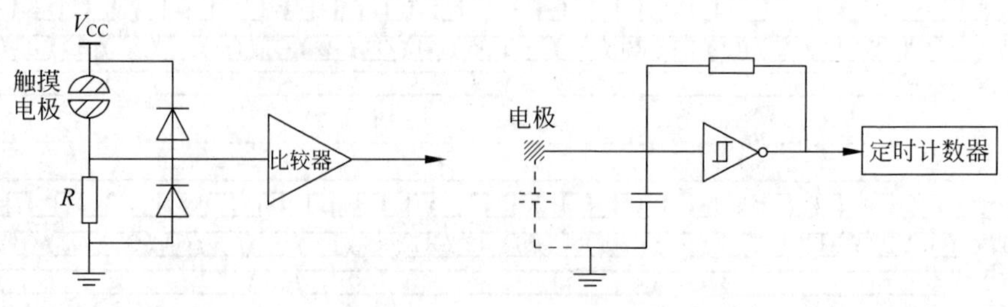

图 12-22　电阻式触摸按键电路图　　　图 12-23　电容式触摸按键探测电路

上面的两种探测原理和电路是较常见的,前者电路简单但效果差,后者电路复杂但效果好。有些芯片内部集成了探测电路，如 MSP430 单片机中的某些型号，这时倾向于使用后者。

12.4.2　电阻式触摸屏的原理与接口芯片

触摸屏必须透明才能不影响显示，所以触摸屏的电极材料必须用透明且导电的材料，一般选择铟锡氧化物半导体（ITO）透明导电膜作为电阻式触摸屏的电极板材料。

电阻式触摸屏的结构如图 12-24 所示。在玻璃基板上均匀涂布 ITO 材料形成导电薄膜，左右加装电极，这两个电极记为 X＋和 X－。基板上层是透明塑料膜，透明塑料膜下表面同样均匀涂布 ITO 材料形成导电薄膜，上下两侧加装电极，记为 Y＋和 Y－。塑料膜和玻璃基板之间加装有支撑结构，因此两层导电膜是不能接触的。当有外物（触笔）按压塑料膜时，塑料膜形成局部形变，上层导电薄膜和下层接触，形成导电点。由于这种电阻屏具有 X＋、X－、Y＋、Y－四个电极引出，又称为四线电阻式触摸屏。

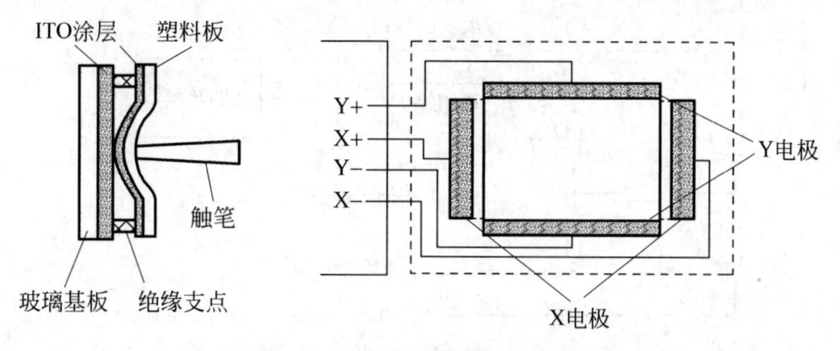

图 12-24　电阻式触摸屏的结构

为了测量触点的坐标，需要测量触点在 X＋、X－电极间位置和在 Y＋、Y－电极间位置。由于导电薄膜均匀，当 X＋、X－外加电压时，电压沿 X 方向线性变化，同样，Y 方向上也有这个特点。因此，我们可以得到等效电路如图 12-25 所示。

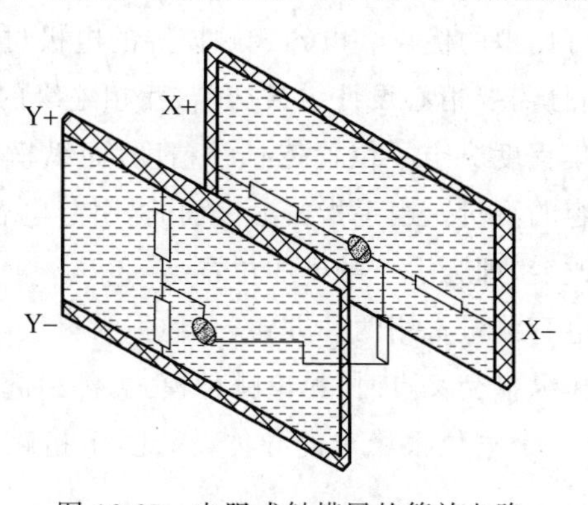

图 12-25　电阻式触摸屏的等效电路

为了测量 X 坐标，需要 R_{X+} 和 R_{X-} 的比例。首先在X+和X−之间加上电压 V_{DD}，然后通过测量Y+或Y−电极上的电压即可获得接触点的电压，而接触点电阻 R_{touch} 和 R_{Y+}、R_{Y-} 并不起作用，这是因为测量电压输入端采用高输入阻抗，输入电流几乎为0，因此，电阻上电压降可以忽略。如果设测量到的电压为 V_X，则 X 位置：

$$X=\frac{V_X}{V_{DD}}\cdot L_X$$

对于 Y 坐标的测量，可以采用分时测量的方法，与 X 坐标的测量相同。

为了实现上述测量过程，可以采用电阻式触摸屏专用控制芯片。这种芯片的核心是一个精度较高的A/D转换器，并配合适当的测量电路。

也可以使用具有A/D功能的微控制器实现电阻屏的测量，电阻屏的四个引脚接到微控制器的四个引脚 P_{X+}、P_{X-}、P_{Y+}、P_{Y-}。图12-26中，为测量 X 位置的电路状态，P_{X+} 输出1，电压为 V_{DD}，P_{X-} 输出0，电压为0V。P_{Y-} 为高阻态，相当于断路。P_{Y+} 作为A/D转换器的输入。同样可以实现 Y 坐标的测量。

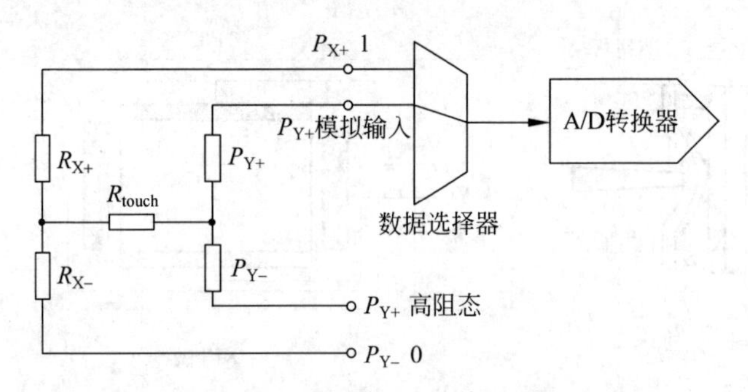

图12-26　具有A/D转换的微控制器测量电阻屏

12.4.3　电容式触摸屏的原理与接口芯片

电容式触摸屏更为复杂，但是灵敏度高、抗干扰能力强，并支持多点触摸，这些都是电阻式触摸屏不可比拟的优点。电容式触摸屏的电极材料仍然需要透明且导电的ITO材料制作，而且需要精心设计纵横交错、互相绝缘的电极图案，如图12-27所示。纵横电极的密集程度决定了位置传感的精度，而纵横电极需要接到专门的电容测量芯片进行电容的测量。当手指接触表面时，引起电容的变化，从而知道哪个纵横交叉点有电容改变，即为手指触摸的位置。

电容式触摸屏的电容测量常用两种方式，一种称为自生电容式，另一种称为互生电容式。当手指触摸纵横交叉点时，无论哪种模式，都引起电极到手指的分布电容增加，而人体相当于一个电位很稳定的导体，因此，手指触摸等效为两个电极都

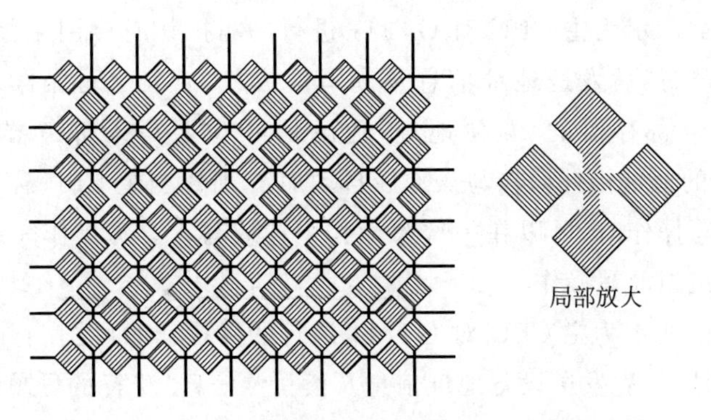

图 12-27　电容式触摸屏纵横交错且互相绝缘的图案

增加了一个对地的分布电容，如图 12-28 所示。

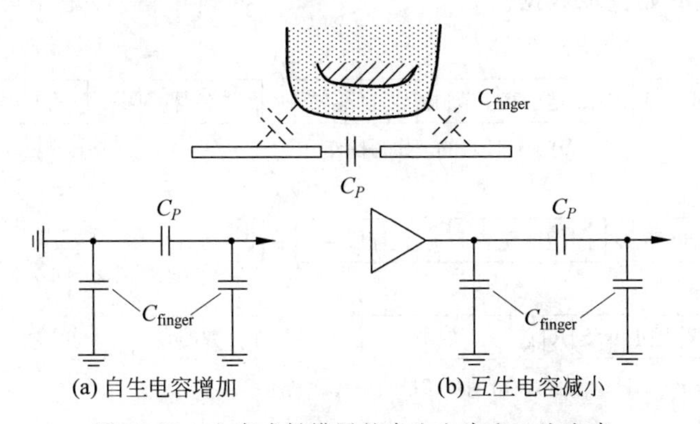

图 12-28　电容式触摸屏的自生电容和互生电容

所谓自生电容式测量方法，就是把一个电极接地，从另一个电极测量对地电容，如图 12-28(a)中所示，自生电容为

$$C_P = C'_P \,||\, C_{\text{finger}}$$

手指触摸后自生电容是增加的。对于互生电容式测量，是一个电极加入驱动交流信号，另一个电极测量信号大小来测量。这时等效电容是减小的。

由于电容式触摸屏控制复杂，因此一般用专用芯片进行驱动。驱动芯片型号众多，这里介绍 5 点电容式触摸屏控制芯片 GT811。该芯片检测互生电容，由 16 个驱动通道与 10 个感应通道组成触摸检测网络，通过内置模拟放大电路、数字运算模块及高性能 MPU 得到实时、准确的触摸信息，并通过 I^2C 总线传输给主控芯片。

GT811 芯片支持标准的 I^2C 从设备，从设备地址为 7 位地址 0x55。通过 I^2C 总线读写 GT811 芯片的配置与功能设置寄存器和输出信息寄存器来设置功能参数和读取信息，无论读写哪些寄存器，都需要写入寄存器地址，然后才能启动读写寄存器操作。

图 12-29(a)所示为主 CPU 对 GT811 进行的写操作时序图。首先主 CPU 产生一个起始信号,然后发送地址信息及读写位信息“0”表示写操作。在收到应答后,主 CPU 发送寄存器的 16 位地址,随后是 8 位要写入寄存器的数据内容。GT811 寄存器的地址指针会在写操作后自动加 1,所以当主 CPU 需要对连续地址的寄存器进行写操作时,可以在一次写操作中连续写入。写操作完成,主 CPU 发送停止信号结束当前写操作。

图 12-29(b)所示为主 CPU 对 GT811 进行的读操作时序图。首先主 CPU 产生一个起始信号,然后发送设备地址信息及读写位信息“0”表示写操作。在收到应答后,主 CPU 发送首寄存器的 16 位地址信息,设置要读取的寄存器地址。在收到应答后,主 CPU 重新发送一次起始信号,发送地址信息和“1”表示读操作。收到应答后,主 CPU 开始读取数据。

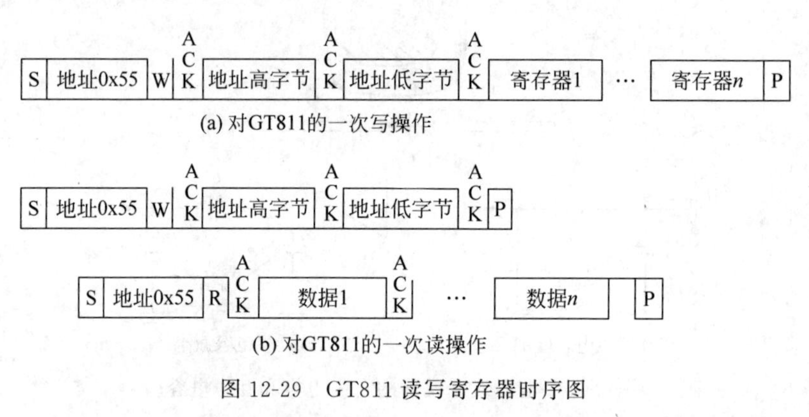

图 12-29 GT811 读写寄存器时序图

GT811 同样支持连续的读操作,默认为连续读取数据。主 CPU 在每收到一个字节数据后需要发送一个应答信号表示成功接收。在接收到所需的最后一个字节数据后,主 CPU 发送“非应答信号 NACK”,然后再发送停止信号结束通信。

寄存器地址 0x692～0x711 为配置和功能设置寄存器,具体含义参见器件手册。寄存器地址 0x717～0x742 为输出信息寄存器地址,如表 12-2 所示。其中 0x717 开始的 2 字节为软件版本号,0x721 是 5 个触点是否触摸的编码,0x722 是四个触摸按键是否触摸的编码,0x723 开始的 25 个字节表示 5 个触点的坐标(X、Y 坐标各 2 字节,触摸压力 1 字节)。因此,只要连续读取这些信息就不难获得关于触摸的信息。

表 12-2 输出信息寄存器的地址和含义

地 址	名 称	含 义
0x717	FirmwareH	固件版本高字节
0x718	FirmwareL	固件版本低字节

续表

地　址	名　称	含　义
0x721	TouchpointFlag	[7:6]Sensor ID。[5]：按键。[4:0]触摸点
0x722	Touchkeystate	[3:0]：触摸按键
0x732～0x727	Point0	触摸点 0 信息，依次为：X 坐标 2 字节，Y 坐标 2 字节，压力 1 字节。坐标高位在前，低位在后
0x728～0x72c	Point1	触摸点 1 信息，格式同前
0x72D～0x731	Point2	触摸点 2 信息，格式同前
0x732、0x739～0x73c	Point3	触摸点 3 信息，格式同前
0x73d～0x741	Point4	触摸点 4 信息，格式同前
0x742	checksum	所有数据的校验和

思考题

1. 机械按键为什么会有抖动现象？如何消除抖动现象的影响？

2. 为何采用扫描式键盘电路？详细描述键盘扫描的过程。

3. 用逻辑电平驱动发光二极管为什么需要串联电阻？

4. 为什么采用 LED 数码管动态扫描显示？

5. 请讨论一下如果有多块 LED 方阵形成一个 LED 条形屏幕，应如何驱动？

6. 笔段式液晶屏有何特点？请找出身边的几个实例说明。

7. 请调研一下，现在市场上各种显示器、电视等采用何种显示方式？如果采用液晶显示，则其背光为何种光源？

8. 研究彩色液晶控制芯片 ILI9341，搞清楚如何通过命令控制其显示模式、屏幕大小等参数。

9. 举出生活中使用触摸按键的几个实例，如电梯、家用电器等，分析它的原理。

10. 早期的很多显示设备用电阻式触摸屏，但无法支持多点触控，从原理上解释一下为什么？

11. 根据电容式触摸屏的原理，说明为什么电容式触摸屏可以支持多点触控。

习题

1. 如果用 RP2040 芯片的 GPIO 连接独立按键，能否利用内部的上拉或下拉功能？应该采用何种电路？如何初始化该引脚？

2. 图 12-30 所示电路是常用的通过串并转换芯片读取多个按键的电路，请分析电路，如果 nPL、CP、SDA 三个信号用 RP2040 芯片的三个 GPIO 引脚连接，这三个引脚应该如何初始化？请编写程序，读取按键输入。

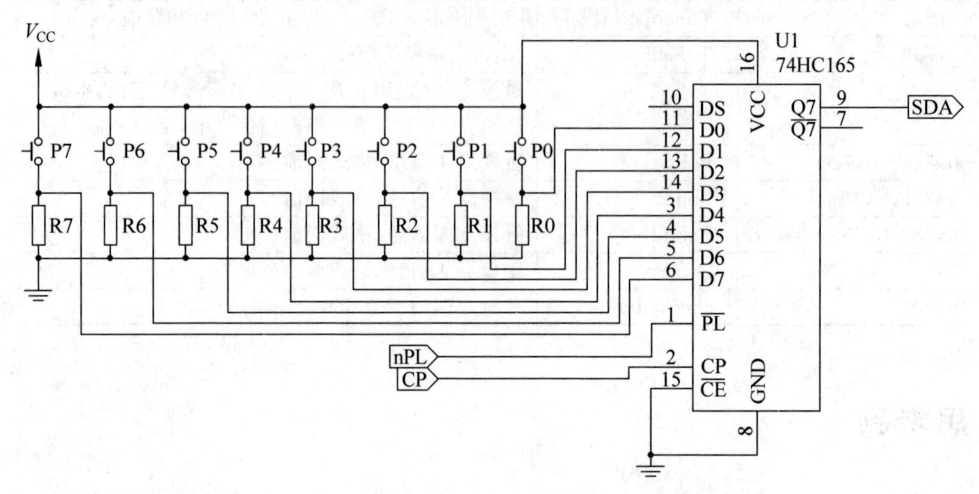

图 12-30　习题 2 图

3. 如果图 12-3 中的 A0～3、B0～3 信号用 RP2040 芯片的 GPIO 实现，该如何初始化这些引脚？请编写键盘扫描程序，并说明如何调用得到扫描按键码。

4. 编写函数，把图 12-3 扫描键盘电路中的扫描码转换为按键的数字代码。

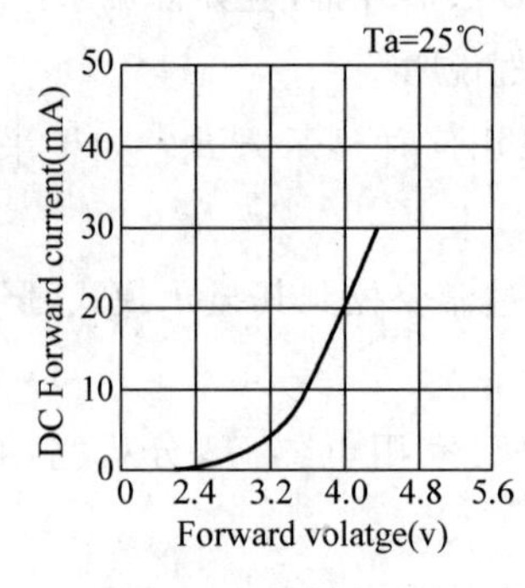

图 12-31　习题 5 图

5. 图 12-31 所示为某品牌两只红色 LED 串联的伏安特性曲线图，假定用 $V_{CC}=5$V 电压驱动，要使 $I_F=10$mA，串联电阻 R 应该多大？

6. 图 12-9 中，驱动信号用 RP2040 芯片的 GPIO 输出，假定 D7～D0 由 GPIO7～GPIO0 给出，SEL3～0 由 GPIO11～GPIO8 给出，输出调用 SIO 模块，请给出这些 GPIO 引脚如何初始化，并写出程序 12-1 中的宏定义 OUTCODE()和 OUTLINE()。

7. 如果通过 RP2040 芯片的 GPIO 连接四线电阻式触摸屏的输出，对引脚选择有何限制？应当如何初始化引脚？请编制测量 X、Y 坐标的程序。

8. 如果 ILI9341 芯片采用 IM[3:0]=0101 的模式，设计 RP2040 芯片和 ILI9341 的接口方式，并设计写入 ILI9341 芯片的命令和数据的函数。

9. 如果采用并行接口方式，请根据你查阅的资料，设计一个 ILI9341 和 RP2040 的接口电路。

第13章 嵌入式操作系统

前述各章提到的程序都是在裸机上运行的，并没有操作系统支持。随着微控制器系统性能的提升，在实际固件(firmware，指烧写到硬件系统中的软件)开发中使用嵌入式操作系统已经成为主流。本章主要介绍嵌入式操作系统的基本概念和实现方法，并重点介绍深度嵌入式操作系统。所谓深度嵌入式操作系统，是指与嵌入式操作系统相比，所需资源更少，更简单，更适合微小系统的嵌入式操作系统。

13.1 嵌入式操作系统原理

13.1.1 基本概念

操作系统大家并不陌生，比如，当前流行的 Windows、Linux 等操作系统提供了计算机桌面应用的基本环境。现代的操作系统一般是多任务系统，用户可以在打开字处理软件的同时打开画图软件，或者播放音乐、进行网络下载等，这些任务同时进行，逻辑上并不互相影响。

任务是一个重要的概念，它是操作系统进行管理的单位，操作系统控制所有硬件资源，并在任务之间分配这些资源，使得多个任务可以协调地共同在系统中运行。CPU 是计算机系统最重要的资源，什么时间让哪些任务占用哪些 CPU 内核进行程序执行，是操作系统的主要功能之一，称为任务调度。

任务往往由进程实现，进程是计算机进行调度管理和资源分配的基本单位。一个静态存储的程序得以执行，就形成一个进程，计算机操作系统为每个进程分配数据段和堆栈段存储静态与自动变量，并在各个进程之间协调外设的使用权。从进程的角度看，每个进程从逻辑上占有独立的存储空间和 CPU 执行权限，只有一个执行线索。

对于含有多个 CPU 核心的计算机系统，有可能每个进程物理上占有一个 CPU 核心。但对于大多数情况，进程数量比 CPU 数量大很多，操作系统是通过分时让每个进程交替在 CPU 中执行来实现多任务。在每个进程看来，逻辑上完全占用一个 CPU,并不知道别的进程存在。

进程执行时某一时刻的状态如各个寄存器的值、CPU 的运行状态等称为上下文,当操作系统对任务进行切换时,需要把当前任务的上下文保存起来,并把准备好执行的任务的上下文恢复到 CPU 中,使其得以执行。因此,任务的切换就是由进程执行上下文的切换来实现。

因为在复杂的计算机系统中,任务的切换是一个非常费时的工作,为了提高程序的效率,线程便应运而生。可以把线程看成简易版的进程,一个进程可以创建多个线程,而属于同一个进程的线程共享相同的内存空间,因此可以互相操作不同线程的自动变量。而操作系统可以为每个线程分配独立的 CPU 资源以提高程序的效能和系统的并行性。

除了任务调度的功能,一般操作系统还提供内存管理、进程间通信、外设驱动等各种服务。

13.1.2 嵌入式操作系统的主要功能

嵌入到设备中的计算机系统称为嵌入式系统,嵌入式操作系统是嵌入式系统中使用的操作系统。有的嵌入式操作系统和桌面系统并无太大差别,如嵌入式 Linux 系统往往就是在桌面系统的基础上定制而成的。但是,对于更多的嵌入式系统,往往没有桌面系统那么多的硬件资源,功能又高度单一,因此需要专门的操作系统。

对于微控制器上的深度嵌入式系统而言,比起直接在裸机上开发应用程序,虽然加入嵌入式操作系统需要额外耗费一定的资源,但也有明显的益处。由于嵌入式系统实现了多任务的管理和调度,每个任务实现的应用逻辑可以比较简单,避免直接处理多个并行事务的复杂性,因此,可以大大提高开发效率,缩短产品上市时间。嵌入式系统的核心是成熟的代码,其可靠性往往是受到验证的,因此,使用嵌入式系统开发的软件系统的可靠性得以提高。

另外,一个成熟的嵌入式系统还往往提供了诸如文件系统、通信网络等支持,更便于开发复杂嵌入式软件。

在嵌入式系统中,如果一个任务有时间限制,即在一定时间内必须完成某个操作,这样的系统叫实时系统。对于实时系统,如果任务超过时限就会造成系统失败,引起严重的后果,则叫作硬实时系统,否则就叫作软实时系统。使用嵌入式实时操作系统可以方便实时系统的开发设计,更好地保证实时性能。

13.1.3 嵌入式操作系统内核任务调度的实现方式

用户任务是一段连续执行的代码,如果用 C 语言编写就是具有特定要求的 C

语言函数。嵌入式操作系统一般通过中断机制实现多个任务函数的执行和调度，当用户任务执行时，如果发生中断，则CPU会响应中断。虽然不同的CPU细节不同，但大致包括保存当前执行程序的上下文到堆栈、取得中断向量并执行等。在中断程序中，首先把用户任务程序的上下文从堆栈中保存到特定位置，每个任务往往对应一个专门的数据结构用以保存任务信息，我们称之为任务控制块(task control block，TCB)，每个用户任务被中断打断后都由中断程序保存上下文到任务控制块中。

中断程序保存当前任务的上下文后，会调用任务调度算法程序，判断应该切换到哪个任务，把该任务设置为当前任务。为了切换到这个新的当前任务，中断程序会把它的上下文从对应的任务控制块中取出来，依据此上下文把当前进程恢复到它进入中断时的状态，这时，只需要简单的中断返回即可返回新的当前任务，从而实现了任务的切换。图13-1给出了任务切换的示意图。

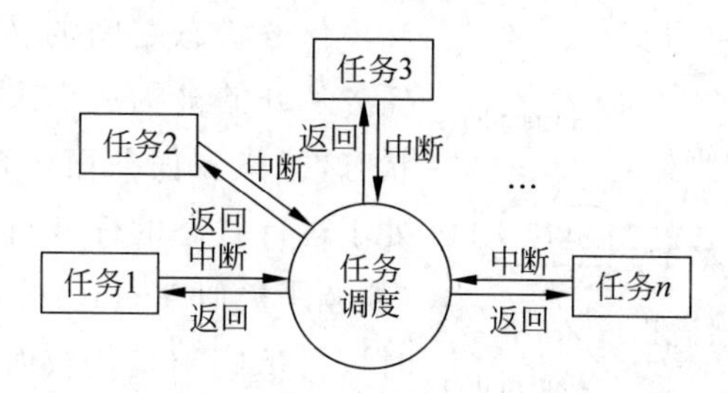

图13-1 任务切换示意图

在上下文的保存中，堆栈往往起到重要的作用。除了中断发生时一般把返回地址等自动入栈外，为了控制任务控制块的大小，会把各个寄存器的值推入堆栈中，只在任务控制块中保存堆栈指针的值即可。恢复时，只需要首先恢复堆栈指针，其他内容便可从堆栈中弹出。

一般情况下，CPU的设计会对中断操作进行优化，因此，利用中断实现任务切换可以花费更小的代价。利用中断进行任务切换也需要每个任务有专门的堆栈段，不仅用于存放自动变量，而且用来保存上下文。

为了能够适时地发生中断进行任务切换，需要设计专门的机制。一种情况是任务程序本身主动放弃CPU的占用，这时可以通过某种机制触发中断。例如在ARM CM0中可以通过NVIC的中断悬置寄存器触发中断，或者在Intel 8086中通过INT指令触发中断。另一种情况是多任务操作系统内核触发中断打断用户进程进入调度程序，一般采用周期性定时器的溢出中断实现，称为tick中断。

tick中断机制是分时系统的关键，通过tick中断把系统运行时间分成一个个时间片，进程以时间片为单位在系统中执行和调度。一个进程运行的时间片结束时，tick中断触发任务调度机制，来决定下一个时间片由哪个任务占用CPU。tick

中断除了触发内核调度机制，还可以给系统提供系统时间，使得操作系统可以为每个任务提供软件定时服务。

在上下文切换过程中，需要禁止其他高级中断的打扰，因此，需要一个“进入关键段”操作，该操作禁止所有中断。当调度完成后，需要“退出关键段”操作，即恢复中断响应。因为不同CPU开闭中断的方法不同，在不同CPU中移植时往往需要重新定义进入和退出关键段操作。

13.1.4 任务状态

系统中有效的任务处于三种状态：运行、阻塞、就绪。运行状态就是任务占用CPU，正在执行代码；阻塞状态就是任务执行需要等待一定条件，而条件未满足，因此未被运行；就绪状态就是任务已经满足执行条件，等待被执行。另外，还可以增加暂停、删除等暂时或永久使任务失效的状态。

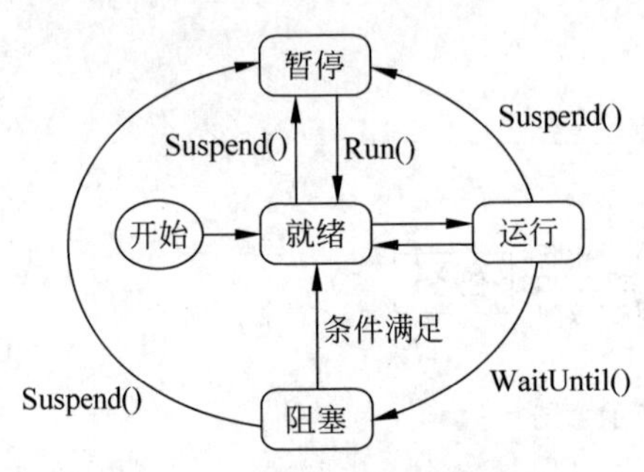

图13-2　任务状态之间的转换

任务状态之间的转换如图13-2所示。任务从开始被构造出来之后总是处于就绪状态，等待多任务操作系统内核使之运行，处于运行状态的任务可以通过放弃时间片(如调用类似Yield()的函数)或时间片结束时被剥夺CPU使用权而处于就绪状态，也可以通过等待某个条件(如调用类似WaitUntil()函数等待一段时间)处于阻塞状态。当处于阻塞状态的任务条件满足时则变成就绪状态，随时可以恢复运行。处于任何其他状态的任务都可以通过类似Suspend()的函数使之处于暂停状态，暂停状态就是暂时退出任务的调度，只有通过Run()调用使之再次恢复为就绪才能继续参与任务调度执行。

有的系统支持任务被删除，当一个任务被删除时，它占用的堆栈内存空间将被释放，它的任务控制块也会被释放，任务不再恢复，永久性地失去了恢复执行的可能性。

13.1.5 任务协同与抢占

对于深度嵌入式的实时操作系统，从多任务实现的风格看，可分成两类，一是协同式多任务系统，二是抢占式多任务系统。

协同式多任务系统中没有tick中断，任务之间切换靠当前任务主动放弃CPU的占用才能实现。亦即在协同式多任务系统中，每个任务都是“君子”，通过“谦让”使整个生态和谐运行。这样的系统里是典型的“小政府”运行模式，系统的功能只是在 CPU 空闲时决定下一个占用 CPU 的是哪个进程。

抢占式多任务系统就是在协同的基础上增加了 tick 中断，通过时间片的划分，强制各个任务进行轮换，每个任务可以不必主动放弃 CPU 的占用。

协同式多任务系统由于没有频繁的 tick 中断，而只在必要时调用任务调度算法，因此系统效率可以大大提高，在性能较低的 CPU 中可以考虑使用。但是，每个任务都需要适时地放弃 CPU 的占用，需要每个任务都进行合适的编码，设计上较复杂。一旦一个任务不能及时放弃 CPU 占用，就会造成系统锁死，任务无法切换。

抢占式多任务系统虽然耗费更多资源用来进行任务调度，但是每个任务可以不必考虑主动放弃 CPU 的占用，即使每个任务都不主动放弃 CPU 占用系统也不会锁死，使得系统可靠性提高。

13.1.6　任务调度算法

当前任务时间片用尽或放弃执行时，需要任务调度算法决定下一个时间片由就绪状态任务中的哪个任务占用。对于实时多任务操作系统内核来说，最基本的调度算法有两种：基于优先级的算法和基于时间片轮转的算法。

基于优先级的算法是对每一个进程都赋予一个优先级，每次进行进程调度时优先级高者优先。这种算法的特点是只根据优先级进行调度，如果高优先级的进程不放弃占用 CPU，则低优先级的进程就没有机会获得执行。

基于时间片轮转的算法则完全不考虑进程的优先级，平等对待所有进程。该算法维持一个队列，当前进程执行完当前的时间片后排到队列尾部，由队列头部的进程取得时间片。这样每个进程都是平等排队，缺点是对于实时性高的进程没办法提高其响应速度。

更好的方法是把优先级和时间片轮转结合起来，比如维持多个队列，不同优先级进程排到不同队列中，而调度时给高优先级的队列更多的执行机会。

总之，调度算法是多任务系统复杂且关键的部分，这里不详细讨论。

13.2　ARM CM0 中多任务的实现方法

13.2.1　主堆栈和线程堆栈

由于堆栈在任务实现中起着重要作用，因此，ARM CM0 对堆栈操作做了专门的优化，适合多任务的实现。

前面讲过，堆栈指针是 R13(SP)，实际上这里的堆栈指针是指主堆栈指针(main stack pointer，MSP)，另外还有一个线程堆栈指针(thread stack pointer，PSP)专门供多任务操作系统中的任务代码使用。由于复位后默认一直使用 MSP，因此，前文程序里的 SP 是指 MSP。

在汇编语言程序中，可以通过 MSP 和 PSP 对两个堆栈指针直接引用，也可以通过 R13 或 SP 对引用当前堆栈指针。当前堆栈指针由 CONTROL 寄存器的位 1 决定，当 CONTROL[1]=0 时当前 SP 为 MSP，当 CONTROL[1]=1 时当前 SP 为 PSP。

在 CM3 中，处理器分为控制模式和线程模式，由 CONTROL[0]位决定。处理器系统复位后 CONTROL 寄存器为 0，系统处于控制模式并使用主堆栈状态。进入线程模式和使用线程堆栈可以通过 EXC_RETURN 实现。进入中断服务程序后系统自动进入控制模式使用主堆栈，EXC_RETURN 自动计算得到，可以通过修改该值使中断返回后进入不同模式，如表 13-1 所示。

表 13-1　EXC_RETURM 不同值的含义

EXC_RETURN 的值	描　述
0xFFFFFFF1	返回控制模式，使用主堆栈(MSP)获得上下文，返回后使用 MSP
0xFFFFFFF9	返回线程模式，使用主堆栈(MSP)获得上下文，返回后使用 MSP
0xFFFFFFFC	返回线程模式，使用线程堆栈(PSP)获得上下文，返回后使用 PSP
其他值	非法

在多任务系统中，假定代码分为系统核心、用户任务、系统任务代码，则三种任务状态下处理器的转换如图 13-3 所示。在 CM0 中，并没有实现控制模式和线程模式，但是出于兼容性的考虑，仍然可以按照两种处理器模式进行编程。

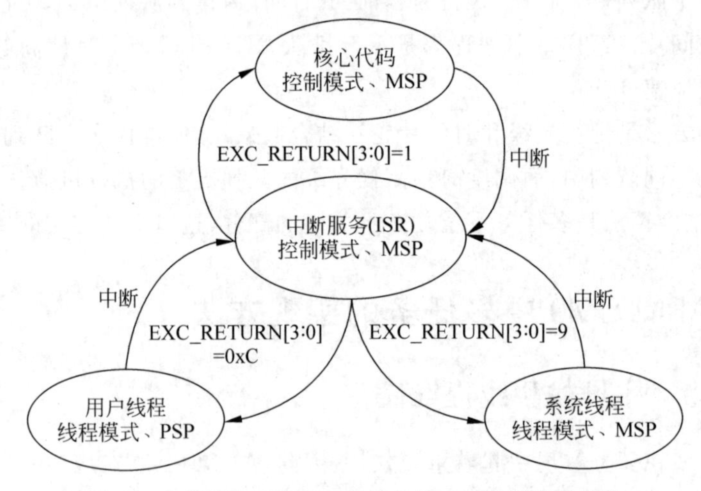

图 13-3　多任务系统中三种任务状态下处理器的转换

对于功能较为简单的嵌入式实时操作系统，可以不必实现那么复杂的系统状态，例如在 FreeRTOS 中，只有用户线程模式和中断服务模式两种，核心代码都在中断服务程序中调用。

13.2.2 中断与任务切换

为了很好地实现操作系统功能，ARM CM0 不仅包含专门的 tick 定时器，而且提供专门的中断用来实现任务切换。

SVCall 中断用来实现系统功能调用，用户程序通过 SVC 指令触发 SVCall 中断，在中断处理程序中根据用户的请求实现操作系统的服务功能。SVCall 中断触发后马上进入中断服务，而 PendSV 中断则允许延迟。如果在其他中断服务程序中触发 PendSV 中断，则在其他中断服务程序结束后才进入 PendSV 中断服务。

在最新版的 FreeRTOS 中，只使用了 PendSV 中断，而没有使用 SVCall 中断，其中断服务程序代码如程序 13-1 所示。

程序 13-1 FreeRTOS 中的 PendSV 中断代码

```
__asm void xPortPendSVHandler(void)
{
    extern vTaskSwitchContext
    extern pxCurrentTCB
    PRESERVE8
    mrs r0, psp
    ldr r3, = pxCurrentTCB     /* 当前 TCB 地址 */
    ldr r2, [r3]               /* TCB 中堆栈指针 */
    subs r0, # 32              /* R0 指向线程堆栈中增加 32 字节存储高寄存器 */
    str r0, [r2]               /* 存储 R0 到 TCB 中堆栈指针 */
    stmia r0 !, {r4 - r7}      /* 存储 R4～R7 到线程堆栈 */
    mov r4, r8
    mov r5, r9
    mov r6, r10
    mov r7, r11
    stmia r0 !, {r4 - r7}      /* 存储 R8～R11 到线程堆栈 */
    push {r3, r14}             /* R3 = 当前 TCB 地址, R14 = EXC_RETURN, 存储主堆栈 */
    cpsid i
    bl vTaskSwitchContext      /* 当前 TCB 中存储新的任务信息 */
    cpsie i
    pop {r2, r3}               /* LR 存入 R3, 当前 TCB 地址存入 R2 */
    ldr r1, [r2]
    ldr r0, [r1]               /* pxCurrentTCB 中的第一项是任务堆栈顶 */
    adds r0, # 16              /* R0 指向高寄存器 */
    ldmia r0 !, {r4 - r7}      /* 取出新任务的高寄存器值 */
    mov r8, r4
    mov r9, r5
    mov r10, r6
    mov r11, r7
    msr psp, r0                /* 恢复新任务线程指针 */
```

```
    subs r0, # 32              /* 从新指向栈顶 */
    ldmia r0 !, {r4 - r7}      /* 恢复新任务低寄存器 */
    bx r3                      /* 中断返回 */
    ALIGN
}
```

在程序中，vTaskSwitchContext 是指向当前任务 TCB 的指针，定义如程序 13-2 所示，vTaskSwitchContext 是任务调度函数，它的作用是把 vTaskSwitchContext 指向新的当前任务。vTaskSwitchContext 函数调用之前，要先把当前任务信息存储到 TCB 中。

程序 13-2　FreeRTOS 中 TCB 的定义

```
typedef struct tskTaskControlBlock
{
    volatile StackType_t * pxTopOfStack;
    ListItem_t xStateListItem;
    ListItem_t xEventListItem;
    UBaseType_t uxPriority;
    StackType_t * pxStack;
    char pcTaskName[configMAX_TASK_NAME_LEN];
} tskTCB;

typedef tskTCB TCB_t;
```

当进入中断时，CPU 已经自动把 xPSR、返回地址、LR(R14)、R12、R3、R2、R1、R0 推入线程堆栈，共 32 字节，这时 LR 寄存器存储着自动计算的 EXC_RETURN。在调用 vTaskSwitchContext 函数之前，汇编程序把 R4～R11 推入线程堆栈，并把 PSP 存入 TCB 中的第一项 pxTopOfStack 以便重新执行时恢复。进入任务调度程序时，任务的线程堆栈存储结构如图 13-4 所示。

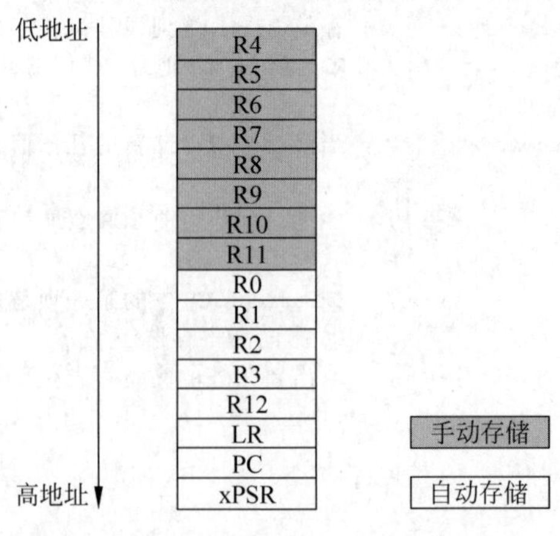

图 13-4　任务的线程堆栈存储结构示意图

vTaskSwitchContext 函数调用之后，当前任务 TCB 指针中存放新的当前任务，其堆栈结构与图 13-4 是相同的。因此，通过汇编程序把新进程被中断时的 R4～R11 恢复，PSP 重新指向新当前进程自动存储的堆栈顶，并通过 bx r3 指令触发中断返回。

中断返回时，此时的状态就像这个新当前进程被中断打断时的状态一样，由于 EXC_RETURN 的作用，堆栈切换为 PSP，并从堆栈中恢复上下文，新进程从中断处继续执行，得到完全恢复。

13.2.3　任务的初始化

多任务操作系统的用户任务在参与任务调度前需要初始化，操作包括分配内存空间作为线程堆栈、分配并初始化 TCB、初始化线程堆栈等。其中初始化线程堆栈最复杂，需要使其结构如图 13-4 所示，这样在调度时就可以切换到这个用户任务。

在 FreeRTOS 中，堆栈初始化函数如程序 13-3 所示，其功能是模拟出一个任务切换中断产生的堆栈结构。

程序 13-3　FreeRTOS 中堆栈初始化函数

```
StackType_t * pxPortInitialiseStack(StackType_t * pxTopOfStack,
                                    TaskFunction_t pxCode,
                                    void * pvParameters)
{
    pxTopOfStack--;                              /* 栈顶上移 */
    *pxTopOfStack = portINITIAL_XPSR;            /* xPSR */
    pxTopOfStack--;
    *pxTopOfStack = ((StackType_t)pxCode)&portSTART_ADDRESS_MASK; /* PC */
    pxTopOfStack--;
    *pxTopOfStack = (StackType_t) prvTaskExitError;
/* LR,如果任务代码意外执行 return,则被 prvTaskExitError 函数捕获 */
    pxTopOfStack -= 5;                           /* R12、R3、R2 和 R1,不用初值 */
    *pxTopOfStack = (StackType_t) pvParameters;          /* R0 */
    pxTopOfStack -= 8;                           /* R4～R11,不用初值 */
    return pxTopOfStack;
}
```

13.3　FreeRTOS 多任务操作系统

13.3.1　FreeRTOS 概述

FreeRTOS 是一个典型的多任务、实时、适合微控制器的深度嵌入式操作系统内核，之所以称为内核，是因为其基本系统非常简单，只实现任务管理、进程通信等最基本的功能，远没有一般意义的操作系统那么复杂。FreeRTOS 以源代码或库的形式提供，用户程序与 FreeRTOS 共同编译、链接形成系统镜像，烧写到目标微控制器即可运行。

FreeRTOS 支持的任务状态如图 13-2 所示，每个任务分配有优先级，优先级数值从 0 到 configMAX_PRIORITIES－1，数值越大，优先级越高。FreeRTOS 默认采用固定优先级的抢占式调度策略，对同等优先级采用时间片轮询调度。

FreeRTOS 支持队列、互斥锁、信号量等进程间事件传递机制。当一个进程需要等待某个事件时，进程进入阻塞状态，放弃 CPU 占用。其他进程发送事件给该进程后，进程从阻塞状态进入就绪状态，可以进入执行状态。因此，可以通过进程间事件传递进行进程间同步操作。

FreeRTOS 只有系统和用户两种代码，CPU 支持两种运行状态即可。当 CPU 只有一种运行状态时，因为用户程序也运行于特权模式，系统无法保证其安全性和稳定性。

13.3.2 FreeRTOS 源代码结构

FreeRTOS 所在目录下有两个子目录：FreeRTOS 和 FreeRTOS-Plus。FreeRTOS 目录下包括内核的所有源代码文件和演示项目，FreeRTOS-Plus 目录下包含增强部件和演示项目，如图 13-5 所示。

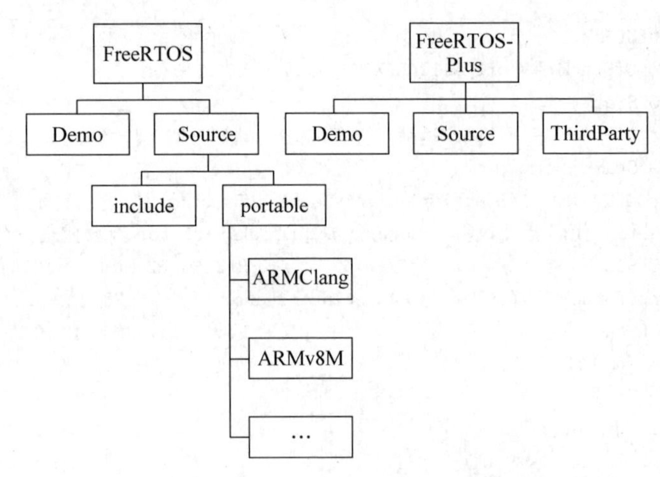

图 13-5 FreeRTOS 源代码目录结构

FreeRTOS 只有三个核心源代码文件，分别为 task.c、queue.c 和 list.c，这三个文件保存于 FreeRTOS/Source 目录中。同一目录下还包括 timers.c 和 croutine.c 两个可选文件，分别实现了软件定时器和协程功能，如不使用上述功能可以不包括这两个文件。

FreeRTOS 中也有少量的代码与编译器和处理器架构有关，这部分代码存放于 FreeRTOS/Source/portable/[compiler]/[architecture] 子目录中，其中 [compiler]和[architecture]分别为所用的编译器和处理器架构名称。这部分代码分成两个文件，一个是 port.c，用于存放中断服务、上下文保存、tick 定时器等代码；另一个是 heap_x.c，用于存放内存分配的方法代码，内存分配如果采用通用的算法，可以在 FreeRTOS/Source/portable/MenMang 中找到。例如 RVDS 环境下在 ARM CM0 上实现，则与平台相关的代码保存于 FreeRTOS/Source/portable/RVDS/ARM_CM0/目录中。

FreeRTOS/Demo 目录中存放着示例程序，强烈建议用户通过修改示例项目构建用户自己的应用，因为示例项目中已经正确设定了编译器选项等，可以最大限度地减少用户的工作量。

13.3.3 FreeRTOS 在 RP2040 芯片的移植

RP2040 芯片是 ARM CM0 的核心，FreeRTOS 中有 ARM CM0 的移植，RVDS/ARM_CM0/目录中，port.c 文件是和平台相关代码在 CM0 上的实现。port.c 文件主要实现如下功能。

- 中断函数 xPortPendSVHandler()，代码如程序 13-1 所示，其中调用了 task.c 中的 vTaskSwitchContext()函数进行任务调度。
- 堆栈初始化函数 pxPortInitialiseStack()，代码如程序 13-3 所示，供 task.c 中的 prvInitialiseNewTask()调用。
- 定时器中断服务函数 xPortSysTickHandler()及相关的初始化。在该函数中，触发了 PendSV 启动任务调度。
- 由控制模式进入第一个任务的函数 void prvStartFirstTask()，因为与由任务代码进入不同，需要由机器指令实现。
- 启停调度算法函数 xPortStartScheduler()和 vPortEndScheduler()，由于要高效率使能或禁止中断，因此在 port.c 中实现。
- 进入和退出关键代码段函数，如程序 13-4 所示。

程序 13-4　FreeRTOS 中进入和退出关键代码段函数

```
void vPortEnterCritical(void)
{
    portDISABLE_INTERRUPTS();
    uxCriticalNesting++;
/* This is not the interrupt safe version of the enter critical function so
  * assert() if it is being called from an interrupt context. Only API
```

```
 * functions that end in "FromISR" can be used in an interrupt. Only assert if
 * the critical nesting count is 1 to protect against recursive calls if the
 * assert function also uses a critical section. */
    if(uxCriticalNesting == 1)
    {
        configASSERT((portNVIC_INT_CTRL_REG & portVECTACTIVE_MASK) == 0);
    }
}
/*-----------------------------------------------------------
-*/
void vPortExitCritical(void)
{
    configASSERT(uxCriticalNesting);
    uxCriticalNesting--;
    if(uxCriticalNesting == 0)
    {
        portENABLE_INTERRUPTS();
    }
}
```

当需要处理关键任务时，代码不能被任何其他程序打扰，因此，需要禁止中断从而禁止调度器执行。除了进程和退出中断，程序中还包含了一个变量uxCriticalNesting，用来对进入和退出关键代码段进行计数，只有进入和退出相同次数时才能恢复中断使能，这样可以保证嵌套调用时代码正确执行。

13.3.4 FreeRTOS 简单应用示例

本小节的任务就是先让 FreeRTOS 系统跑起来，哪怕是一个最简单的应用。

FreeRTOS 系统是通过源码提供的，需要和用户程序一起编译、链接。它的特性是可以配置的，需要用户提供一个 FreeRTOSConfig.h 文件对 FreeRTOS 进行定制。根据官方文档，程序 13-5 是一个合适的开始，可以基于该文件根据自己的需求进行修改。文件中各个定义的含义请参见官方文档。

程序 13-5　官方提供的 FreeRTOSConfig.h 文件

```
#include "something.h"

#define configUSE_PREEMPTION                     1
#define configUSE_PORT_OPTIMISED_TASK_SELECTION  0
#define configUSE_TICKLESS_IDLE                  0
#define configCPU_CLOCK_HZ                       60000000
#define configSYSTICK_CLOCK_HZ                   1000000
#define configTICK_RATE_HZ                       250
#define configMAX_PRIORITIES                     5
#define configMINIMAL_STACK_SIZE                 128
```

```
#define configMAX_TASK_NAME_LEN                    16
#define configUSE_16_BIT_TICKS                     0
#define configIDLE_SHOULD_YIELD                    1
#define configUSE_TASK_NOTIFICATIONS               1
#define configTASK_NOTIFICATION_ARRAY_ENTRIES      3
#define configUSE_MUTEXES                          0
#define configUSE_RECURSIVE_MUTEXES                0
#define configUSE_COUNTING_SEMAPHORES              0
#define configUSE_ALTERNATIVE_API                  0 /* Deprecated! */
#define configQUEUE_REGISTRY_SIZE                  10
#define configUSE_QUEUE_SETS                       0
#define configUSE_TIME_SLICING                     0
#define configUSE_NEWLIB_REENTRANT                 0
#define configENABLE_BACKWARD_COMPATIBILITY        0
#define configNUM_THREAD_LOCAL_STORAGE_POINTERS    5
#define configUSE_MINI_LIST_ITEM                   1
#define configSTACK_DEPTH_TYPE                     uint16_t
#define configMESSAGE_BUFFER_LENGTH_TYPE           size_t
#define configHEAP_CLEAR_MEMORY_ON_FREE            1

/* Memory allocation related definitions. */
#define configSUPPORT_STATIC_ALLOCATION            1
#define configSUPPORT_DYNAMIC_ALLOCATION           1
#define configTOTAL_HEAP_SIZE                      10240
#define configAPPLICATION_ALLOCATED_HEAP           1
#define configSTACK_ALLOCATION_FROM_SEPARATE_HEAP 1

/* Hook function related definitions. */
#define configUSE_IDLE_HOOK                        0
#define configUSE_TICK_HOOK                        0
#define configCHECK_FOR_STACK_OVERFLOW             0
#define configUSE_MALLOC_FAILED_HOOK               0
#define configUSE_DAEMON_TASK_STARTUP_HOOK         0
#define configUSE_SB_COMPLETED_CALLBACK            0

/* Run time and task stats gathering related definitions. */
#define configGENERATE_RUN_TIME_STATS              0
#define configUSE_TRACE_FACILITY                   0
#define configUSE_STATS_FORMATTING_FUNCTIONS       0

/* Co-routine related definitions. */
#define configUSE_CO_ROUTINES                      0
#define configMAX_CO_ROUTINE_PRIORITIES            1

/* Software timer related definitions. */
#define configUSE_TIMERS                           1
#define configTIMER_TASK_PRIORITY                  3
```

```
#define configTIMER_QUEUE_LENGTH                10
#define configTIMER_TASK_STACK_DEPTH            configMINIMAL_STACK_SIZE

/* Interrupt nesting behaviour configuration. */
#define configKERNEL_INTERRUPT_PRIORITY         [dependent of processor]
#define configMAX_SYSCALL_INTERRUPT_PRIORITY        [dependent on processor and
application]
#define configMAX_API_CALL_INTERRUPT_PRIORITY       [dependent on processor and
application]

/* Define to trap errors during development. */
#define configASSERT( ( x ) ) if( ( x ) == 0 ) vAssertCalled( __FILE__, __LINE__ )

/* FreeRTOS MPU specific definitions. */
#define configINCLUDE_APPLICATION_DEFINED_PRIVILEGED_FUNCTIONS 0
#define configTOTAL_MPU_REGIONS                 8 /* Default value. */
#define configTEX_S_C_B_FLASH                   0x07UL /* Default value. */
#define configTEX_S_C_B_SRAM                    0x07UL /* Default value. */
#define configENFORCE_SYSTEM_CALLS_FROM_KERNEL_ONLY  1
#define configALLOW_UNPRIVILEGED_CRITICAL_SECTIONS1
#define configENABLE_ERRATA_837070_WORKAROUND   1

/* ARMv8-M secure side port related definitions. */
#define secureconfigMAX_SECURE_CONTEXTS         5

/* Optional functions - most linkers will remove unused functions anyway. */
#define INCLUDE_vTaskPrioritySet                1
#define INCLUDE_uxTaskPriorityGet               1
#define INCLUDE_vTaskDelete                     1
#define INCLUDE_vTaskSuspend                    1
#define INCLUDE_xResumeFromISR                  1
#define INCLUDE_vTaskDelayUntil                 1
#define INCLUDE_vTaskDelay                      1
#define INCLUDE_xTaskGetSchedulerState          1
#define INCLUDE_xTaskGetCurrentTaskHandle       1
#define INCLUDE_uxTaskGetStackHighWaterMark     0
#define INCLUDE_uxTaskGetStackHighWaterMark2    0
#define INCLUDE_xTaskGetIdleTaskHandle          0
#define INCLUDE_eTaskGetState                   0
#define INCLUDE_xEventGroupSetBitFromISR        1
#define INCLUDE_xTimerPendFunctionCall          0
#define INCLUDE_xTaskAbortDelay                 0
#define INCLUDE_xTaskGetHandle                  0
#define INCLUDE_xTaskResumeFromISR              1
```

用户应该把应用分解为若干任务，每个任务需要单独定义为一个任务程序。FreeRTOS 中，任务函数需要满足 TaskFunction_t 类型的要求，它是一个返回 void

并以 void * 为参数的函数指针，因此，任务函数应该定义如下：

```
void Function1(void * per)
```

这种形式。本节的简单实例中定义如下两个任务函数，如程序 13-6 所示。

程序 13-6 两个简单的任务函数

```
#include <stdio.h>
#include <task.h>
void vATaskFunction1(void * pvParameters){
    while(1){
        printf("Hello, Function1 is running\r\n");
        vTaskDelay(100);
    }
}
void vATaskFunction2(void * pvParameters){
    while(1){
        printf("Hello, Function2 is running\r\n");
        vTaskDelay(100);
    }
}
```

程序 13-6 的任务函数中，每个函数都是进入一个无限循环，在循环中先输出一行代表任务运行的信息，然后调用 VtaskDelay()函数。VtaskDelay()函数放弃 CPU 的占用，放弃的时间由 tick 计算，参数给出放弃的 tick 数。类似的函数还有 VtaskDelayUntil()，它更适合周期性任务调用，详细内容请参看有关文档。

有了任务函数，还要让它运行起来。运行任务可以使用 xTaskCreate 函数：

```
BaseType_t xTaskCreate(TaskFunction_t pvTaskCode,
                       const char * const pcName,
                       configSTACK_DEPTH_TYPE usStackDepth,
                       void * pvParameters,
                       UBaseType_t uxPriority,
                       TaskHandle_t * pxCreatedTask
                      );
```

参数 pvTaskCode 是指向任务函数的指针；pcName 是任务的名字，只是为了调试时方便；usStackDepth 是为任务分配的堆栈空间大小，以字为单位；pvParameters 是传递给任务函数的参数，可以指向一个非常复杂的变量；uxPriority 是任务优先级；pxCreatedTask 用来返回一个指向任务的句柄，在其他函数中用来代表该任务，pxCreatedTask 是可选的，可设置为 NULL。函数调用成功返回 pdPASS，否则返回 errCOULD_NOT_ALLOCATE_REQUIRED_MEMOR。

用户必须提供一个 main 函数，main 函数提供任务启动和系统初始化的功能，如程序 13-7 所示。

程序 13-7 FreeRTOS 中简单的 main 函数

```
int main(void){
    vHardwareInit();
    xTaskCreate(vATaskFunction1, "Task 1", 100, NULL, 1, NULL);
    xTaskCreate(vATaskFunction2, "Task 2", 100, NULL, 1, NULL);
    vTaskStartScheduler();
    return 0;
}
```

程序 13-7 中，VHardwareInit()函数用来初始化硬件系统，这是用户自己根据不同硬件系统定义的。XTaskCreate()函数用来创建两个任务。vTaskStartScheduler()函数用来启动 FreeRTOS 的调度器，系统内核开始运行。

工程的建立和编译、链接等依据工具链与开发环境的不同而不同，这里不再赘述，参见所用工具链和环境的文档。

13.4 FreeRTOS 任务间的通信机制

13.4.1 任务之间共享变量

由于 FreeRTOS 运行于单片机等没有存储地址虚拟化的系统，因此，各个任务之间共享全局变量是最简单的任务间传递信息的方法。比如，任务 1 进行数据采集，任务 2 读取数据并处理，我们可以声明一个全局数组用来存储采集的数据，任务 1 写入，任务 2 读取。

共享变量方法是最简单、最高效的数据传递方法，但是任务之间不进行协调则会产生数据操作的竞争。例如任务 1 写入数据还未结束，任务 2 就开始读取数据，则会读到一个不完整的数据。如果多个进程写入则会带来更复杂的情况。因此，需要一个任务间同步的机制，这就是信号量。

13.4.2 信号量

信号量就是一个可以进行原子操作的变量。所谓原子操作，就是对它的任何操作要么成功，要么还没开始，不会被中间打断。原子操作可以由指令和体系结构保证，或者通过“进入关键段”来保证，进入关键段后禁止了中断发生，任务不会被切换，因此，原子操作会得以保证。

信号量的作用是同步多个任务对资源的占用。比如，系统有一个串口，多个任务都需要使用，为了管理使用串口的多个任务，我们建立一个信号量，并初始化为

1。当某任务试图使用串口时，首先通过“获取”操作，使信号量“－1”。如果没有其他任务占用过串口，则信号量是1，“获取”操作使信号量为0并成功返回。如果其他任务占用了串口，因为每次使用串口前首先对信号量执行“获取”操作，所以信号量为0，这时对信号量的“获取”操作不成功，要么任务进入阻塞状态，要么进程转而去执行其他操作。

在FreeRTOS中，信号量分为二值信号量和计数型信号量，顾名思义，二值信号量只能是0和1，而计数型信号量可以是任意整数。下面着重介绍二值信号量。

创建二值信号量用如下两个宏定义实现：

```
void vSemaphoreBinary(SemaphoreHandle_t xSemaphore)
```

或

```
SemaphoreHandle_t vSemaphoreBinary(void)
```

它们的差别是第一个函数由调用方分配内存并把指针传递给函数，而第二个是由函数分配内存并把指针作为返回值。第二个函数是较高版本的新方法，提倡优先使用。执行完成后，如果返回的指针为NULL，则创建失败，否则成功。

在用户任务中释放信号量用xSemaphoreGive()函数：

```
BaseType_t xSemaphoreGive(xSemaphore);
```

参数xSemaphore是信号量的指针，返回值为pdPASS表示成功，返回其他值表示失败。

获取信号量用xSemaphoreTake()函数：

```
BaseType_t xSemaphoreTake(SemaphoreHandle_t xSemaphore,
                          TickType_t xBlockTime);
```

参数xSemaphore是信号量指针，xBlockTime是以tick数为单位的阻塞时间。当信号量不能马上获取成功时，函数xSemaphoreTake()调用会使用户任务进入阻塞状态。在xBlockTime个tick时间内，如果有其他任务释放了信号量，获取信号量成功了，则用户进程重新回到就绪状态，可以获得执行并从xSemaphoreTake()函数中返回。如果过了xBlockTime时间也不能获取信号量，则函数xSemaphoreTake()返回失败。返回值为pdPASS表示成功，返回其他值表示失败。

13.4.3 消息队列

消息队列是能够进行原子操作的队列，它不仅能够实现进程间同步，还能传递更多信息。这里的队列就是数据结构中的队列，它是一种先入先出的存储结构，即从逻辑上说，每次放入数据都放到队尾，而取出数据都是从队列头部开始，从实现的角度来看，队列还有一个总长度限制队列能存储的数据总量。关于队列操作实现的原理这里不再赘述。

在 FreeRTOS 中，消息队列的创建用 xQueueCreate()函数：

```
QueueHandle_t xQueueCreate(UbaseType_t uxQueueLength,
                           UbaseType_t uxItemSize);
```

参数 uxQueueLength 为队列的总长度，uxItemSize 为队列每个单元的存储长度，以字节为单位。如果创建成功则返回队列指针，不成功则返回 NULL。

从队列中获取消息用 xQueueReceive()函数：

```
BaseType_t xQueueReceive(QueueHandle_t xQueue,
                         void * pvBuffer,
                         TickType_t xTicksToWait);
```

参数 xQueue 是队列指针，pvBuffer 是用来存储获得数据的指针，xTicksToWait 是阻塞超时的时间，是当 xQueueReceive()由于队列为空不能马上成功时，用户任务进入阻塞状态的最大时间。接收成功则返回 pdTRUE，否则返回 pdFALSE。

发送数据到队列与接收类似，为 xQueueSend()函数：

```
BaseType_t xQueueSend(QueueHandle_t xQueue,
                      void * pvItemToQueue,
                      TickType_t xTicksToWait);
```

其中，pvItemToQueue 为要发送的信息，如果队列满则该函数是用户任务阻塞，而最大阻塞时间为 xTicksToWait。

还可以通过调用 xQueueDelete()函数删除队列中的所有消息：

```
BaseType_t xQueueDelete(QueueHandle_t xQueue);
```

通过 xQueueReset()函数复位队列，使其变成初始状态：

```
BaseType_t xQueueReset(QueueHandle_t xQueue);
```

还可以通过如下两个函数查询队列中数据和空间的个数：

```
BaseType_t uxQueueMessageWaiting(const QueueHandle_t xQueue);
BaseType_t uxQueueSpaceAvailable(const QueueHandle_t xQueue);
```

以上就是 FreeRTOS 中消息队列的常用操作方法。

13.4.4 从中断中操作信号量和消息队列

在 FreeRTOS 系统中，除了任务切换中断和 tick 中断，其他中断仍然可以正常使用。用户在中断服务程序中也可以调用系统功能操作信号量和队列等。但是，中断服务程序是在系统模式下运行的，其运行的堆栈是系统堆栈，在中断服务程序中调用的系统函数也是不同的。

对于获取和释放信号量，有对应的从 ISR 可以安全调用的函数：

```
BaseType_t xSemaphoreGiveFromISR(SemaphoreHandle_t xSemaphore,
                                 BaseType_t pxHigherPriorityTaskWoken);
BaseType_t xSemaphoreTakeFromISR(SemaphoreHandle_t xSemaphore,
                                 BaseType_t pxHigherPriorityTaskWoken);
```

在这两个函数中，本来的超时参数没有了，因为 ISR 是不能阻塞的，如果不能获取或释放，则返回失败。pxHigherPriorityTaskWoken 参数是一个指向变量的指针，用来返回一个值表明 ISR 返回后是否进入任务切换，ISR 程序中提供一个变量地址即可，可以不必理会返回值。

对于 Queue 操作，也有从 ISR 调用的函数版本：

```
BaseType_t xQueueSendToBackFromISR(QueueHandle_t xQueue,
                                   void * pvItemToQueue,
                                   BaseType_t * pxHigherPriorityTaskWoken);
BaseType_t xQueueReceiveFromISR (QueueHandle_t xQueue,
                                 void * pvBuffer,
                                 BaseType_t * pxHigherPriorityTaskWoken);
```

与从用户任务调用的版本比较，没有了阻塞时间参数，增加了 pxHigherPriorityTaskWoken 变量。

13.5　文件系统

13.5.1　文件系统的基本概念

在计算机系统中，海量的数据需要存储在外存储器中。外存储器简称外存，最初就是各种磁盘，如软盘、硬盘等。现在这些磁盘逐渐被半导体存储芯片取代，如 U 盘、SD 卡、固态硬盘等，但是仍然保持了磁盘时代的一些术语来描述外存的结构。

在描述磁盘时，扇区是有物理对应的，现在对于各种海量存储器，不管是磁盘还是芯片，仍然用扇区来描述最小的存储区块。一个扇区由 512 字节到几十 KB 不等，由存储介质的物理特性决定。比如，一块 SD 卡中一个扇区就是 512 字节，而硬盘中一个扇区就有几 KB。

对于标准的 MBR 格式的外存储系统来说，第一个扇区都存储了重要的信息，称为主引导记录（master boot record，MBR）。主引导记录用来称呼第一个扇区的前512字节或前446字节，当用来称呼前446字节时，后面直到512字节的部分为64字节分区表(disk partition table,DPT)和2字节的有效标志(0x55AA)。之所以称为主引导记录，是因为它的主要内容是用来引导磁盘上的操作系统用的代码。

64字节分区表中含有4个表项，每个表项有16字节，描述硬盘的一个扇区，因此，硬盘最多可以有4个独立的分区。每个分区表表项如表13-2所示，一般可以按照表项中的起始地址和扇区数来确定每个分区在整个硬盘中的位置。分区不一定从第一个分区之后开始，也可以在第一个分区后有若干非分区空间作为特殊的用处。

表13-2　磁盘分区表的表项

偏　移	字　节	意　义	说　明
0	1	分区状态	0：非活动；0x80：活动，可以引导操作系统
1	3	分区起始地址	按柱面/磁头/扇区划分的地址，现在大多不用
4	1	分区类型	所存储的文件系统格式
5	3	结束地址	按柱面/磁头/扇区划分的地址，现在大多不用
8	4	LBA硬盘起始地址	起始扇区的逻辑块地址，现在一般采用
0xc	4	扇区数	该分区扇区数量

每个分区都可以按照某种文件系统进行格式化，由于扇区大小不一致，格式化时采用簇作为分区存储的最小单元。每个簇包含若干个扇区，由格式化时决定。这样，由扇区大小不一致而导致的不便就可以用簇这个存储单位克服。

文件系统的作用是把线性磁盘分区划分为按文件和目录存储的逻辑结构，便于信息的管理。文件系统把硬盘分区看成由同样大小的簇组成的逻辑阵列，可以随机读取和写入。因此，不仅是硬盘分区，只要逻辑上可以用固定大小的簇管理的存储器都可以用文件系统管理，如虚拟硬盘、存储卡等。

文件系统有很多种，如FAT32、NTFS、HPFS、EXT4等，FAT文件系统是最简单的一种，本节将重点讲述。

13.5.2　FAT文件系统

FAT文件系统是微软公司设计的一种文件系统，最初用于磁盘操作系统(disk operating system，DOS)中，后面也被Windows操作系统所采用。直到现在，Windows操作系统较多使用NTFS文件系统，但在较小的移动存储设备中，仍广泛采用FAT文件系统。FAT分为FAT12、FAT16和FAT32等，这里主要介绍当前采用最多的FAT32文件系统的结构，如图13-6所示。

在FAT32文件系统格式化的分区中，前面的保留区和文件分配表都是按扇区管理的，后面的数据区则是按簇管理，数据区的簇按照顺序编号，总是从2号开始。

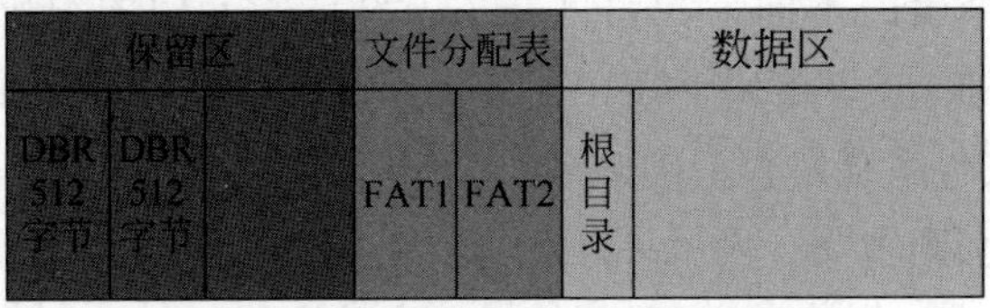

图 13-6 FAT32 文件系统结构图

0 扇区称为引导扇区(DOS boot recorder,DBR),不管该分区是否装有操作系统,FAT32 文件系统的 0 扇区都应该有引导代码存在。DBR 中包含一些该分区的重要信息,如表 13-3 所示,其中对不太重要的部分进行了舍弃。

表 13-3 FAT32 文件系统 DBR 中的重要信息

偏 移	字 节 数	含 义	说 明
0x03	8	文件系统标志和版本号	这里为 MSDOC5.0
0x0B	2	每扇区字节数	如 512(0x0200)
0x0D	1	每簇扇区数	如 8(0x08)
0x0E	2	保留扇区数	为 FAT1 起始地址
0x10	1	FAT 表个数	一般为 2
0x15	1	存储介质代码 0xF8 标准值	如为可移动存储介质常用 0xF0
0x20	4	文件系统总扇区数	可用来计算分区大小
0x24	4	每个 FAT 表占用扇区数	簇数×4/每扇区字节数
0x2C	4	根目录所在第一个簇的簇号	根目录可以存放在数据区的任何位置,但是通常情况下还是起始于 2 号簇
0x30	2	FSINFO(文件系统信息扇区)扇区号	该扇区为操作系统提供关于空簇总数及下一可用簇的信息
0x32	2	备份引导扇区的位置	总是位于文件系统的 6 号扇区
0x43	4	卷序列号	通常为一个随机值
0x47	11	卷标(ASCII 码)	建立文件系统的时候指定
0x1FE		签名标志“55 AA”	

计算机系统中的文件是逻辑上连续的数据流,而海量存储器是按簇管理的数据块,在创建文件时不知道文件的最终大小,因此只能用链表这样的数据结构把表示同一个文件的簇串起来。文件分配表(file allocation table,FAT)就是为这样的目的设计的。首先如前所述给每个数据区中的簇分配一个编号,创建 FAT 表让每个表项的序号和簇的编号一一对应。在 FAT32 文件系统中,每个 FAT 表项用一个 32 位(4 字节)整数表示自身对应的簇在文件中的下一个簇的序号,要找到一个文件只需要找到文件开始的簇号,根据该簇号就可以找到 FAT 表中记录的下一个簇号,以此类推,直到文件末尾。

为了表示每个簇的不同情况，FAT32 中设计了专门的编码表示不同的簇类型，如 0 号簇不存在，其表项用 F8FFFF0F 表示；1 号簇也不存在，因此用 FAT 表中 1 号表项表示文件系统是否正确卸载(FFFFFFFF 或 FFFFFF0F)；如果一个簇没有被任何文件占用，则用 0x0 表示；如果一个簇是文件的结尾，则用 0xFFFFFFF8～0xFFFFFFFF 表示；坏簇不可用则用 FFFFFFF7 表示。一般文件中正常使用的簇对应的 FAT32 表项用 32 位记录了文件中下一个簇的号码。

在 FAT 文件系统中，文件按目录组织起来。一个目录可以包含子目录和文件，每个子目录也会包含子目录和文件，组成一个目录树。子目录可以看成一种特殊的文件，其内容是由目录项组成的一个表，每个目录项代表一个子目录或文件，记录关于子目录和文件的各种信息。传统的短文件名(主文件名不多于 8 个字符，扩展文件名不多于 3 个字符)文件或目录的目录项由 32 字节组成，如表 13-4 所示。

表 13-4　FAT32 文件系统的目录项

偏移量	字节数	含义
0x0	8	主文件名
0x8	3	文件扩展名
0xB	1	文件属性：0x0，只读；0x1，只读；0x2，隐藏；0x4，系统；0x8，卷标；0x10，子目录；0x20，归档
0x0C	1	系统保留
0x0D	1	创建时间 10ms 位
0x0E	2	文件创建时间
0x10	2	文件创建日期
0x12	2	文件最后访问日期
0x14	2	文件起始簇号的高 16 位
0x16	2	文件的最近修改时间
0x18	2	文件的最近修改日期
0x1A	2	文件起始簇号的低 16 位
0x1C	4	文件的长度

在目录项中，开始两项总是名称为“.”和“..”的目录，分别代表当前目录和上级目录，因此，通过一个目录可以很容易找到它的上级目录。文件名开始字符“0xE5”表示目录项已删除，删除文件只需要把文件名第一个字符改为 0xE5，同时修改 FAT 表释放文件占用的空间即可。

传统的 8.3 短文件名占用一个目录项就可以了，文件名用 ASCII 字符表示。如果是长文件名，名字中包含中文等大字符集，则文件名需要用 Unicode 编码，由一个短文件名目录项后紧跟多个长目录项描述。这时，短目录项文件名称由长文件名形成，形成方法是取前 6 字节，第一字节改成 0x01，加上“～1”，扩展名不变，如果形成的名字已存在,“～1”变成“～2”直到“～5”。如果文件名仍然重复,则采用更复杂的算法生成。

接下来的一系列长目录项,每个目录项可以容纳 13 个文件名字符(26 字节,每个 Unicode 字符 2 字节),不足 13 个字符的部分填充 0xFF。把每个目录项表示的名称从后向前连接起来就是长文件名。长目录项的格式如表 13-5 所示,由表可以看出,每个长目录项文件名编码字节加起来共 26 个字节。

表 13-5　FAT32 文件系统长目录项的格式

偏移量	字节数	含义
0x0	1	属性字符,0～4 位：顺序号。6 位：1 表示最后一个长目录项
0x1	10	长文件名 Unicode 编码
0xB	1	长目录项标志,0xF
0x0C	1	系统保留
0x0D	1	校验字节,由短文件名算出
0x0E	12	长文件名 Unicode 编码
0x1A	2	0
0x1C	4	长文件名 Unicode 编码

文件系统的起始点在根目录,只要通过 DBR 的 0x2C 偏移量找到根目录的簇号,就可以找到根目录,从而找到整个文件系统的任何文件和目录。由任意一个目录出发,也可以找到上级目录(名称为“..”的目录)从而找到根目录和任意其他目录。

13.5.3　FAT 文件系统支持

FreeRTOS 扩展组件 FreeRTOS-Plus-FAT 支持 FAT 文件系统,可以供用户免费使用。FreeRTOS-Plus-FAT 是一个程序库,为应用程序提供标准的接口 API。同时,如果应用于某种存储介质,则需要为它提供磁盘底层 I/O,包括读、写和初始化等操作。用户程序、FreeRTOS-Plus-FAT、磁盘底层 I/O 等的关系如图 13-7 所示。

图 13-7　FreeRTOS-Plus-FAT 软件层次结构

FreeRTOS-Plus-FAT 可选支持长文件名,具有标准的文件操作方法,支持 FAT12、FAT16 和 FAT32。本节介绍其应用编程方法和增加新存储介质的方法。

FreeRTOS-Plus-FAT 库支持很多可选特性,需要通过宏定义确定其取舍,宏定义的含义如表 13-6 所示。

表 13-6　FreeRTOS-Plus-FAT 库支持的宏定义

宏　定　义	取值和含义
ffconfigBYTE_ORDER	必须设置为 pdFREERTOS_LITTLE_ENDIAN 或 pdFREERTOS_BIG_ENDIAN,取决于 FreeRTOS 运行架构的大小端
ffconfigHAS_CWD	是否支持当前目录 CWD,1：支持,0：不支持
ffconfigCWD_THREAD_LOCAL_INDEX	设置为 FreeRTOS 线程本地存储数组中的索引,该索引可由 FreeRTOS-Plus-FAT 使用
ffconfigLFN_SUPPORT	设置为 1,即可支持长文件名。设置为 0,不支持长文件名
ffconfigINCLUDE_SHORT_NAME	仅当 ffconfigLFN_SUPPORT 设置为 1 时使用。设置为 1,即可包含当调用 findfirst()/findnext()列出目录时的短文件名。短文件名将存储在 FF_DIRENT 的 pcShortName 字段。设置为 0,即可仅包含文件的长名称
ffconfigSHORTNAME_CASE	设置为 1,即可识别和应用使用 Windows XP+ 使用的大小写位(当使用短文件名或将文件名在短文件名条目中存储为 readme.TXT 或 SETUP.exe 时)。此为推荐的最大兼容性设置
ffconfigUNICODE_UTF16_SUPPORT	仅当 ffconfigLFN_SUPPORT 设置为 1 时使用。设置为 1,可将 UTF-16(宽字符)用于文件和目录名称。设置为 0,可将 8 位 ASCII 或 UTF-8 用于文件和目录名称
ffconfigUNICODE_UTF8_SUPPORT	仅当 ffconfigLFN_SUPPORT 设置为 1 时使用。设置为 1,即可使用文件和目录名称的 UTF-8 编码。设置为 0,可将 8 位 ASCII 或 UTF-16 用于文件和目录名称
ffconfigFAT12_SUPPORT	设置为 1 以支持 FAT12。设置为 0 以不再支持 FAT12。FAT16 和 FAT32 始终启用
ffconfigOPTIMISE_UNALIGNED_ACCESS	当写入和读取数据时,如果使用了 512 字节以外的大小,输入/输出效率将降低。当设置为 1 时,每个文件句柄将分配 512 字节的字符缓冲区以便进行“非对齐访问”
ffconfigCACHE_WRITE_THROUGH	输入和输出到磁盘所使用的缓冲区仅在以下情况下刷新： • 当需要新的缓冲区且没有其他缓冲区可用时； • 在读取模式下,为刚刚更改的扇区打开缓冲区时； • 创建、删除或关闭文件或目录后
ffconfigWRITE_BOTH_FATS	在大多数情况下,FAT 表在磁盘上有两个相同的副本,可以在读取错误的情况下使用第二个副本。设置为 1,即可使用两个 FAT,效率较低,但更安全。设置为 0,即可仅使用一个 FAT,第二个 FAT 将永远不会被写入
ffconfigWRITE_FREE_COUNT	设置为 1,即可使空闲簇数量和第一个空闲簇在每当其中有值发生变化时被写入 FS 信息扇区。设置为 0,即不将这些值存储在 FS 信息扇区中,会使启动变慢,但更改速度更快

续表

宏 定 义	取值和含义
ffconfigTIME_SUPPORT	设置为 1,即可维护文件和目录时间戳以进行创建、修改和最后访问。设置为 0,即可排除时间戳。 如果使用时间支持,则必须提供以下函数: time_t FreeRTOS_time(time_t * pxTime); 与标准 time() 函数语义相同的 FreeRTOS_time
ffconfigREMOVABLE_MEDIA	如果媒体是可移除的(例如内存卡),则设置为 1。 如果媒体不可移除,则设置为 0。 当设置为 1 时,如果媒体已被移除,则所有文件句柄都将被"无效化"。如果设置为 0,则文件句柄将不会被无效化。在这种情况下,用户必须确认媒体在每次访问前 仍然存在
ffconfigMOUNT_FIND_FREE	设置为 1,即可确认磁盘安装时的可用空间和其第一个空闲簇。设置为 0,即可在首次需要这两个值时进行查找。确定这些值可能需要一些时间
ffconfigFSINFO_TRUSTED	设置为 1,即可"信任"ulLastFreeCluster 以及 ulFreeClusterCount 字段的内容。设置为 0,即为不"信任"上述字段
ffconfigPATH_CACHE	设置为 1,即可在缓存中存储最近的路径,从而当路径位于目录结构体深处并需要使用 额外 RAM 时实现更快的访问。设置为 0,则不使用路径缓存
ffconfigPATH_CACHE_DEPTH	仅在 ffconfigPATH_CACHE 为 1 时使用。设置补丁缓存中在任何时间点可以同时存在的最大路径数
ffconfigHASH_CACHE	设置为 1,即可计算每个现有短文件名的哈希值。使用哈希值可以提高处理大型目录或具有相似名称文件时的工作性能。设置为 0,则不计算哈希值
ffconfigHASH_FUNCTION	仅在 ffconfigHASH_CACHE 设置为 1 时使用。设置为 CRC8 或 CRC16,即可分别使用 8 位或 16 位哈希值
ffconfigMKDIR_RECURSIVE	设置为 1,即可向 ff_mkdir() 添加允许一次性创建整个目录树的参数,而不必每次都在目录树中创建一个目录。例如 mkdir("/etc/settings/network",pdTRUE);。设置为 0,即可使用普通 mkdir() 语义
ffconfigBLKDEV_USES_SEM	设置为 1,则每次调用 fnReadBlocks 和 fnWriteBlocks 时均使用信号量锁。设置为 0,则每次调用 fnReadBlocks 和 fnWriteBlocks 时不使用额外信号量
ffconfigMALLOC	设置一个函数,用于所有动态内存的分配。设置为 pvPortMalloc(),则使用与 FreeRTOS 相同的内存分配器
ffconfigFREE	设置函数,与上述用 ffconfigMALLOC 定义的分配符相匹配。设置为 vPortFree(),则将使用的内存释放函数 与 FreeRTOS 相同
ffconfig64_NUM_SUPPORT	设置为 1,即可以 64 位数计算空闲大小和卷大小。设置为 0,即可以 32 位数计算上述的值
ffconfigMAX_PARTITIONS	定义可识别分区的最大数量(以及逻辑分区)

续表

宏 定 义	取值和含义
ffconfigMAX_FILE_SYS	定义可组合的驱动器总数。应设置为至少 2 个
ffconfigDRIVER_BUSY_SLEEP_MS	如果低层次驱动器返回错误 FF_ERR_DRIVER_BUSY，库将暂停若干毫秒，在重试前定义于 FFCONFIGDRIVER_BUSY_SLEEP_MS
ffconfigFPRINTF_SUPPORT	设置为 1，包含构建中的 ff_fprintf() 函数。设置为 0，从构建中排除 ff_fprintf() 函数。 ff_fprintf() 是一个较复杂的函数，因为其可分配 RAM 并引入大量字符串和变量参数处理代码。如果未使用 ff_fprintf()，则可通过设置 ffconfigFPRINTF_SUPPORT 为 0 来缩短代码
ffconfigFPRINTF_BUFFER_LENGTH	ff_fprintf() 将分配一个此大小的缓冲区，并创建其格式化字符串。缓冲区将在函数退出之前被释放
ffconfigINLINE_MEMORY_ACCESS	设置为 1，即可内联一些内部内存访问函数。设置为 0，则不使用内联内存访问函数
ffconfigFAT_CHECK	正式确认 FAT 类型的唯一标准(12、16 或 32 位)为总簇数：如果(ulNumberOfClusters<4085)，卷为 FAT12；如果(ulNumberOfClusters<65525)，卷为 FAT16；如果(ulNumberOfClusters≥65525)，卷为 FAT32。并非所有格式化设备都遵循上述规则。设置为 1，即可执行检查磁盘用于确定 FAT 类型的簇数量以外的额外检查。设置为 0，则仅查看磁盘用于确定 FAT 类型的簇数量
ffconfigMAX_FILENAME	设置文件名(包括路径)的最大长度。请注意，此定义的值与 +FAT 库使用的最大堆栈数量直接相关。在某些 API 中，大小为 ffconfigMAX_FILENAME 的字符缓冲区将在堆栈上进行声明

FreeRTOS-Plus-FAT 库支持文件的创建、读写、删除等，使用的 API 函数与 C 语言标准库函数类似，只是函数名略有差别。FreeRTOS-Plus-FAT 库支持的 API 函数如表 13-7 所示，每个函数与标准库函数都相似，具体描述从略。

表 13-7　FreeRTOS-Plus-FAT 库支持的 API 函数

类 别	函 数
目录操作函数	int ff_mkdir(const char * pcDirectory);
	int ff_chdir(const char * pcDirectoryName);
	int ff_rmdir(const char * pcPath);
	char * ff_getcwd(char * pcBuffer, size_t xBufferLength);
文件控制函数	FF_FILE * ff_fopen(const char * pcFile, const char * pcMode);
	int ff_fclose(FF_FILE * pxStream);
	int ff_fseek(FF_FILE * pxStream, int iOffset, int iWhence);
	long ff_ftell(FF_FILE * pxStream);
	int ff_seteof(FF_FILE * pxStream);
	FF_FILE * ff_truncate(const char * pcFileName, long lTruncateSize);
	void ff_rewind(FF_FILE * pxStream);

续表

类 别	函 数
文件读写函数	size_t ff_fwrite(const void * pvBuffer,size_t xSize,size_t xItems,FF_FILE * pxStream);
	size_t ff_fread(void * pvBuffer, size_t xSize, size_t xItems, FF_FILE * pxStream);
	int ff_fputc(int iChar,FF_FILE * pxStream);
	int ff_fgetc(FF_FILE * pxStream);
	char * ff_fgets(char * pcBuffer,size_t xCount,FF_FILE * pxStream);
	size_t ff_fprintf(FF_FILE * pxStream,const char * pcFormat,…);
实用程序函数	static portINLINE int stdioGET_ERRNO(void);
	int ff_feof(FF_FILE * pxStream);
	int ff_rename(const char * pcOldName,const char * pcNewName);
	int ff_remove(const char * pcPath);
	int ff_stat(const char * pcFileName,ff_stat_struct * pxStatBuffer);
	size_t ff_filelength(FF_FILE * pxStream);
	int ff_findfirst(const char * pcDirectory,ff_finddata_t * pxFindData);
	int ff_findnext(FF_FindData_t * pxFindData);
磁盘管理函数	FF_Error_t FF_Partition(FF_Disk_t * pxDisk, FF_PartitionParameters * pxFormatParameters);
	FF_Error_t FF_Format(FF_Disk_t * pxDisk,BaseType_t xPartitionNumber, BaseType_t xPreferFAT16,BaseType_t xSmallClusters);
	FF_Error_t FF_Mount(FF_Disk_t * pxDisk,BaseType_t xPartitionNumber);
	BaseType_t FF_FS_Add(const char * pcPath,FF_Disk_t * pxDisk);

FreeRTOS-Plus-FAT 把整个文件系统组装为一个树形结构,树形结构的根目录是"\"。可以通过磁盘管理函数把需要操作的磁盘分区组装到某个树形结构的分支上,才能进一步进行读、写等操作。

为了让 FreeRTOS-Plus-FAT 支持某种存储介质,如 SD 卡、U 盘等,必须为它提供底层的 I/O 操作,至少包括读、写和初始化。为了支持底层 I/O 程序的编写,FreeRTOS-Plus-FAT 定义了 FF_Disk_t 结构体,用来描述一个存储介质分区,如程序 13-8 所示。

程序 13-8 FF_Disk_t 结构体的定义

```
struct xFFDisk
{
    struct
    {
        uint32_t bIsInitialised : 1;
        uint32_t bIsRegistered : 1;
        uint32_t bIsMounted : 1;
```

```
        uint32_t spare0 : 5;
        uint32_t bPartitionNumber : 8;
        uint32_t spare1 : 16;
    } xStatus;
    void * pvTag;
    FF_IOManager_t * pxIOManager;
    uint32_t ulNumberOfSectors;
    uint32_t ulSignature;
};
typedef struct xFFDisk FF_Disk_t;
```

需要编写的读、写函数原型如下，函数的名称可以任意指定，函数指针在上面的磁盘管理函数中传入 FreeRTOS-Plus-FAT：

```
int32_t prvFFRead(uint8_t * pucDestination,         //读取的数据存放在此地址
                  uint32_t ulSectorNumber,           //起始簇号
                  uint32_t ulSectorCount,            //读取的簇数
                  FF_Disk_t * pxDisk);               //指向媒体的指针
int32_t FFWrite(uint8_t * pucSource,                 //读取的数据存放在此地址
                uint32_t ulSectorNumber,
                uint32_t ulSectorCount,
                FF_Disk_t * pxDisk);
```

必须编写一个媒体驱动初始化函数用来初始化驱动系统，可以参考 FreeRTOS-Plus-FAT 中 ram-disk 的示例 FF_RAMDiskInit()，这里从略。

思考题

1. 如何理解多任务操作系统的任务、进程和线程？
2. 计算机操作系统一般包括哪些功能？
3. 嵌入式操作系统一般采用何种方式对用户任务进行切换？
4. 用户任务有哪些状态，含义分别是什么？
5. 在多任务系统中，什么是协同？什么是抢占？什么是任务调度算法？
6. 在 ARM CM0 中，MSP 和 PSP 有何区别？这种设计有什么功用？
7. 请说明 ARM CM0 中 SVCall 和 PendSV 的作用和区别。
8. 在微控制器项目中，应用实时操作系统和在裸机上编程各有什么优缺点？
9. 请问 SysTick 中断在 FreeRTOS 中有何作用？
10. 信号量在多任务系统中有何作用？
11. FAT 文件系统分为几种？各有什么区别？

习题

1. 在程序执行时使用 PSP,请说说当发生 SysTick 中断发生时,各个寄存器和堆栈的变化情况。当中断返回时,如何恢复到中断前的上下文?

2. 程序 13-6 中的两个任务函数能够用一个函数实现吗? 如果用一个函数实现,创建任务时应该怎样调用?

3. 请在 FreeRTOS 系统下编写一个包含两个任务的工程,一个任务从串口读取命令,如“LED ON”“LED OFF”等,接收到有效命令后给另外一个任务发送消息,另外一个任务根据消息完成命令的功能,比如点亮 LED、关闭 LED 等。可以根据自己的硬件环境设计更多的命令和任务,也可以为了实现某些功能增加更多的任务。

4. 有两个任务,一个任务进行数据采集,另一个任务对采集的数据进行处理。两个任务之间用双缓冲区进行数据传递,即一个缓冲区存储采集到的数据时,另一个缓冲区进行数据处理,然后交换,如此反复。请问,在这种情形下,如何对两个内存区域的使用进行同步?

5. FAT 文件系统中,FAT16 和 FAT32 是指 FAT 表中每个表项的长度是 16 位和 32 位。据此测算,如果用这两种文件系统,一个分区最多有多少簇?

参 考 文 献

[1] 郝柏林,张淑誉. 数字文明：物理学和计算机(修订版)[M]. 北京：科学出版社,2017.

[2] 特雷西·基德尔. 一代新机器的灵魂[M]. 龚益,高宏志,译. 北京：机械工业出版社,1990.

[3] 戴维·帕特森 A,约翰·亨 L. 计算机组成与设计——硬件软件接口 ARM 版[M]. 陈微,译. 北京：机械工业出版社,2018.

[4] 约翰·亨尼西 L,大卫·帕特森 A. 计算机体系结构：量化研究方法[M]. 6 版. 贾洪峰,译. 北京：人民邮电出版社,2022.

[5] Jsoseph Yiu. ARM Cortex-M0 与 Cortex-M0+权威指南[M]. 2 版. 吴常玉,张淑,吴卫东,译. 北京：清华大学出版社,2018.

[6] 奚海蛟. 嵌入式实时操作系统——FreeRTOS 原理、架构与开发[M]. 北京：清华大学出版社,2023.